GUSTAV HINZE · DER BIBER

DER BIBER

KÖRPERBAU UND LEBENSWEISE
VERBREITUNG UND GESCHICHTE

VON

PROF. DR. GUSTAV HINZE
Museumsdirektor a. D.

Mit 94 Zeichnungen sowie 6 Karten im Text
und 31 Bildtafeln

1950

AKADEMIE-VERLAG · BERLIN

Erschienen im Akademie-Verlag GmbH., Berlin NW 7, Schiffbauerdamm 19
Lizenz Nr. 156 · 7221/49 · 9713/50
Gesamtherstellung: VVB Leichtindustrie Sachsen-Anhalt, Werkdruck Gräfenhainichen · 135
Bestell- und Verlagsnummer 5043

INHALT

VORWORT

Unter den vielen anerkennenden Besprechungen, die mein im Jahre 1937 erschienenes Buch: „Biber in Deutschland“ erfuhr, gab auch eine Stimme dem Wunsche Ausdruck, daß dieser für einen weiten Leserkreis berechneten populären Darstellung noch eine wissenschaftliche Monographie des Bibers folgen möchte. Diese Anregung entsprach einem schon damals von mir erwogenen Plane, in umfassender Weise unser Wissen über eins der seltensten und zugleich seltsamsten Tiere unserer Heimat kritisch zu behandeln.

Zwar haben wir eine ausgedehnte Literatur über den Biber, der gegenüber es an sich schon reizvoll erscheint, die Spreu von dem Weizen zu sondern, auch das Unkraut auszureuten, das in einer popularisierenden Presse bis in unsere Tage hinein wuchert. Aber auch die ernsthaften Publikationen bedürfen von Zeit zu Zeit einer Überprüfung, ob sie noch mit den Zielsetzungen und Ergebnissen der neueren Forschung übereinstimmen. Da das Schrifttum über den Biber ungemein verstreut ist, wird ein solcher Versuch auch denjenigen Fachkreisen nicht unwillkommen sein, denen die Zeit fehlt, in alle seine versteckten Winkel hineinzuschauen.

Diese Literaturstudien erbringen noch ein anderes Resultat, daß nämlich auf viele, bei intensiver Beschäftigung mit einem Spezialgebiet auftauchende Fragen die Antwort noch aussteht. Bei meinen jahrzehntelangen Untersuchungen über den Biber habe ich dies oft genug empfunden und dabei die Erfahrung gemacht, daß nur eigene Forschung weiterhilft. Dazu ist aber ein umfangreiches Studienmaterial erforderlich, das es erst zu beschaffen gilt. Denn so viele der früheren Einzeluntersuchungen kamen nicht zu befriedigenden Ergebnissen, weil sie auf zu schmaler Basis standen. Auch der umgekehrte Fall, von gut vorbereiteter Ausgangsstellung aus in mehr und mehr sich selbst einschränkender Betrachtungsweise ein weitgestecktes Ziel schließlich aus dem Auge zu verlieren, mußte abschreckend wirken. So ergibt sich weiterhin die Aufgabe, das zusammengetragene Material von den verschiedensten Seiten aus zu beleuchten. Einer solchen mühevollen Sammlung, Sichtung und Zusammenfassung sich zu widmen, lohnt dann besonders, wenn sich nicht nur neue Gesichtspunkte ergeben, sondern bisherige Auffassungen und Darstellungen ergänzt, berichtigt und notfalls auch widerlegt werden können.

Meine berufliche Stellung als Direktor des Anhaltischen Landesmuseums in Zerbst, dessen naturwissenschaftlicher Abteilung ich eine Zentrale für Biberforschung angegliedert hatte, bot mir die Voraussetzungen zu der angedeuteten Forschungsrichtung. Sie wäre noch weiter verfolgt worden, wenn nicht die jähe Zerstörung des Museums und damit die Vernichtung des kostbaren Materials einen vorzeitigen Abschluß bedingt hätten. Verschiedene Einzelheiten, namentlich aus der Anatomie (Histologie, Embryologie) und Physiologie (Atmung, Blutkreislauf) sollten noch einer gründlicheren Klärung zugeführt werden, als die dafür eingeleiteten Vorstudien schon erbracht hatten. Es ist nun aber einmal das Los menschlicher — auch wissenschaftlicher — Arbeit, gegenüber höherer Gewalt in den gesteckten Zielen resignieren zu müssen. Der Fachmann wird derartige noch offenstehende Probleme erkennen. Immerhin glaube ich, nicht nur unser bisheriges Wissen über den Biber zusammengestellt zu haben, sondern es auch durch verschiedene neue Ergebnisse erweitern zu können. Dies rechtfertigt wohl die vorliegende Veröffentlichung.

Das Material, das mir zur Verfügung stand, habe ich in zwei Jahrzehnten für die Biberforschungszentrale gesammelt, der auf Anordnung des Anhaltischen Staatsministeriums alle anfallenden Tiere überwiesen werden mußten. Die darüber aufgenommene Kartothek umfaßt 115 Tiere. Wofern es der Erhaltungszustand der eingelieferten Kadaver gestattete, wurden von ihnen Präparate für Schau- und Studienzwecke angefertigt. So hatten wir neben außerordentlich zahlreichen Belegstücken für die Tätigkeit des Bibers im Gelände (Fraß- und Nagespuren, Stümpfe gefällter Bäume; Großphotos zur gesamten Biologie) eine vollständige Sammlung von in Alkohol oder Formalin konservierten Schaupräparaten zur Anatomie und viele eingelegte Studienobjekte; ferner 53 fertig montierte Skelette, außerdem noch 50 Einzelschädel, 29 dermoplastisch aufgestellte Tiere verschiedensten Alters und 29 konservierte Bälge — kurz, einen Bestand, wie er in diesem Umfange wohl nirgends wieder zu finden sein wird.

Die in den nachfolgenden Ausführungen angegebenen Nummern der Tiere beziehen sich auf die Kartothek der Biberzentrale. Sämtliche davon genommenen Messungen habe ich selbst sorgfältig durchgeführt; aus anderen Quellen stammende Zahlen sind mit dem Namen der betreffenden Autoren versehen. Die beigefügten Zeichnungen sind, soweit dabei nicht ein anderer Name angegeben ist, ebenfalls Originalzeichnungen von mir.

Infolge dankenswerter weitgehender Unterstützung durch die Kulturstiftung in Dessau konnten mancherlei zeitbedingte äußere Schwierigkeiten dieser Veröffentlichung überwunden werden. Ferner erfuhren meine Studien eine besonders interessierte Förderung durch Herrn Oberforstmeister Wuttky-Dessau, sowohl durch regen Gedankenaustausch wie durch tatkräftige Zuleitung von Untersuchungsmaterial. Auch Herr Revierförster Abendroth-Dessau orientierte mich fortlaufend durch Berichte und Belege über das Leben und Treiben der Schützlinge seines Reviers. Herrn Dr. Held-Schönebeck verdanke ich verschiedene literarische Hinweise und einige Lichtbilder. Für weitere Überlassung von Photos bin ich ferner der Kulturstiftung in Dessau (Aufnahmen von Behr) sowie den Herren Handrick-Leipzig, Herberg-Steckby, Dr. Nabel-Pretzien, Schneider-Dessau, Wuttky-Dessau zu Dank verpflichtet. Ein summarischer Dank endlich mag den Herren gelten, die einzelne Aufnahmen beisteuerten; ihre Namen sind bei den betreffenden Bildern verzeichnet.

Nedlitz, Kreis Zerbst, 3. Mai 1949

Der Verfasser

I. NAME UND STELLUNG IM SYSTEM

A. Der Name „Biber“

Die Sprachwissenschaft führt das Wort „Biber“ auf eine alte indogermanische Wurzel zurück. Das Ádjektivum *bhĕro* = braun liefert nach Kluge-Götze in reduplizierter Form *bhĕbrú*, den indogermanischen Stamm des „braunen Tieres“, das im Altindogermanischen *babhrū* heißt. Mit diesem braunen Tier meinte man zunächst den Ichneumon. Aber wie heute noch die braune Bisamratte mit dem ähnlich gefärbten und gestalteten Jungbiber verwechselt wird, in früheren Zeiten der Fischotter mit dem Biber sogar gleichgesetzt wurde hat man ehemals die einander ähnlichen Tiere gar nicht unterschieden, und so ist es nicht verwunderlich, daß auch der Biber zu einem *bhĕbrú*, einem Brauntier, wurde. Dazu stimmt das litauische *bébrus*, das gotische *bibrus*, das althochdeutsche *bibar*, *pipar*, *pipir* oder *pipur*; im Mittelhochdeutschen tritt uns schon das Wort *biber* entgegen.

Aus dem gleichen Wortstamm lassen sich ferner die meisten Bezeichnungen des indogermanischen Sprachgebietes ableiten, so daß umgekehrt gerade „Biber“ zum Schulbeispiel für die Geschlossenheit dieses Sprachgebietes geworden ist. Statt einer Vollständigkeit der Nachweise an Namen, die man bei Blasius finden kann, sei hier nur eine Anzahl der wichtigsten angeführt:

angelsächsisch:	*beofor*		
englisch:	*beaver*		
neuniederländisch:	*bever*		
niederdeutsch:	*bever*		
spätlateinisch:	*beber*		
italienisch:	*bivaro*		
spanisch:	*bibaro*		
französisch:	*bièvre*		
neuschwedisch:	*bäver*	altschwedisch:	*bjur*
dänisch:	*bäver*		
neunorwegisch:	*bever*	altnorwegisch:	*bjur*
		isländisch:	*bjorr*
russisch	} *bobr*		
polnisch	} *bobr*		
tschechisch	} *bobr*		

Das lateinische Wort für Biber, *fiber*, möchten die Gebrüder Grimm in ihrem Wörterbuch auf *faber* beziehen und darin einen sehr bezeichnenden Namen für das Tier erblicken; *faber* = Zimmermann würde den Biber als bauendes Wesen charakterisieren. Auch die als griechisches Wort anzusehende Benennung *castor* läßt sich nach Grimm wohl leichter rechtfertigen durch Ableitung vom ebenfalls zum Baugewerbe hindeutenden *κεάζω* = spalten als die älteren Deutungsversuche, die das lateinische *castrare* heranziehen, weil der Biber nach Albertus Magnus vom Menschen kastriert, d. h. der damals als Hoden angesprochenen Geilsäcke beraubt würde, oder nach Isidorus sich bei Gefahr selbst kastriere. Abwegig ist ferner die Erklärung des Wortes *castor* in Verbindung mit *γαστήρ* = Bauch, obwohl früher der Biber gelegentlich das Bauchtier genannt wurde wegen des beim Gehen nahezu am Erdboden schleifenden Bauches. Nach Blasius hat es „Brandt sehr wahrscheinlich gemacht, daß der Name vom indischen Worte *Kasturi* (Bezeichnung für Moschus) stammt". Dies würde, wenn es sprachlich zu rechtfertigen ist, als eine am wenigsten gekünstelte Auslegung bezeichnet werden können, denn der vom Bibergeil ausgehende charakteristische Geruch des Bibers legt den Vergleich mit dem Moschus sehr nahe.

Unter weiteren europäischen Namen für den Biber weichen vom indogermanischen Wortstamm *babhrū*, braun, völlig ab die altwallisische Benennung *afanc*, die altkambrische *Llostlydan*, die finnische *majava* (lappländisch *maja*) und die ungarische *Hod.* Auch darin könnte man einen Beweis sehen, daß diese Völker nicht der indogermanischen Sprachfamilie zugehören.

Die heute noch in der Jägersprache übliche, aus der Tiersage stammende Bezeichnung „Bockert", die man von bücken wird ableiten dürfen, weist auf ein weiteres Charakteristikum des Bibers hin, auf den stark hochgewölbten Buckel.

B. Systematisches

Bei den Alten galt der Biber als ein *Ζῶον ἀμφίβιον*, als ein Tier, das sowohl auf dem Lande wie im Wasser lebt. Die mittelalterliche Zoologie rechnete ihn in Betonung des Wasserlebens und namentlich auf Grund der Form des Schwanzes kurzweg zu den Fischen. Derartige, einseitig biologische Gesichtspunkte für eine systematische Eingliederung waren auch noch im 18. Jahrhundert der Anlaß, daß man den Biber mit Fischotter, Seehund, Seekuh und Walroß in eine eigene Ordnung der *Palmata* stellte (Klein, Quadrup. disp. Lips. 1751, Haller, Naturgeschichte 1757), obwohl ihn andere Autoren schon im 17. Jahrhundert aus anatomischen Gründen den Nagetieren zugewiesen hatten (Rajus, Synops. meth. quadrup. 1693). Seit Linné ist letztere Klassifizierung allgemein gültig. Der Biber ist sogar ein besonders markanter Vertreter insofern, als er das größte Nagetier der alten Welt und nächst dem südamerikanischen Wasserschwein das zweitgrößte der Ordnung überhaupt ist.

Wie kaum eine andere Säugetierordnung ist die der Nagetiere (*Rodentia*) kurz und scharf zu kennzeichnen, und zwar durch die äußerst charakteristischen, zum Nagen eingerichteten Schneidezähne (Nagezähne) und das Fehlen von Eckzähnen. Auch die weitere Einteilung in zwei Unterordnungen erfolgt nach den Zähnen: die Vertreter der *Duplicidentata* (Doppelzähner) haben hinter den oberen zwei Schneidezähnen zwei kleine Stiftzähne, bei den *Simplicidentata* (Einfachzähnige) fehlen diese. Im Unterkiefer sind in beiden Unterordnungen stets nur zwei Schneidezähne vorhanden.

Bei den *Duplicidentata* unterscheidet man zwei Familien, darunter die unsere Hasen und Kaninchen umfassenden *Leporiden*. Alle übrigen Nagetiere sind der ungleich größeren Unterordnung der *Simplicidentata* zuzuweisen, die in zwölf Familien gegliedert werden. Die ältere Systematik faßt die Nagetiere nach dem Schädelbau zunächst in fünf Gruppen zusammen: die *Protrogomorpha*, *Sciuromorpha* (Eichhornartige), *Myomorpha* (Mausartige), *Hystricomorpha* (Stachelschweinartige) und *Lagomorpha* (Hasenartige); jede Gruppe wird dann wieder in einzelne Familien aufgeteilt.

Die Biber gehören zu den *Simplicidentaten*, nach der älteren Nomenklatur zu den *Sciuromorphen*, und bilden hier die Familie der *Castoriden*. Während dieser Familie aus der Tertiärzeit verschiedene Gattungen zuzuordnen sind, enthält sie von quartären Vertretern nur die eine Gattung *Castor* L., Biber. Diese Gattung teilen wir in auch nur zwei noch lebende Arten auf: den altweltlichen Biber *Castor fiber* L. und den amerikanischen Biber *Castor canadensis* Kuhl.

Die Diagnosen dieser Arten fallen in den meisten Kennzeichen mit der der Gattung zusammen. Ihre Unterschiede werden im Kapitel III A hervorgehoben werden.

Die wichtigsten Merkmale der Gattung *Castor*, Biber, sind:

Großer, plumper Körper mit kurzen, aber kräftigen Gliedmaßen; dichtes Haarkleid aus Grannen und Wollhaar. Breiter abgeflachter Schwanz mit gefelderter Hornhaut und spärlicher Behaarung. Vorder- und Hinterfüße mit je 5 Zehen, die der Hinterfüße durch Schwimmhäute bis zu den krallenförmigen Nägeln verbunden. Zweite Zehe der Hinterfüße mit Doppelkralle. Schädel sehr kräftig, oben abgeflacht. Unteraugenhöhlenloch sehr klein; Zwischenscheitelbein dreiseitig; *Basioccipitale* grubenartig ausgehöhlt. Nagezähne sehr stark, mit orangeroter äußerer Schmelzschicht. Zahnformel: $J\,\frac{1}{1}\;P\,\frac{1}{1}\;M\,\frac{3}{3}$. Kloakenbildung. Zwei große Analdrüsen (Ölsäcke), zwei große Präputialdrüsen (Geilsäcke).

II. ZUR GESCHICHTE DER BIBERFORSCHUNG

Die aus dem klassischen Altertum überlieferten Nachrichten über den Biber gehen im wesentlichen auf die beiden bedeutendsten Naturforscher ihres Zeitalters zurück, auf Aristoteles (4. Jh. v. Chr.) und Plinius (1. Jh. n. Chr.). Während ersterer in seiner Naturgeschichte den Biber lediglich in sein System der Vierfüßler eingliedert, hebt schon Plinius zwei Merkwürdigkeiten von ihm heraus: seine großen Schneidezähne betrachtet er als Waffen gegen den Menschen, mit denen er so lange zubeiße, „bis er die Knochen krachen höre", namentlich aber rühmt er die Heilwirkung des Bibergeils bei den verschiedensten Krankheiten.

Wenn aus den folgenden Jahrhunderten uns keine nennenswerten Schilderungen zur Naturgeschichte des Bibers überkommen sind, so dürfen wir doch annehmen, daß man ihm immer besondere Beachtung geschenkt hat. Das beweisen die verschiedensten Orts- und Geländenamen, ferner die um die Wende des ersten Jahrtausends einsetzende Wertschätzung seines Pelzwerkes und die für unentbehrlich geltende Anwendung des Bibergeils.

Eine „Castorologie" als selbständiges Werk veröffentlichten erstmalig im Jahre 1685 Marius und Frank. Sie enthält aber zum größten Teil nur Rezepte und Berichte über die vielseitige Verwendungsmöglichkeit von fast allen Teilen des Bibers.

Auch die frühesten gedruckten naturwissenschaftlichen Enzyklopädien, die Kräuterbücher, stehen ganz unter demselben Eindruck. Ihre behaglichen und breiten Schilderungen wanderten von einem Werk in das andere, soweit sie „interessant" zu sein schienen, und man mag sich denken, was sich dann für Absonderlichkeiten summierten oder lange erhielten. Beispielsweise schrieb der Bischof von Upsala Olaus Magnus (um 1520) als erster, der Biber habe Vorderfüße wie ein Hund und Hinterfüße wie eine Gans — diese an sich ganz anschaulichen Vergleiche gehen dann bis in das 19. Jahrhundert durch unsere Biberliteratur.

Ebenso galten Albertus Magnus und Conrad Geßner als Autoritäten; aus ihren Werken haben noch Linné und Buffon geschöpft. Wenn sie dabei auch noch manches Unwahrscheinliche mit übernahmen, so behandelten sie doch als ernste Naturforscher die Lebewesen um ihrer selbst willen, nicht mehr lediglich unter dem Gesichtspunkt des Nutzens oder Schadens. Linné gab dem Biber seinen heute noch gültigen wissenschaftlichen Namen *Castor fiber* (Syst. Nat. I, 1758). Für seine binäre Nomenklatur kombinierte er, etymologisch unbekümmert, die aus dem klassischen Altertum stammenden Bezeichnungen des Bibers: von dem Griechen Hippocrates übernahm er den Genusnamen *Castor*, mit dem Römer Plinius nannte er die Art *fiber*. 1820 publizierte Kuhl eine Beschreibung des kanadischen Bibers, den er *Castor canadensis* nannte; auch F. Cuvier schloß sich 1825 der Auffassung als selbständiger Art desselben an (*Castor americanus*).

Eine auch jetzt noch als Fundgrube für die ältere Biberliteratur unentbehrliche Zusammenfassung, namentlich auch der Anatomie des Bibers, verdanken wir Brandt und Ratzeburg mit ihrer medizinischen Zoologie 1829, die durch gute Tafeln ausgezeichnet ist. Von gleicher Bedeutung ist auch Okens Naturgeschichte (1816).

Unter der Einseitigkeit der rein systematisch-morphologischen Betrachtungsweise, wie sie die zoologischen Lehrbücher noch bis in das 19. Jahrhundert kennzeichnete, hat die Naturgeschichte des Bibers weniger gestanden; dazu war seine Biologie zu anziehend, als daß man sie nicht berücksichtigt hätte. Wissenschaftliche monographische Darstellungen brachte aber erst die zweite Hälfte des 19. Jahrhunderts, als das Tier wegen seiner nun schon immer größer werdenden Seltenheit besonderes Interesse erweckte. Die erste dieser Art gab in Form einer Studie Blasius, der auch auf die Unterschiede zwischen dem europäischen und dem amerikanischen Biber hinweist und beide als selbständige Arten anspricht. Leider ist diese Arbeit schwer zugänglich und darum wenig beachtet.

Mit dem Zusammenschrumpfen der deutschen Bibervorkommen auf das einzig übriggebliebene Verbreitungsgebiet an der mittleren Elbe konzentrierte sich hier auch in der zweiten Hälfte des 19. Jahrhunderts die Biberforschung, für die sich namentlich Mertens, Friedrich und Behr mit nimmer ermüdendem Eifer einsetzten. Mertens hat von seiner Wirkungsstätte aus, dem Museum für Naturkunde in Magdeburg, die größeren Bibersiedlungen in der Magdeburger Gegend über drei Jahrzehnte hindurch erforscht und seine Beobachtungen 1922 veröffentlicht. Friedrich-Dessau ließ bereits 1894 eine morphologisch-biologische Abhandlung über den Biber an der mittleren Elbe erscheinen. In einem Anhang dazu hat er das Vorkommen des vom amerikanischen Biber schon seit längerer Zeit bekannten Biberkäfers auch beim Elbebiber erstmalig nachgewiesen; ebenso glückte es ihm, die Bibermilbe zu entdecken, die fast gleichzeitig auch auf dem Rhonebiber gefunden wurde. Behr kam mehr von der Seite des Naturfreundes und Photographen zur Biberforschung, hat sich dann aber so sehr für Schutz und Hege der Tiere eingesetzt, daß ihn der Volksmund nicht mit Unrecht den „Bibervater" nannte (Hinze [8]). Seine hervorragenden photographischen Natururkunden, nahezu 2000 Stück, wurden nach seinem Tode von dem von mir geleiteten Anhaltischen Landesmuseum in Zerbst für die dortige Zentrale für Biberforschung erworben. Mit der Vernichtung des Museums durch Fliegerangriff im April 1945 ist der größte Teil dieser Negative leider verlorengegangen. Die schönsten und wichtigsten Aufnahmen davon habe ich aber im Jahre 1937 in meinem Buche „Biber in Deutschland" noch veröffentlichen können. Auch das einzigartige Forschungs- und Schausammlungsmaterial des genannten Museums erlitt das gleiche tragische Geschick wie die Behr-Sammlung. Nicht minder bedauerlich ist es, daß ebenfalls das Magdeburger Museum für Naturkunde ein Opfer des Krieges geworden ist, dessen umfangreiche Bestände noch der Auswertung harrten, während ich die unserigen für dieses hier vorliegende Buch bereits nahezu restlos bearbeitet hatte. So erwächst unserer mitteldeutschen

Biberforschung neben ihrer wichtigsten Aufgabe der Beobachtungen und Feststellungen im Gelände die weitere Pflicht, von neuem ihre führende Stellung durch Sammeln und Konservieren von Materialien aufzubauen und zu mehren.

Über die außerdeutschen Vorkommen des altweltlichen Bibers liegen mehr oder weniger umfangreiche Veröffentlichungen vor, die aber vielfach nur noch historischen Charakter tragen. So faßte Girtanner die frühere Verbreitung in der Schweiz zusammen, und über das einstige Leben des Bibers in der Tschechoslowakei gibt es eine gründliche neuere Studie von Zibrt.

Collett hat das Verdienst, auf die Gefährdung der norwegischen Biber noch rechtzeitig hingewiesen zu haben; seine eingehenden Darlegungen sind auch heute noch wichtig. Sie werden fortgesetzt und ergänzt durch die kürzliche Veröffentlichung von Fries, der uns in anschaulicher Weise und unter Beifügung ausgezeichneter Photos über das Biberland Norwegen und die erfolgreiche Wiedereinbürgerung in Schweden berichtet.

Um die Erforschung und Erhaltung der französischen Biberoase an der Rhonemündung hat sich Mingaud sehr bemüht; seine Arbeiten sind darüber meist in dem Nachrichtenblatt des Museums in Nimes erschienen. Cordier hat dann in einer ausführlichen Arbeit (1932) wiederum einen Alarmruf zu ihrem Schutze erklingen lassen.

Über die Biber in Polen sind wir leider nur wenig unterrichtet. Dagegen hat Brandt im Jahre 1855 sehr ausführliche Untersuchungen zur Entwicklungsgeschichte des Bibers in Rußland gebracht und Köppen 1902 die frühere und gegenwärtige Verbreitung im russischen Reiche beschrieben; diese wurden 1947 durch eine sorgfältige zusammenfassende Bearbeitung von Ognev ergänzt.

Der Holländerin Schreuder verdanken wir verschiedene Publikationen zur Paläontologie der Castoriden.

Die umfangreiche amerikanische Literatur bringt als wichtigste größere Darstellungen zunächst aus älterer Zeit die Beobachtungen von Hearne auf seiner Reise von der Hudson-Bay nach dem nördlichen Ozean; ein Auszug daraus findet sich bei Martin. Das beste ältere Werk ist das von Morgan; es ist uns durch Girtanner leichter zugänglich gemacht, der es in seiner Schrift über den Biber in der Schweiz exzerpierte. „Von neueren Veröffentlichungen enthält Setons ‚Lebensgeschichten nordamerikanischer Tiere' einen ausgezeichneten Bericht über Bibergewohnheiten, und Warrens ‚Biber' gibt eine ausführliche Beschreibung der Lebensgeschichte des Bibers sowie eine umfassende Bibliographie" (Bailey). In Martins Castorologia finden wir viele geschichtliche Angaben und bei Bailey sehr interessante Ausführungen über die amerikanischen Biber und die Erfahrungen mit ihrer Zucht. Die tertiären Biber behandelte Stirton in einer eingehenden kritischen Studie.

Eine ähnliche Entwicklung wie die literarische Bearbeitung des Bibers hat auch gleichzeitig damit die Art und Wahl seiner bildlichen Darstellung durchgemacht. Als Anfangs- und Endphase derselben sei mit einem Holzschnitt von Marius und Frank (Abb. 88) eine photographische Naturkunde von Behr verglichen (Taf. 1): dort die individuelle Auffassung des Tieres, das wie ein grimmiges Raubtier anmutet und auch wirken soll, hier die objektive Wiedergabe eines harmlos seines Weges dahinziehenden Nagers.

III. ZUR PHYLOGENIE

A. Das Ahnengeschlecht

1. Die tertiären Biber

Die Ordnung der Nagetiere wird phylogenetisch von Vorfahren aus der Ordnung der Insektenfresser abgeleitet. Bereits im älteren Tertiär, im Paläozän und Eozän, haben diese Insectivoren den Höhepunkt ihrer Entwicklung erreicht; ihre Anfänge gehen in das Mesozoikum zurück. Vermutlich aus primitiven Insectivoren, den Tillodontiden, haben sich nach Rüger die Nagetiere herausdifferenziert, von denen die Sciuriden zuerst erscheinen sollen, und zwar im Untereozän. Nach Schreuder dagegen sind die ältesten überhaupt bekannten Nager die Ischyromiden des amerikanischen Untereozäns, und von diesen sollen die Castoriden abstammen. Die weitere Entwicklung gehe dann vermutlich über *Sciuravus* des Mittel- und Untereozäns und *Eutypomys* des unteren und mittleren Oligozäns.

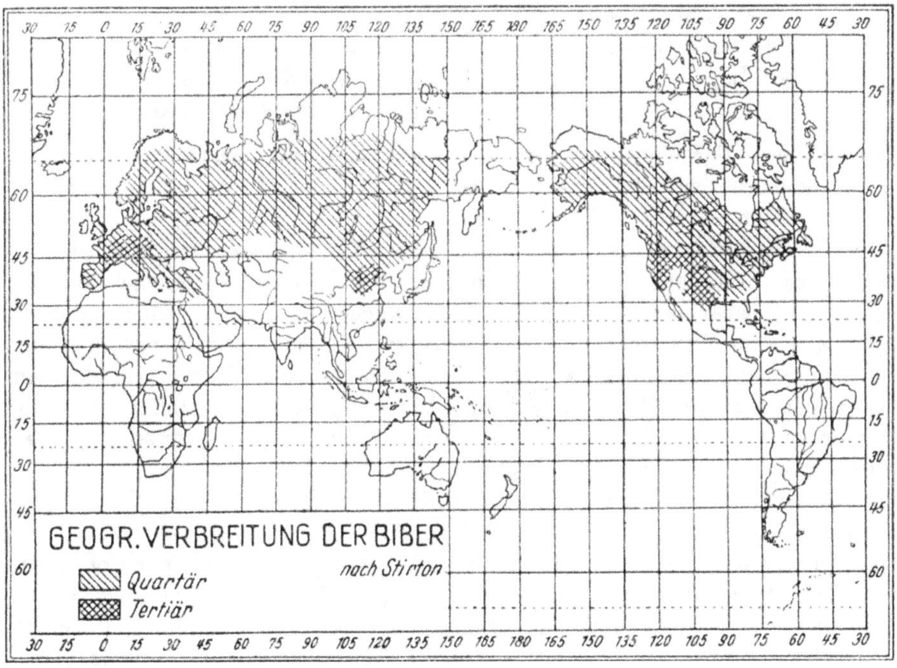

Karte 1

Unser Wissen über die tertiären Biber ist immer noch sehr lückenhaft. Wie ein Blick auf die Verbreitungskarte Stirtons zeigt (Karte 1), sind bisher drei größere Fundareale zu unterscheiden, die weit auseinander liegen. In ihrer inselhaften Isolierung darf man ebensowenig Kerngebiete sehen wollen, von denen aus eine Ausstrahlung erfolgt sein könnte, wie es verkehrt wäre, die heutigen Biberoasen als die Urheimat unserer jetzigen Biber anzusprechen. Denn die vorweltlichen Biber werden einst noch viel allgemeiner verbreitet gewesen sein, als die wenigen Zufallsfunde anzudeuten scheinen.

Es ist das Vorkommen verschiedener Genera gleichzeitig oder aufeinanderfolgend sowohl für die alte wie für die neue Welt nachgewiesen worden, was ja bei der von der Geologie angenommenen einstigen Landverbindung beider Kontinente nicht verwunderlich ist. Man hat sogar aus früherem oder späterem Erscheinen derselben Gattung auf ein Hin- und Herfluten in diesem gewaltigen Verbreitungsgebiet schließen wollen. So soll *Steneofiber* nach Taylor aus Eurasien nach Amerika, *Eucastor* und *Dipoides* umgekehrt aus Amerika nach der alten Welt eingewandert sein.

Bisher sind von den verschiedenen beschriebenen Gattungen der Familie der Biber (*Castoridae*) nach Schreuder und Stirton die nachstehenden anerkannt; ihre Unterscheidung gründet sich vor allem auf die Beschaffenheit der Zähne und ihrer Kauflächen.

Steneofiber Geoffroy St. Hilaire (= *Chalicomys* Kaup)	*Agnotocastor* Stirton
Palaeomys Kaup	*Palaeocastor* Leidy
Trogontherium Fischer	*Amblycastor* Matthew
Conodontes Laugel	*Monosaulax* Stirton
Castor L.	*Eucastor* Leidy
	Dipoides Jäger
	Castoroides Foster

Manche dieser Formen haben, geologisch gemessen, eine relativ kurze Lebensdauer, indem sie, wie *Eucastor dividerus* und *Eucastor planus*, schon im Mittelpliozän wieder erlöschen.

Nach Schreuder ist der erste unzweifelhafte Castoride *Palaeocastor* aus dem Oberoligozän Amerikas. Ob von ihm andere Genera abstammen, ist nach Stirton nicht nachweisbar, wie denn überhaupt manche der beschriebenen tertiären Gattungen Amerikas (*Agnotocastor*, *Amblycastor*) noch so wenig bekannt sind, daß ihre Eingliederung in eine Ahnenreihe des Bibergeschlechtes zur Zeit unmöglich ist. Der amerikanische *Eucastor lecontei* scheint aber nach der Gattung *Dipoides* hinzuführen, die wiederum Vorläufer von *Castoroides* gewesen sein mag, so daß man von einer *Eucastor-Dipoides-Castoroides*-Reihe spricht. Eine zweite, in Europa vertretene Ahnenreihe geht vielleicht von *Steneofiber* über *Palaeomys* zu *Castor*. Die ausgestorbenen Großformen *Trogontherium* und *Conodontes* scheinen eine selbständige dritte Reihe zu bilden, die allerdings noch ohne Anschluß an ältere Vorfahren dasteht. Olson dagegen lehnt auf Grund seiner Untersuchungen der Schädelforamina eine Ableitung sowohl der jüngeren nordamerikanischen Gattungen von *Palaeocastor* wie auch des *Castoroides* aus *Eucastor* ab, glaubt aber eine enge Verwandtschaft zwischen *Eucastor* und *Castor* zu erkennen.

Auch Weber ist der Ansicht, daß sich die Castoriden im Oligozän herausbildeten; „dafür sprechen primitive Merkmale, wie das Fehlen eines *processus postorbitalis*, eine vollständig hohle *Bulla ossea*, Auftreten eines *Pollex* [Daumen] (Winge), auch Besonderheiten im Skelett und anderer Bau von *Malleus* und *Incus*". Heinick sieht eine weitere Stütze dieser Annahme darin, daß er zwar im Oberkiefer eines Embryos einen rudimentären J^1 nachweisen konnte, daß er aber „im Oberkiefer unseres Bibers keine sicheren Spuren mehr von dem bei den Sciuriden vorhandenen P^3 gefunden habe, und daß rudimentäre Zähnchen oder Anlagen im Unterkiefer gänzlich fehlen". Letzterer Feststellung kann ich jedoch entgegenhalten, daß ich aus dem Nachlaß von Friedrich die linke Unterkieferhälfte eines einjährigen Elbebibers besaß, bei dem vor dem Milchprämolaren ein gut entwickelter Stiftzahn vorhanden war, der wohl nur als Atavismus einer prälaktealen Dentition zu deuten ist. Leider waren nähere Feststellungen über Herkunft dieses Schädelfragmentes nicht mehr möglich; es handelt sich aber, wie auch die röntgenologische Untersuchung ergab, um einen selbständigen, überzähligen Zahn, nicht (wie v. Reichenau in einer Korrespondenz mit Friedrich vermuten wollte) um eine stehengebliebene Wurzel des — noch gar nicht abgestoßenen — Milchzahnes. Ohne daraus phylogenetische Schlüsse ziehen zu wollen, sei immerhin hier darauf hingewiesen, daß nach Stirton unter allen vorweltlichen Bibern ein solcher P^3 nur bei dem amerikanischen *Agnotocastor* vorkommt.

Weiterhin dürfte die Behaarung der Kelle als rudimentäre Erscheinung zu deuten sein, denn diese Haare haben bereits beim neugeborenen Tier dieselbe Länge wie beim erwachsenen und besitzen bei letzterem keine physiologische Bedeutung mehr. Auch die eigenartige Kloakenbildung legt den Vergleich mit den altertümlichen Kloakentieren nahe, obwohl der Unterschied besteht, daß es sich dort um eine gemeinsame Einmündung von Darmtraktus und Urogenitalapparat handelt, während diese beim Biber getrennt sind.

Die ältesten Castoriden, die in Europa gefunden sind, gehören der Gattung *Steneofiber* an. Im untermiozänen Indusienkalk von St. Gérand-le Puy, ferner in den Sanden und Mergeln der schwäbisch-bayrischen Hochebene von Eggingen und Haslach (östlich Ulm) sowie den Kalken von Hochheim und Weisenau (bei Mainz) sind namentlich Kieferreste von *Steneofiber Eseri* (mit gelben bis braunen Nagezähnen) zutage gekommen; er dürfte etwa so groß wie ein Murmeltier gewesen sein. An Größe überragt ihn etwas der im Obermiozän erscheinende *Steneofiber Jaegeri* (mit schwarzen Nagezähnen), der wegen seiner Häufigkeit für das süddeutsche Obermiozän geradezu charakteristisch ist (Abb. 1); bei Stätzling (bei Augsburg), Ottoried (bei Friedberg) und Häder (bei Dinkelscherben) sind von ihm nach Wegele besonders gut erhaltene Kieferstücke gefunden. Die kleinste Art — nicht einmal so groß wie eine Nutria — war *Steneofiber minutus*, in Oberbayern besonders in der Nähe von München nachgewiesen. Aus dem böhmischen Süßwassertertiär von Preschen bei Bilin wurden ferner von Liebus Knochenreste einer nicht näher zu bestimmenden *Steneofiber*art beschrieben. Phylogenetisch wichtig ist, daß bei *Steneofiber* die Grube im Basioccipitale, die für *Castor* ein Kennzeichen bedeutet, noch fehlt. Der Nagezahn besaß einen dreiseitigen Querschnitt. Die Ansatzstelle des Masseter war von ziemlich schwach entwickelten Kanten begrenzt (Schlosser).

Außer den Arten von *Steneofiber* sind bei Stätzling und später in der Nähe von Regensburg nach Wegele Reste eines unseren heutigen Biber an Größe wesentlich übertreffenden tertiären Nagers entdeckt worden, den Roger *Anchitheriomys Wiedemanni* nannte. Diese Biberart (?) hatte blaugraue, sehr breite Nagezähne, die von Längsrillen überzogen waren.

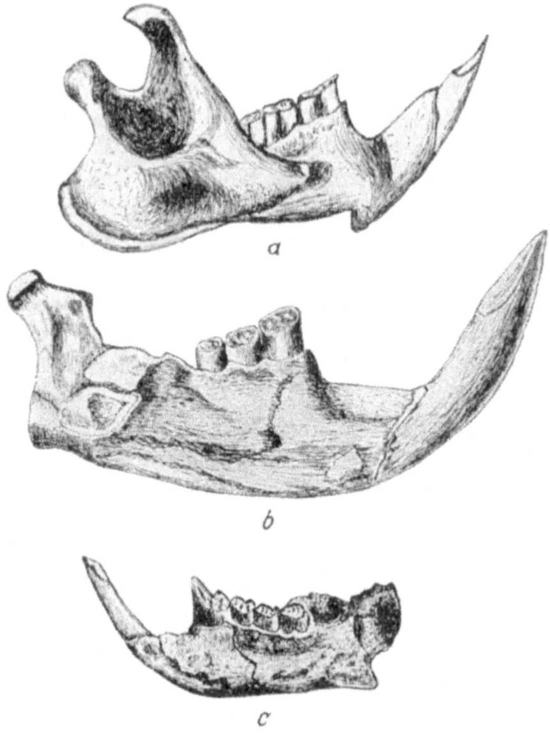

Abb. 1. Unterkiefer von Castoriden. 1:2
a) *Castor fiber.* Original
b) *Trogontherium Cuvieri.* Nach Martin
c) *Steneofiber Jaegeri.* Nach Wegele

Gegen Ende des Tertiärs, im jüngsten Pliozän und anschließend bis in das Diluvium hinein, tritt dann der größte altweltliche Castoride auf, das *Trogontherium Cuvieri.* Es war ein Fünftel größer als unser jetziger Biber (Abb. 1), seine Nagezähne waren außen flach und mit graumeliertem (nicht glattem) Schmelz überzogen. Der Prämolar zeigte eine besonders starke Entwicklung, auch der Kiefer hatte eine mächtigere Dicke als bei unserem Biber. Die Backenzähne ähneln nur auf jugendlichem Stadium denen des Bibers durch die Ausbildung eines labialen Quertales, das jedoch allmählich verschwindet; die Schmelzfalten entwickeln sich dann zu Schmelzinseln. Das Basioccipitale des Schädels enthält eine Mittelleiste, „die zu beiden Seiten je eine Mulde liegen hat" (v. Reichenau) — hier tritt eine nahe Beziehung zu *Castor* zutage, die bei *Steneofiber* noch nicht besteht. „Der Schwanz war stark muskulös, aber wenn er etwas abgeflacht war, was ich bezweifle, müßte dies beschränkt gewesen sein auf einen kleinen Teil am Ende" (Schreuder).

Überreste von *Trogontherium* sind unter anderem in Rußland am Asowschen Meere, in Italien im Arnotal, in Frankreich in den Sanden von Chalons St.-Cosme und St. Prest (Eure et Loire) im Seinegebiet neben typischen Pliozäntieren (*Elephas meridionalis, Rhinoceros etruscus, Hippopotamus major*) gefunden worden, ferner in den Mosbacher Sanden bei Mainz, in Belgien, Holland, Ungarn, vor allem auch in England in den forestbeds bei Cromer in Norfolk, einem Torfe aus dem jüngsten Pliozän (Pleistozän) und dem Diluvium mit einer typischen Mischfauna; die deutschen Fundplätze (Mosbach, Taubach) entsprechen dieser Stufe.

Neuerdings trennt Schreuder diese deutschen Funde als *Trogontherium Cuvieri* von den niederländischen, englischen und französischen, die sie als *Conodontes boisvillettii* Laugel bezeichnet. Sie hält eine Ableitung derselben von der *Steneofiber-Castor*-Reihe für unwahrscheinlich, möchte sie vielmehr in nähere Beziehung zu der amerikanischen *Dipoides-Castoroides*-Reihe bringen. „Es ist aber auch möglich, daß sie von primitiven Bibern abstammen, die sich frühzeitig nach einer besonderen Richtung hin spezialisiert haben, so daß also *Trogontherium* und *Conodontes* zwischen den beiden genannten Reihen stehen." Interessant ist der von Schreuder bestätigte Nachweis von *Trogontherium Cuvieri* durch Young in China, und zwar in Choukoutien, der Lokalität des *Sinanthropus*.

Eine etwas kleinere Form, die von Newton *Trogontherium minus* genannte Art, wurde in dem Red Crag von Suffolk gefunden; es hat gleichzeitig mit *Trogontherium Cuvieri* gelebt. Das von Roger beschriebene *Trogontherium Soergeli* dagegen ist nach Schreuder mit *Trogontherium Cuvieri* identisch. Die bisher sehr spärliche Kenntnis tertiärer Castoriden aus der UdSSR wird durch einen Fund aus dem ciskaukasischen Pliozän erweitert, den Argyropulo als *Amblycastor caucasicus* bezeichnet.

Neben *Trogontherium* erscheint nun in der Grenzfauna vom Pliozän zum Diluvium bereits unser Biber, *Castor fiber*. Er ist mithin nicht Nachfolger, sondern etwas jüngerer Zeitgenosse seines größeren Vetters. Vielleicht reicht er gar bis in das reine Tertiär zurück, wenn die bei v. Linstow angegebenen, von ihm selbst aber bezweifelten Fundorte in Ungarn (Bessenyö und Köpecz) sowie in Westslawonien (Novcka) einwandfrei sind.

Man hat aus solchen und aus diluvialen Fundstücken Variationen herauslesen wollen, die auf phylogenetische Entwicklung hinzuweisen scheinen. So gab der Rixdorfer Horizont des märkischen Diluviums Biberreste heraus, deren Backenzähne eine zum Teil kompliziertere Fältelung aufweisen „als die Variationsbreite des rezenten Bibers umfaßt" (Hilzheimer). Darauf jedoch die Aufstellung einer neuen Art (*Castor marchiae*) zu begründen, ist wohl kaum gerechtfertigt, da es sich bei dem spärlich vorliegenden Material (einige Unterkieferreste) um verschiedene Altersstufen und dementsprechend starke Abkauungen der Backenzähne handeln kann.

Während sich nun *Castor fiber* seit dieser Zeit selbst über die Nöte der Eiszeiten bis in unsere Tage behauptet hat, verschwindet *Trogontherium* wieder beim Beginn der großen Vereisung. „Es gehört gleich *Hippopotamus, Elasmotherium* usw. zu denjenigen Formen, die sich den klimatischen Veränderungen zur Eiszeit nicht anpassen konnten und vernichtet wurden“ (v. Linstow).

Als in ihrer großen Übereinstimmung merkwürdige Parallelform lebte in Amerika zur gleichen Zeit *Castoroides ohioensis*, der auch zur nämlichen Zeit wieder verschwindet und ebenfalls schon gleichzeitig mit seinem jetzt dort noch

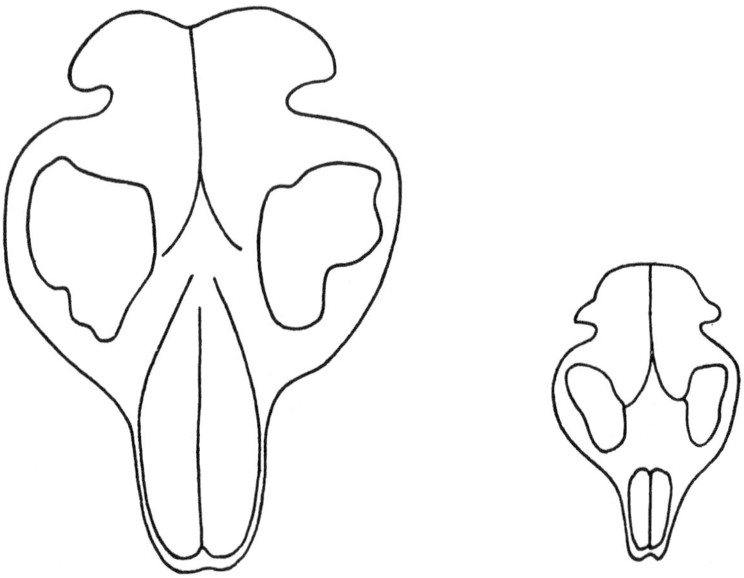

Abb. 2. Größenverhältnis der Schädel von *Castoroides ohioensis* (links) und *Castor canadensis* (rechts) 1:3. Nach Martin

verbreiteten Vetter *Castor canadensis* war. *Castoroides* ist der größte Vertreter aller Castoriden gewesen. Seine Gesamtlänge, bis $2^3/_4$ m, übertraf nach Warren das Doppelte des heutigen kanadischen Bibers; der Schädel war bis zu 35 cm lang (Abb. 2). Die enorm großen Nagezähne waren verhältnismäßig breit, ihr Schmelz längsgerillt mit scharf herausstehenden Graten; die oberen Schneidezähne hatten statt der meißelartigen Abschrägung eine tiefe Furche, gegen die sich die Spitzen der unteren Incisiven legten. An einem wohlerhaltenen Skelett (abgebildet bei Warren) ist die große Ähnlichkeit mit dem heutigen Biber ersichtlich. Nur die Hinterbeine sind verhältnismäßig kürzer und die Kelle mag schmaler gewesen sein, so daß sie nach Hay (zitiert bei Warren) vielleicht beweglicher und als Schwimmwerkzeug geeigneter war. Man denke zum Vergleich daran, wie heute noch die Bisamratte ihren seitlich zusammengedrückten Schwanz als Ruder benutzt, während die breite Kelle unseres Bibers nur auf die Steuerung des schwimmenden Körpers spezialisiert ist.

Somit ergibt sich, daß die Castoriden ein altes Nagetiergeschlecht sind, das den Höhepunkt seiner Entwicklung in der Tertiärzeit bis zum beginnenden Diluvium erreichte; in die Jetztzeit hat es sich mit nur noch einer Gattung und zwei Arten hinübergerettet.

Wegele möchte die inneren Ursachen des allmählichen Erlöschens der Biberfamilie in einer Überalterung dieses Tiergeschlechtes sehen, das, am Ende seiner Lebensdauer stehend, nicht mehr einer durch den Menschen ihm aufgezwungenen Anpassungsfähigkeit an veränderte Verhältnisse gewachsen sei und dadurch, trotz der Hege durch den Menschen, dem Untergang geweiht zu sein scheine. Diesen Pessimismus möchte ich mir nicht zu eigen machen, denn das Aussterben der meisten Castoridengattungen vollzog sich bereits, ehe der Mensch auf der Erde erschien, und den von ihm später geschaffenen Lebensbedingungen haben sich unsere heutigen Biber doch ziemlich weitgehend eingefügt.

2. Die diluvialen und rezenten Biber

Das ausgedehnte Verbreitungsgebiet der Gattung *Castor* (siehe Karte 1) umfaßt zwei große Areale der nördlichen gemäßigten Zone, ein altweltliches und ein neuweltliches. Da deren Umgrenzung lediglich auf den rezenten und diluvialen Funden basiert, steht nichts im Wege, die beiden Areale zu einem zusammenschmelzen zu lassen, wenn man in die Tertiärzeit zurückschaut, in der nach geologischer Auffassung eine Landbrücke zwischen der alten und der neuen Welt über die Beringstraße bestanden hat.

Wie wir sahen, treten nun *Castor fiber* und *Castor canadensis* geologisch gleichzeitig auf. Es liegt dann der Gedanke nahe, daß es sich einst um eine euryöke Art gehandelt haben mag, aus der sie sich nach der Trennung der Kontinente in territorialgeographischer Isolation weiter entwickelten. Hierbei ist jedoch zu bemerken, daß diese Tendenz zur Evolution als auffallend gering zu bezeichnen ist. Denn in dem einzigen, bis auf einzelne inselartige Distrikte heute noch zusammenhängenden nordamerikanischen Verbreitungsgebiet von gewaltiger Ausdehnung ist nach Bailey trotz dessen klimatischer Mannigfaltigkeit eine sehr geringe Variation der Merkmale festzustellen, die sich wesentlich nur in Farbdifferenzen kundtut.

Hier handelt es sich jedoch noch um relativ geschlossene Flächen des Vorkommens, während die heutige fleckenartige Verteilung der eurasischen Biber nach Bauer als typisches Beispiel für ein durch Ausrottung sekundär zerrissenes Artareal anzusehen ist. Nach Wiesels vergleichenden Untersuchungen ergeben sich da lediglich Größenunterschiede zwischen dem Schädel des Rhone- und des Elbebibers, indem ersterer den letzteren an Größe in den Maximal- und Durchschnittsmaßen übertrifft. In seine messenden Untersuchungen konnte Wiesel nur einen Schädel vom russischen Biber einbeziehen. Wenn daraus Vergleiche zulässig erscheinen, gehen deren Ergebnisse dahin, daß viel nähere Beziehungen zum Elbebiber bestehen als zum Rhonebiber. Die zwischen zwei subfossilen Schädeln von Dölitz und Schwerin und dem Schädel des Elbebibers bestehenden Abweichungen deutet Wiesel vorsichtig nur als Variationen, aus denen vielleicht geschlossen werden darf, „daß der rezente Biber gegen den subfossilen im Laufe der Jahrhunderte etwas kleiner geworden zu sein scheint“. Das gleiche Ergebnis für den russischen Biber erbrachte eine Untersuchung von Riabinin über fossile Biber aus dem Ural, Timan und dem mittleren Wolgatal. Ohne daß man an Degeneration zu denken hätte, liegt diese Feststellung auf gleicher entwicklungsgeschichtlicher Linie mit anderen vorzeitlichen Tierreihen.

Die mannigfachen Funde von Biberresten, insbesondere von Schädeln oder Schädelteilen, in spättertiären, diluvialen und alluvialen Schichten haben die Paläontologen vielfach zur Aufstellung von besonderen Arten veranlaßt. Es sind folgende beschrieben worden:

aus Italien	*Castor*	*plicidens*	Fors. Major
	,,	*rosinae*	Fors. Major
Ungarn	,,	*Ebeczkyi*	Krenner
England	,,	*veterior*	Lankaster
	,,	*europaeus*	Owen
Belgien	,,	*priscus*	Schmerling
Frankreich	,,	*sigmodus*	Gervais
	,,	*subpyrenaicus*	Gervais
	,,	*issiodorensis*	Croizet
	,,	*spelaeus*	Pictet
	,,	*prefiber*	Dépéret
	,,	*neglectus*	Schlosser
Deutschland	,,	*marchiae*	Hilzheimer
	,,	*balticus*	Matschie

Eine neuere Zusammenfassung darüber besteht noch nicht, ist aber sehr wünschenswert, ebenso wie das in den geologischen, besonders auch in den vorgeschichtlichen Museen und Sammlungen in den letzten vier Jahrzehnten (seit der Bearbeitung durch v. Linstow) zusammengetragene sehr reichhaltige Material einer kritischen Sichtung bedarf. So viel läßt sich einstweilen jedoch schon sagen, daß diese „Arten“ höchstens als Subspezies von *Castor fiber* anzusprechen sein werden. Infolge der zeitbedingten äußeren Schwierigkeiten möchte ich, mit vielleicht noch berechtigterer Begründung, hier die Worte v. Linstows mir zu eigen machen dürfen: „Der ursprüngliche Plan, eine vergleichende Studie der einzelnen Überreste zu geben, mußte aus Mangel an Zeit und Material aufgegeben werden.“

Nachdem bereits im Jahre 1816 Desmarest (Nouveau Dictionnaire, V, 1816) den Rhonebiber als besondere Art (*Castor galliae*) der altweltlichen Biber abgetrennt hatte, unternahm 1907 Matschie den Versuch, die anderen europäischen Vorkommen nach ihren heutigen Arealen als ebenfalls besondere Arten zu unterteilen. Er will dem schwedischen Biber die klassische Benennung durch Linné als *Castor fiber* reservieren und stellt die neuen Arten auf: *C. albicus*, *C. balticus*, *C. vistulanus*. Matschie sieht Unterschiede zwischen dem schwedischen und dem Elbebiber in der Beschaffenheit und Anordnung der Schmelzfalten der Molaren und der Form der Nasalia. Wie jedoch Lönnberg nach-

Die rezenten Subspezies von *Castor fiber*

	Name	Verbreitung	Färbung	Schädel	Bemerkungen
1.	*C. fiber fiber* L. Schwedischer Biber	Schweden, Norwegen	braun mit grauer Unterwolle (Meves)	Gesamtbreite der Nasenbeine 3,5 bis 4 mm größer als an der Nasenöffnung (Lönnberg, Serebrennikov). Schnauze ziemlich schmal u. verlängert (Serebr.). Intermaxillarteil zwischen den Incisiven breiter als bei *albicus* (Kuntze)	
2.	*C. fiber albicus* Matschie Elbebiber	Deutschland, mittlere Elbe	gelbbraun bis kastanienbraun	Gesamtbreite der Nasenbeine 5 mm größer als an der Nasenöffnung (Lönnberg, Serebr.). Nasenbeine mehr gewölbt und nach vorn verschmälert. Intermaxillarteil zwischen den Incisiven schmal (Kuntze)	
3.	*C. fiber galliae* Desmarest Rhonebiber	Frankreich, Rhonedelta	hell (Cordier)	In Maximal- und Durchschnittszahlen größer als *albicus*, sonst ihm gleich (Wiesel)	Nach Serebr. identisch mit *albicus*
4.	*C. fiber vistulanus* Matschie Weichselbiber	Polen, Rußland, Weichsel, Dnjepr	Kopf rostbraun, Rücken schwärzlich kastanienbraun, Unterseite und Schwanzwurzel erdbraun (Matschie)	Schädel dem des schwedischen Bibers ähnlicher als dem des Elbebibers (Kuntze)	Nach Serebr. die Biber von Weißrußland und Ukraine identisch mit den polnischen
5.	*C. fiber pohlei* Serebrennikov Uralbiber	Rußland, Nordural, Sosva-Gebiet	hellste Färbung aller Subspezies. Rücken hellbraun, Seiten und Bauch graubraun; Nakken dunkler. Rükken am Schwanz, Schwanzwurzel, Wangen und Kehle rötlich gelb, Lippen und Schnauzenspitze weißlich, Füße braun (Serebrennikov)	Schädel dem des mongolischen Bibers ähnlich, massiv. Nasenbeine verhältnismäßig kürzer und breiter als bei europäisch. Bibern (Serebrennikov)	

	Name	Verbreitung	Färbung	Schädel	Bemerkungen
6.	*C. fiber birulai* Serebrennikov Mongolischer Biber	Mongolischer Altai, Fluß Bulungun	etwas dunkler als *C. f. pohlei.* Rükken etwa mikadobraun, Seiten heller. Nacken dunkelbraun, Wangen, Kehle, Lippen gelbbraun, Bauch graubraun, Füße braun (Serebrennikov)	Schädel massiver und breiter als bei den europäischen Subspezies. Nasenbeine verhältnismäßig kurz u. breit (Serebrennikov).	

wies, basieren diese angeblichen Unterschiede auf z. T. ungenauen Abbildungen, z. T. auf Anomalien und zu schmaler Grundlage; er lehnt sie daher ab. Den *Castor balticus* will Matschie auf dem von Wiesel als Dölitzer Schädel bezeichneten und untersuchten Schädel begründen, ein Unterfangen, das ebenso wegen unzureichenden Materials nicht anerkannt werden kann wie der *Castor vistulanus* an Hand eines einzigen, noch nicht einmal ausgewachsenen Schädels aus Polen. Serebrennikov hat dann in einer Studie die Matschieschen „Arten" zu retten gesucht, natürlich nur als Unterarten (Subspezies), als die sie höchstens angesehen werden können. Er findet außer verschiedenen Differenzen am Schädel auch solche in der Färbung der Tiere, ähnlich wie das die amerikanischen Systematiker taten. So sei *vistulanus* wesentlich dunkler als *albicus*, wodurch er sich nach Kuntze „gut von anderen Biber-Unterarten unterscheidet"; auch Melanismus ist nach letzterem Autor bei ihm nicht selten. Als neue Subspezies beschreibt Serebrennikov den Uralbiber aus der Sosva als *Castor fiber pohlei*, durch hellere Färbung gegenüber den anderen Subspezies charakterisiert, und den mongolischen Biber *Castor fiber birulai* vom Fluß Bulungun (Altaigebirge), ausgezeichnet vor den europäischen Unterarten durch seinen massigeren und breiteren Schädel sowie kurze und breite Nasenbeine. Demnach wären vom lebenden altweltlichen *Castor fiber* die sechs in vorstehender Tabelle angegebenen Subspezies aufgestellt worden.

Die Systematik dieser Unterarten erscheint mir noch durchgängig recht unbefriedigend, da zum Teil individuelle Abweichungen, zum Teil nur geringfügige anatomische Unterschiede am Schädel und schwankende Färbungen als Artmerkmale angesehen wurden, vor allem aber deswegen, weil die bei *Castor fiber* besonders große Variationsbreite das Studium eines viel umfangreicheren Materials erheischt, als es den betreffenden Autoren zur Verfügung stand. Auch Ognev unterscheidet bei den russischen Bibern lediglich die beiden Subspezies *C. fiber fiber* L. und *C. fiber pohlei* Serebr.

Die Frage, ob *Castor fiber* und *Castor canadensis* als verschiedene Arten oder nur als Rassen einer Art aufzufassen sind, ist zur Zeit wohl nicht so aktuell wie einst (Brandt, Blasius), da wir auf Grund der Ergebnisse der Abstammungslehre geographische Rassen schon als Vorläufer für die Artenentstehung ansehen müssen und „damit für eine stete Neubildung von Arten die Vorstufen allenthalben vorliegen" (Rensch). Da die vorliegende Literatur die Entscheidung, ob Rasse oder Art, bisher hauptsächlich nach Größen- und anderen Unterschieden am Schädel treffen wollte, fehlen noch Untersuchungen an inneren Organen, besonders aber über ihr physiologisches und biologisches Verhalten bei Kreuzungen. Von den vielen, schon bei Brandt, später bei Blasius angeführten, neuerdings wieder von Wiesel ermittelten Unterschieden im Schädelbau seien hier nur die auffälligsten hervorgehoben.

Der Schnauzenteil erscheint beim altweltlichen Biber länger und schlanker als beim amerikanischen (Abb. 3). Dies wird dadurch bedingt, daß die Stirn- und namentlich die Nasenbeine bei ersterem wesentlich länger sind; die Länge der

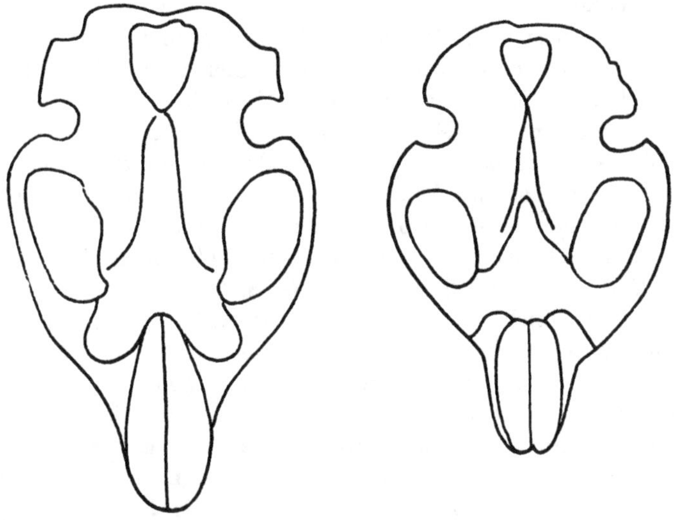

Abb. 3. Größenverhältnis der Schädel von *Castor fiber* (links) und *Castor canadensis* (rechts) 2:5. Nach Wiesel

Nasalia beträgt bei ihm weit über ein Drittel der Gesamtlänge des Schädels, beim amerikanischen nur sehr wenig oder kaum über ein Drittel derselben, „ein Verhältnis, welches auf den ersten Blick amerikanische von europäischen Bibern unterscheiden läßt" (v. Reichenau). Dies trifft jedoch nur für den Vergleich erwachsener Tiere zu. Sehr beachtlich ist nämlich der Hinweis von Blasius, daß der Schädel des jugendlichen eurasischen Bibers infolge stärkerer Entwicklung des Gesichtsteiles dem Schädel des erwachsenen amerikanischen Bibers viel mehr ähnelt als in höherem Alter. Hier möchte sich fast der Gedanke aufdrängen, ob etwa der altweltliche Biber nach dem biogenetischen Grundgesetz Anspruch auf ein höheres stammesgeschichtliches Alter gegenüber seinem amerikanischen Vetter erheben könnte.

Die Stirnbeine greifen beim eurasischen Biber spitzwinkelig um die Nasenbeine herum, so daß letztere ebenfalls spitz nach hinten zulaufen; beim amerikanischen Biber dagegen grenzen die Nasenbeine breit abgerundet gegen die

Stirnbeine an. Beide Nasenbeine, zusammengenommen, sind beim altweltlichen Biber von langbirnförmiger, beim amerikanischen von langovaler Gestalt. Im Schädeldachprofil haben die Nasenbeine beim altweltlichen Biber ihre größte Wölbung am Hinterende, beim amerikanischen in der Mitte. Das Hinterhauptsloch ist beim altweltlichen Biber unten nicht breiter als hoch, beim amerikanischen dagegen bedeutend breiter als hoch. Der Kronenfortsatz des Unterkiefers ist beim altweltlichen Biber schlank und hakenförmig zurückgebogen, beim amerikanischen breit und wenig rückwärts gekrümmt. Die äußere hintere Hälfte des Unterkiefers ist beim altweltlichen Biber unregelmäßig dreieckig, beim amerikanischen viereckig, trapezförmig. Die Symphysenhöcker des Unterkiefers (s. S. 58) sind beim altweltlichen Biber getrennt, beim amerikanischen miteinander verwachsen.

Außer diesen spezifischen Unterschieden in Gestalt und Ausbildung einzelner Schädelteile ist besonders wichtig, daß alle vergleichenden Maße zu dem Ergebnis führen, daß der kanadische Biber wesentlich kleiner ist als der Elbebiber; nach Wiesel erreicht er „als Maximalgröße nur die Größe eines etwa achtjährigen Elbe-Bibers", was nach meinen abweichenden Feststellungen nur dem vierjährigen Elbebiber entsprechen würde.

Differenzen bestehen ferner in der Größe der Castorbeutel und in der chemischen Zusammensetzung ihres Sekretes (s. S. 97) sowie in dem Fehlen eines *Uterus masculinus* beim kanadischen Biber (s. S. 94).

Daher möchte ich mich mit den meisten Autoren dahin entscheiden, daß es sich bereits um zwei getrennte Arten handelt, denn es ergibt sich nach Wiesel „eine Menge so konstanter, so auffallender Abweichungen zwischen den Schädeln des Elbe- und denen des amerikanischen Bibers, wie sie sich selbst bei vielen sich zwar nahestehenden, aber als unzweifelhafte Arten angesehenen Säugetierarten, wie z. B. bei vielen Arten der Gattung *Canis* und *Mustela*, wohl nicht finden. Berücksichtigt man nun noch den Umstand, daß die Durchschnittsgröße des Schädels des Elbe-Bibers diejenige des amerikanischen übertrifft, so könnte der amerikanische Biber in craniologischer Beziehung offenbar als eine besondere Art angesprochen werden."

Wenn in der amerikanischen Literatur vom Vorkommen von *Castor fiber* die Rede ist, so ist wohl jeweilig anzunehmen, das es sich dabei um ungenaue Angaben handelt, die auf *Castor canadensis* zu beziehen sind. Dagegen bedarf das bei v. Linstow zu findende Zitat von Cope einer Berichtigung, wonach „in Höhlenablagerungen, vor allem in einer Knochenbreccie Virginiens 27 Arten entdeckt wurden, darunter *Castor fiber* und *C. canadensis*". Denn für den einzigen dort gefundenen Biberrest, eine unvollständige Mandibel, gibt Cope zwar beide Namen an, es geht aber aus seiner Darstellung einwandfrei hervor, daß er sie als synonym betrachtet.

Die amerikanische Art *Castor canadensis* ist neuerdings in 17 Subspezies aufgespalten worden, die bei dem außerordentlich großen Verbreitungsgebiet als geographische Rassen fast zu vermuten waren. Wie aus beifolgender tabellarischer Übersicht hervorgeht, handelt es sich in den allermeisten Fällen um lokale Variationen von *Castor canadensis* (Vereinigte Staaten und Kanada), die sich auf

Unterschiede in Größe, Gestalt, Farbe und Eigenarten des Schädels stützen; nur die beiden kalifornischen *C. subauratus* und der neufundländische *C. caecator* stehen etwas abseits vielleicht als selbständige Arten. Aus einer vergleichenden Untersuchung von Holden über Eigentümlichkeiten des Skelettes geht in der Tat hervor, daß *C. subauratus* den Subspezies von *C. canadensis* fernersteht. Es scheinen aber anderseits *Castor fiber* und *C. subauratus* sich näherzukommen als *C. fiber* und *C. canadensis*, obwohl der Abstand der beiden amerikanischen Arten von unserer europäischen durchaus ihre Sonderung als selbständige Arten rechtfertigt.

Die Differenzierung in die Subspezies hat sich nach Taylor infolge geographischer Isolierung vollzogen, aber nur langsam und in geringem Grade. Dafür spricht, daß die *canadensis*-Gruppe, welche die meisten Unterarten umfaßt, eine gewaltige Ausdehnung zwischen der Hudson-Bay und dem äußersten westlichen Kanada aufweist, einem Areal, das durch ein nahezu lückenloses Netz von Flüssen und Seen miteinander verbunden wird. Innerhalb dieser Gruppe schließen die Verbreitungsgebiete von nahe verwandten Subspezies auch lokal aneinander an, während die *subauratus*-Gruppe durch hohe Gebirgsketten von ihnen getrennt ist. Da eine Überschneidung der einzelnen Wohnräume nicht vorkommt, scheint die große Entfernung das einzige Hindernis für die Wanderung der Individuen zu sein.

Eine kritische Neubearbeitung aller dieser amerikanischen Subspezies auf Grund des in den dortigen Museen vorhandenen Materials wäre sehr zu wünschen, lassen sich doch sichere Diagnosen aus den vorliegenden Veröffentlichungen vielfach überhaupt nicht entnehmen.

Die amerikanischen Biberrassen (nach Bailey und Warren)

			Verbreitungsgebiet	Land bzw. Staat
1.	Kanadischer Biber	*Castor canadensis canadensis* Kuhl	Hudson-Bay	Kanada
2.	Missouri-Biber	*C. canadensis missouriensis* Bailey	Apple Creek, nahe Bismarck	Nord-Dakota U. S.
3.	Wald-Biber	*C. canadensis michiganensis* Bailey	Tahquamenaw River, Luce County	Michigan U. S.
4.	Neufundland-Biber	*C. caecator* Bangs	Nähe von Bay St. George	Neufundland
5.	Carolina-Biber	*C. canadensis carolinensis* Rhoads	Dan River, Nähe von Danbury	Nordcarolina U. S.
6.	Texas-Biber	*C. canadensis texensis* Bailey	Cummings Creek, Colorado County	Texas U. S.
7.	Rio Grande-Biber	*C. canadensis mexicanus* Bailey	Ruidoso Creek, Nähe von Ruidoso	Neu-Mexiko U. S.
8.	Sonora-Biber (Breitschwanz-Biber)	*C. canadensis frondator* Mearns	San Pedro River, Sonora	Mexiko

			Verbreitungsgebiet	Land bzw. Staat
9.	Gold-Biber	*C. canadensis subauratus = C. subauratus subauratus* Taylor	San Joaquin River, Nähe von Grayson	Californien U. S.
10.	Shasta-Biber	*C. canadensis shastensis = C. subauratus shastensis* Taylor	Hat Creek (Arm des Pit River), Shastaland	Californien U. S.
11.	Washington-Biber	*C. canadensis pacificus* Rhoads	See Keechelus, Land Kittata	Washington U. S.
12.	Pacific-Biber	*C. canadensis leucodonta* Gray	Vancouver-Insel	British Columbia
13.	Admiralty-Biber	*C. canadensis phaeus* Heller	Pleasant Bay, Admiralty-Insel	Alaska
14.	Cook-Inlet-Biber	*C. canadensis belugae* Taylor	Beluga River, Cook-Inlet-Region	Alaska
15.	Nevada-Biber	*C. canadensis baileyi* Nelson	Humboldt River, Nähe von Winnemucca	Nevada U. S.
16.	Columbia-Biber	*C. canadensis sagittatus* Benson	Nordöstlich von Barkeville	British Columbia
17.	Colorado-Biber	*C. canadensis repentinus* Goldman	Colorado River	Arizona U. S.

B. Die Verbreitung einst und jetzt

1. *Castor fiber* L.

Beim Beginn des Klimasturzes im Diluvium mußte sich auch der Biber aus seinem mitteleuropäischen Verbreitungsgebiet nach jenen südlicheren Gegenden zurückziehen, die ihm noch Existenzbedingungen boten. So finden sich präglaziale Reste von ihm in Württemberg (Heppenloch bei Gutenberg), Bayern (Gailenreuther Höhle), Baden (Mauer bei Heidelberg), Hessen (Mosbacher Sande); einige mitteldeutsche Vorkommen (Wendelstein a. d. Unstrut, Bilzingsleben a. d. Wipper) mögen letzte Rückzugsstationen gewesen sein. Die Fauna dieser präglazialen Horizonte wird charakterisiert durch Höhlenlöwe, Höhlenbär, Höhlenhyäne, Rhinozeros, Ren, Wolf, Luchs.

Als eurythermes Tier aber folgte der Biber nach dem Rückgang des Eises der sich wieder ansiedelnden Flora eines gemäßigten und subtropischen Interglazialklimas bis nach Thüringen (Taubach, Süßenborn, Burgtonna), Mitteldeutschland (Rübeland, Honerdingen a. Harz) und in das Brandenburgerland (Klinge, Kr. Kottbus), während er im nördlichen und östlichen Deutschland in dieser Zeit noch fehlt. Dagegen beweisen mannigfache Funde aus Österreich, der Tschechoslowakei, Ungarn, Kroatien, Rußland (Ural, Jaroslaw, Omsk, Altaigebirge) sein dortiges Vorkommen auch in der Diluvialzeit. Erst nach dem endgültigen Rückzug des Eises wandert auch der Biber wieder nordwärts und siedelt sich in Norddeutschland, Dänemark, Norwegen, Schweden, dem südlichen Rußland, in Holland und Schottland an (s. Karte 1).

Von nun an belegen zahlreiche vorgeschichtliche Fundplätze sein häufiges Vorkommen und geben uns gleichzeitig davon Kunde, daß er vom Menschen gejagt und verspeist, vielleicht auch als Opfertier verwertet wurde, wie einzelne Grabbeigaben anzudeuten scheinen. Die hieran sich schließenden Nachrichten aus historischer Zeit haben mit den vorgeschichtlichen Belegen den Charakter von Zufalls- und Gelegenheitsdokumenten gemeinsam. Je häufiger ein Tier war, um so weniger erachtete man es einer Erwähnung für wert; erst als es seltener wurde, erschien es als Wildpret für Streckenbericht und Speisezettel begehrlich und für „Kräuterbücher" durch allerlei anekdotenhafte Erzählungen interessant.

Weitere Beweise für die Verbreitung sind Orts-, Flur- und Gewässernamen, wobei ebenfalls zu berücksichtigen ist, daß man etwas besonders Kennzeichnendes an Häufigkeit oder Seltenheit durch sie zum Ausdruck bringen wollte. Eine umfassende Zusammenstellung aller dieser Nachrichten verdanken wir v. Linstow; er führt z. B. weit über 200 geographische Namen an, die sich auf Bibervorkommen beziehen lassen. Gewiß mag dieses Verzeichnis bei einer kritischen Nachprüfung abänderungsbedürftig sein, wie denn Müller-Using rund 40 Korrekturen bzw. Streichungen daran vornimmt: „So wie heute Bisamratte und Fischotter verwechselt werden, geschah das mit Biber und Otter noch im 18. Jahrhundert. Die ‚beverarii' Karls des Großen waren ebensogut Otter- wie Biberjäger, beides ging bis in die Neuzeit Hand in Hand." Beachtlich ist ferner in dieser Hinsicht die Warnung von Edward Schröder (Deutsche Namenkunde, 1938): „Die mit dem Namen des Bibers geschmückten Bäche sind keine zuverlässigen Zeugen für die Verbreitung des Tieres in West- und Süddeutschland, sondern weit mehr solche für die Herkunft der Siedler aus dem deutschen Nordosten." Anderseits weiß aber die Sprachforschung auch weitere Beiträge hinzuzufügen. Nach Müller-Using deutet z. B. der im Quellgebiet der Aller bei Eilsleben vorkommende Flurname Bärburg nicht auf den Bären, sondern auf den Biber, indem das aus dem 16. Jahrhundert belegbare Beversburg (Biberburg) mundartlich in Beerburg umgewandelt wurde.

Aus der Fülle der zweifelsfrei mit dem Biber in Zusammenhang zu bringenden geographischen Bezeichnungen seien hier nur einige Beispiele ausgewählt:

Ortsnamen

Biebrich	Bebenhausen
Bibra	Bevensen
Bibart	Beverstedt
Bibersfeld	Beversdorf
Biebernheim	Bevern
Biberach	Bobesberg
Biberbach	Boberow
Biberhof	Bobrownik
Bibermühle	Daber
Bieberstein	Daberkow

Gewässernamen

Biber	Baberowsee
Bibersbach	Bobersee
Böberbach	Bever
Biberteich	Bober
Bibersee	Bobritzsch

Das eurasische Verbreitungsgebiet des rezenten *Castor fiber* erstreckt sich in west-östlicher Richtung von der Pyrenäenhalbinsel bis fast zum Stillen Ozean. In nord-südlicher Richtung geht es über Europa von Nordnorwegen bis zum Mittelmeer, während es im asiatischen Kontinent keilförmig nach Osten zusammenneigt, so daß der hohe Norden und Südostasien ausscheiden.

Im westlichen Europa ist der Biber zuerst verschwunden. Der griechische Geograph Strabo (1. Jh. v. Chr.) berichtet von ihm, daß er an den Gewässern in Spanien lebe; spätere Nachrichten darüber fehlen jedoch gänzlich. Auch über portugiesische Vorkommen wissen wir nichts. In England, das noch viele diluviale und postglaziale Fundstellen enthält, scheint der Biber schon am Ende des 12. Jahrhunderts (1188) ausgestorben zu sein. In Irland sind überhaupt keine Spuren von ihm nachweisbar. Wie lediglich die Seltenheit zu allen Zeiten auch den Preis für die Felle diktiert, belegt die interessante Notiz bei Salvesen, daß der König Howel Dda, der im Jahre 948 starb, für Biberfelle 120 Pence, für Fuchs- und Wolfsfelle dagegen nur 8 Pence zahlte.

Die südliche Verbreitungsgrenze greift von der Mittelmeerküste bis nach Mittelitalien. Bereits in der Mitte des 16. Jahrhunderts verschwindet auch in letzterem Lande der Biber. Über sein Auftreten auf dem Balkan, wo er sicher gelebt hat, haben wir aus neuerer Zeit keine verläßlichen Nachrichten; jedenfalls kommt er heute dort nicht mehr vor. Dagegen ist er in Kleinasien und in Mesopotamien wohl noch bis zum Ende des vorigen Jahrhunderts heimisch gewesen. Für Persien meldet Geßner (1583), daß er bei der Stadt Balascha in großer Anzahl gefunden und von hier viel Bibergeil ausgeführt werde.

Im Altpersischen und im Sanskrit soll es Ausdrücke für den Biber geben; auch die Religion der Perser und der nach dem südlichen Indien hin verbreiteten Parsen verbot nach Buffon das Töten von Bibern.

Daß er bis nach Afrika vorgedrungen ist, bezeugen außer Plinius auch arabische Schriftsteller, die von Biberwohnungen am Nil sprechen. Der älteste Mercatorglobus aus dem Jahre 1537[1] verzeichnet zwar beim Tsadsee die Legende: „Hier kommt der Biber vor, ein Tier mit langen und scharfen Zähnen, einem Fischschwanz, Hinterbeinen wie eine Gans, Vorderbeinen wie ein Hund; er tritt herdenweis auf“ — ich möchte es jedoch zweifelhaft sein lassen, ob das nicht lediglich als illustrative Füllung anzusehen ist. Denn wie vorsichtig man gegenüber solchen vielfach aus Kosmographien oder von Schriftstellern des Altertums übernommenen Nachrichten sein muß, läßt sich gerade an dem Bei-

[1] Hinze, G., Drei Globen des 16. Jahrhunderts. Ber. d. Naturwiss. Vereins Zerbst, 1927—32.

spiel der ägyptischen Biber belegen. Brandt und Ratzeburg führen 1829 an, und dies ist seitdem in die Literatur übergegangen, daß der Biber in Ägypten vorgekommen sein müsse, da die alten Ägypter ihn als Hieroglyphe hatten, ihn also aus eigener Anschauung kannten; als Gewährsmann hierfür dient Horapollo. Nach einer von mir eingeholten Auskunft des Ägyptologen Prof. Anthes-Berlin ist aber diese Quelle aus römischer Zeit unzuverlässig und im vorliegenden Falle direkt abzulehnen, denn eine Biberhieroglyphe gibt es im Ägyptischen überhaupt nicht.

Die Verbreitung durch Sibirien und die Mongolei findet ihre natürlichen Schranken an den südlichen Hochgebirgen. Sicher ist, daß es nördlich davon Biber gegeben hat, es fehlten aber verläßliche Angaben über vielleicht noch heute vorhandene Bestände. Durch Serebrennikov haben wir jetzt den sicheren Beleg, daß am Flusse Bulungun im mongolischen Altai eine Subspezies von Kozlovs Tibetexpedition entdeckt worden ist (1898). Das östlichste Vorkommen ist wohl an dem rechten Nebenfluß der Lena, dem Aldan, worüber Pallas berichtet.

Lediglich klimatische Gründe bedingen den Verlauf der nördlichen Verbreitungsgrenze. Daß im nördlichen Asien sowie im arktischen Europa infolge des unwirtlichen Klimas dem Biber keine Lebensbedingungen mehr geboten wurden, ist ohne weiteres einleuchtend. Sein nördliches Vorkommen fällt so nahezu mit dem Polarkreis zusammen, nur in Norwegen geht er mit dem noch für 1860 erwiesenen Standort in Tanadalen und bei Nesseby über den 70. Breitengrad hinaus.

Ebenso sind seiner Verbreitung in vertikaler Richtung klimatische Grenzen gesetzt: die höchsten in den Alpen nachgewiesenen Fundorte sind bei Füssen am Lech mit 796 m und bei Vils in Tirol mit 828 m Höhe über dem Meeresspiegel.

Aus einzelnen europäischen Ländern liegen mehr oder weniger sichere und genaue Angaben über Biberverbreitung und Biberverschwinden vor. So ist er an der Maas in Belgien und Holland noch im 17. Jahrhundert vorgekommen; die letzten seines Stammes sind in Belgien für Brabant bis 1848, in Holland für die Yssel bis 1806 nachweisbar, nach Salvesen wurde der letzte erst im Jahre 1825 erlegt.

Wie häufig der Biber einst in Frankreich war, bezeugen nicht nur zahlreiche diluviale und alluviale Höhlenfunde, sondern auch Nachrichten aus historischer Zeit, die ihn als Standtier an Seine und Aube, Marne, Saône, Isère und Oise bestätigen. An der Rhone hat sich bis heute die einzige französische und eine der wenigen europäischen Biberoasen erhalten. Hier mögen noch in ihrem Mündungsgebiet und an ihren dortigen Nebenflüssen, dem Gardon, der Ardèche und der Cèze, etwa 100 Biber leben, deren Bestand man durch ganzjährigen Schutz (seit 1909) bisher hat retten können.

Von der Schweiz meldet Konrad Geßner 1551 noch seine allgemeine Verbreitung an Aar, Reuß, Limmat, Birs und in der Umgebung von Basel, und doch soll er schon zu seinen Lebzeiten nahezu ausgerottet worden sein. Ob einzelne bis in den Anfang des 19. Jahrhunderts reichende Nachrichten über die letzten dortigen Biber zutreffen, wird vielfach bezweifelt.

Auch in Dänemark gibt es schon seit langem keine Biber mehr. Den einst in den bewaldeten Tälern Norwegens und Schwedens bis in das 17. und 18. Jahrhundert häufigen Bibern hätte bei der Einsamkeit ihres Verbreitungsgebietes niemand ein gleiches Schicksal vorauszusagen gewagt. Aber unaufhaltsam ging eine Kolonie nach der anderen verloren. 1871 wurde in Jämtland der letzte schwedische Biber umgebracht. Nur Norwegen konnte in zwölfter Stunde seine in zwei Flußtälern (Nidelv und Krageröelv) bis auf 100 Tiere zusammengeschrumpften Bestände erhalten. Infolge des seit 1899 einsetzenden behördlichen Schutzes gelang es, sie wieder so weit aufzuzüchten, daß man jetzt mit einer Zahl von wohl 12—14000 Stück rechnen kann. Sie haben sich über die südlichen Landschaften Vest-Agder, Aust-Agder und Telemarken sowie Rogaland ausgebreitet. Hier ist sogar schon in beschränktem Umfange ein Abschuß im Herbst wieder zugelassen, jedoch nicht in den Randzonen, die auf diese Weise immer mehr erweitert werden.

Nach Fediuschin ist in der UdSSR ein Hauptverbreitungsgebiet des Bibers am Oberlauf der Beresina und am Mittellauf des Sosch und seiner Zuflüsse (ca. 100 Tiere), das auch von Ognev bestätigt wird. Sicher nachgewiesen ist das z. T. noch jetzige Vorkommen in den Gouvernements Wolga (Suda-Fluß), Ekaterinoslaw, Poltawa, Tschernigow, Smolensk, Tambro, Woronesh, ferner an den Flüssen Konda und Soswa im Norduralgebiet (briefliche Angaben [1927] von Koschewnikow-Moskau). Nach einem zusammenfassenden Bericht der Zeitschrift „Geographie in der Schule“ (Heft 3, Moskau 1948) wurde im Jahre 1922 60 km von Woronesh entfernt an den Flüssen Ussmanka und Iwniza durch Einrichtung eines Naturschutzgebietes ein wissenschaftliches Zentrum der Biberzucht in der Sowjetunion begründet. Der geringe anfängliche Restbestand von etwa 10 Stück erhöhte sich hier und in der anschließenden Landschaft bis heute auf Tausende von Tieren. Es wurden auch verschiedene Wiedereinbürgerungen in ehemals von Bibern bewohnten Gegenden vorgenommen (z. B. Halbinsel Kola, Wolgadelta), nachdem es gelungen war, in einer Farm des Schutzgebietes sowohl die einheimische wie auch kanadische Rassen zu vermehren.

Aus der Bjelorussischen SSR sind am Njemen, bei Mosty, und an seinen Nebenflüssen Schtschara, Beresinka und Gawja 130 Stück, an der Zegulanka (Pripjetgebiet) 150 Stück gemeldet worden (Brandt 1939), während für die Litauische SSR v. Niezabitowski (1934) nur die summarische Bemerkung bringt: „Gegenwärtig ist er nicht zahlreich im Wilnaer und Nowogrodeker Gebiet.“ In der Ukrainischen SSR sind nach Charlemagne noch 150—200 Exemplare anzunehmen, die auf kleine Kolonien verteilt sind. Inwieweit im asiatischen Rußland die früheren Wohnplätze an Ob, Irtisch, Jenissei, Lena heute noch besetzt sind, ist zur Zeit nicht festzustellen; neu ist der von Serebrennikov gemeldete Fundort am Bulungun in der Mongolei.

Die während des 2. Weltkrieges vernichteten Biberbestände in Polen sollen durch eine im Jahre 1949 erfolgte Überweisung von sechs Biberfamilien aus der Beresina-Biberfarm der Bjelorussischen SSR wieder aufgezüchtet werden.

Bis in das 19. Jahrhundert waren in der südlichen Tschechoslowakei noch zahlreiche Biber ansässig; der letzte in Freiheit befindliche wurde 1876 bei Hamer, unweit Wittingen, gefangen. Das österreichische Donaugebiet mit seinen Zuflüssen, March, Ybbs, Enns hat ehemals den Biber in Mengen beherbergt; die beiden letzten Exemplare wurden 1863 an der Fischa bei Fischamend geschossen. Im Salzburger Land hat man trotz schärfster Strafmaßnahmen das Aussterben nicht verhüten können; sie wurden 1871 durch Wilderer restlos erledigt.

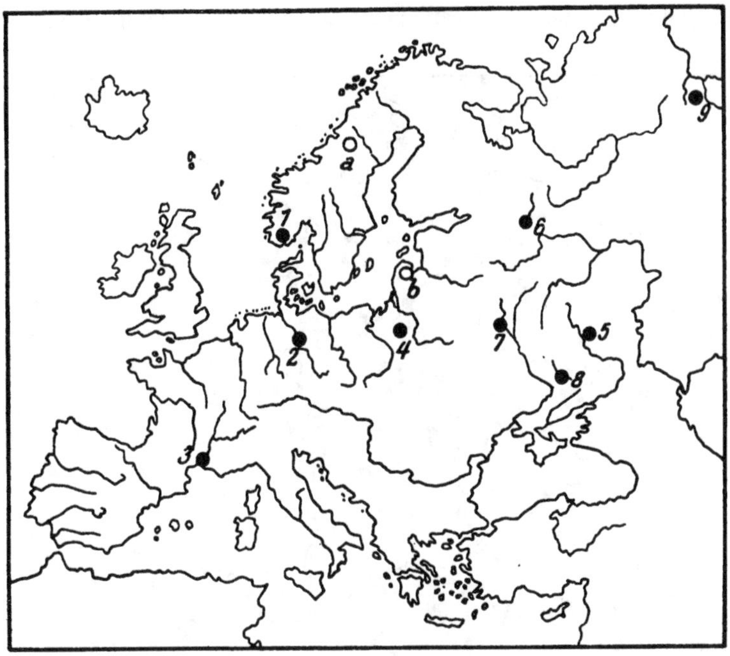

Karte 2. Heutiges Vorkommen des Bibers in Europa. Nach Fries und ergänzt

1 Norwegen
2 Deutschland
3 Frankreich
4 UdSSR, Bjelorussische SSR
5 UdSSR, Woronesh (Dongebiet)
6 UdSSR, Sudafluß (oberes Wolgagebiet)
7 UdSSR, Beresina (Dnjeprgebiet)
8 UdSSR, Ukraine (Donezgebiet)
9 UdSSR, Soswa, Konda (Nordural-gebiet)
a Wiedereinführung in Schweden
b Wiedereinführung in Lettische SSR

In Jugoslawien sind um 1865 bei Semlin die letzten Biber getötet worden. Für das Altreich Rumäniens haben wir den ersten Nachweis des quartären Bibers durch eine neuere Arbeit von Nicolaesen erhalten; nach Calinescu gab es Biber bis etwa zum Jahre 1500 in Siebenbürgen und bis 1823 in der Moldau.

So reiht sich im 19. Jahrhundert eine Nachricht an die andere über die Tragödie des größten europäischen Nagetieres, das schrittweise, aber unbarmherzig menschlicher Vernichtung zum Opfer fiel. Was davon übrigblieb, läßt sich mit wenigen Punkten in eine Karte Europas eintragen (Karte 2).

Wenn wir uns nun dem einstigen und jetzigen Vorkommen des Bibers in Mitteleuropa zuwenden, so mag diese Betrachtung gleichzeitig als Beispiel dienen für die gründliche Erforschung nicht nur eines Verbreitungsgebietes, sondern auch der Ursachen seines Rückganges und der Möglichkeiten seiner Erhaltung. Die beigegebene Karte 3, die auf v. Linstows sorgfältigen Angaben beruht, zeigt, daß der Biber in historischer Zeit zwar in allen Teilen Mitteleuropas vorgekommen ist, daß aber bestimmte Gegenden von ihm bevorzugt wurden. Das sind vor allem die Flußgebiete der Weichsel, Donau, Elbe und einiger rechter Nebenflüsse des Rheines, Gebiete, die seinem Biotop am besten entsprechen. Fundleer

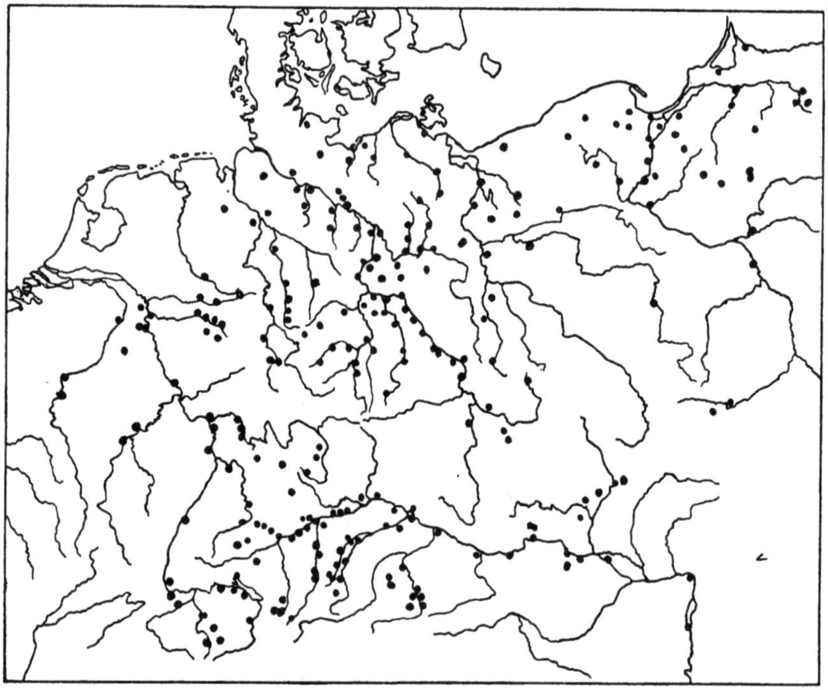

Karte 3. Frühere Verbreitung des Bibers in Mitteleuropa. Nach v. Linstow

dagegen ist der durch Mitteldeutschland sich hindurchziehende breite Streifen der Mittelgebirge vom Westerwald bis zu den Sudeten. Dies erklärt sich daraus, daß deren Gewässer ein zu starkes Gefälle haben, jahreszeitlich zu großen Schwankungen im Wasserstande unterworfen, sowie verhältnismäßig flach und steinig sind; das behagt dem Biber nicht, hier kann er seine Bauten nicht anlegen.

Auch das bayrische Donaugebiet hatte noch bis zum ersten Drittel des 19. Jahrhunderts einen guten Biberbestand. Durch fortgesetzte Beunruhigung aber zogen sich die Tiere an die kleineren und stilleren Zuflüsse zurück, so im Gebiet der Isar an die Amper, des Inn an die Salzach; an der Sur, einem in die Salzach mündenden Bache, wurden um 1865 die letzten Biber in Bayern gespürt. An den rechtsseitigen Zuflüssen der Donau schreiten mithin die Ausrottungsdaten in west-östlicher Richtung vor.

Während im Neckargebiet die Biber noch bis zur Mitte des 19. Jahrhunderts festgestellt werden konnten, sind sie am Ober- und Mittelrhein schon viel früher verschwunden. Das 16. Jahrhundert bezeichnet hier den Höhepunkt ihrer Verbreitung, von da ab setzt der rapide Rückgang ein. Aus dem 18. Jahrhundert haben wir noch einen dichterischen Beleg (von Teschenmacher, 1721) über Biber am Niederrhein (Jülich, Kleve, Berg). Im Jahre 1877 wurde aus seinem Bau an der Möhne, einem Zufluß der Ruhr, der letzte Biber des Rheingebietes vertrieben und fiel, bis nach Duisburg flüchtend, den Schlägen eines Fischers zum Opfer.

Am gesamten Weserlauf waren bis zum 19. Jahrhundert die Biber nicht selten; noch 1856 werden sie hier verzeichnet. Aus dem südlichen Wesergebiet kennen wir das so zahlreiche Auftreten des Bibers im 15. Jahrhundert um Kassel, daß man hier eigene Biberjäger anstellte; zweieinhalb Jahrhunderte später (1714) muß sich aber der Landgraf von Hessen wieder Ersatz für seine ausgestorbenen Biber beim Alten Dessauer gegen „lange Kerls" für dessen Truppen eintauschen! Ein ähnlicher, weniger grotesker Wiedereinbürgerungsversuch (s. S. 32) deutet darauf hin, daß es schon im Jahre 1624 in Schleswig-Holstein keinen Biber mehr gab; auch in früherer Zeit scheint er dort nicht häufig gewesen zu sein.

Die für Mecklenburg belegten Tiere aus historischer Zeit gehören bereits zum Stromgebiet der Elbe und bedeuten hier im 19. Jahrhundert ihre nördlichsten Vorposten; 1819 wurde bei Dömitz der letzte mecklenburgische Biber geschossen. Im Lüneburger Land und bis in die Gegend von Harburg dagegen hat man sie schon im 18. Jahrhundert ausgerottet, „weil sie deren Deichen und Stackwerken ungemeinen Schaden verursachen sollen".

Im Havelland mit seinen zahlreichen Seen mag sich früher der Biber recht wohl gefühlt haben; bei Neustadt an der Dosse wird er sogar noch zu Beginn des 19. Jahrhunderts genannt. Verschiedene Wiederansiedlungsversuche bei Potsdam und Oranienburg beweisen aber, daß bereits im 18. Jahrhundert der Biber in dortiger Gegend nicht mehr vorkam.

Das Flußgebiet der Oder zeigt in seinem Oberlauf die auffallende Erscheinung, daß diluviale Belege für den Biber fehlen, während doch Fluß- und Ortsnamen auf seine Verbreitung hinweisen; allzu häufig aber scheint er hier nicht gewesen zu sein, und mit einem 1787 südlich von Görlitz gefangenen Tiere versiegen weitere Nachrichten über ihn. Dagegen war das Oderbruch einst mit Bibern gut besiedelt. Zu Anfang des 19. Jahrhunderts wird noch ein Exemplar von Freienwalde gemeldet, während sie bei Stettin schon zu Ausgang des 18. Jahrhunderts verschwunden sind.

Die untere Weichsel hat bis in das 19. Jahrhundert (1840) Biber gehabt, die sogar bis zur Frischen Nehrung gingen. Im Memelgebiet wurden die letzten ihres Stammes im Jahre 1844 zur Strecke gebracht.

Für das Stromgebiet der oberen Elbe haben wir Belege über einstiges Bibervorkommen aus der Eisen- und Slawenzeit bei Leckwitz und bei Altkoschütz in Sachsen. In Johann Georgs II. Landen (Altsachsen) sind nach einem Verzeichnis bei Koepert von 1656—1680 nicht weniger als 597 Biber erlegt worden, das bedeutet einen jährlichen Durchschnitt von 24 Stück! Insgesamt umfaßt die dortige Trophäenliste für das 17. Jahrhundert (1611—1717) 843 Biber gegenüber 709 Bären, 505 Luchsen und 6937 Wölfen. Während noch in der Mitte des 18. Jahrhunderts die Biber in Sachsen so häufig waren, daß ein besonderer Biber- und Otterjäger dafür angestellt wurde, im Jahre 1771 der Oberhofjägermeister sogar eine rücksichtslose Verfolgung beantragte, sollen im Jahre 1822 an der sächsischen Elbe nur noch bei Strehla und an der Mulde bei Wurzen einige Exemplare gesichtet sein; beide Orte liegen geographisch nahezu auf derselben Breite.

An der mittleren Elbe dagegen hat man bis in unsere Tage einen urtümlichen Bestand erhalten können, den einzigen in ganz Deutschland. Das Gebiet beginnt oberhalb Torgau und reicht bis etwa 2 Meilen über Magdeburg hinaus; diese Begrenzung wird natürlich durch gelegentliches Herumstreifen einzelner Tiere auch überschritten. Desgleichen kommen weiter hinzu das Mündungs-

Karte 4. Biberbaue an der mittleren Elbe 1929. Orig.

gebiet der Saale, der Unterlauf der Mulde und der Schwarzen Elster sowie die stillen Altwässer und kleinen Zuflüsse dieser Flußzonen. Hier waren, wie die beigegebene Karte 4 zeigt, bis zum Jahre 1939 noch verhältnismäßig viele befahrene Baue vorhanden, die an verschiedenen Stellen ziemlich dicht beieinander liegen, so daß man fast an ein früheres kolonienweises Zusammenleben denken möchte.

Noch bis zur Mitte des 18. Jahrhunderts können wir geradezu von einer allgemeinen Häufigkeit am mittleren Elblauf sprechen, nicht nur auf Grund von Streckenberichten, sondern auch von vielfach wohl aus allzu durchsichtiger Trophäensucht übertriebenen Klagen über Biberschäden. Als Friedrich II. diesen 1765 durch Aufhebung der Schonvorschriften nachgab („daß es künftig einem Jeden gestattet werden könne, die Biber zu schießen und auszurotten"), wirkte sich das geradezu verhängnisvoll für den mitteldeutschen Biberbestand aus. Nur glücklichen Zufallsumständen, hauptsächlich bedingt durch den günstigen Biotop, ist es zu danken, daß er nicht, gleich den anderen, völliger Ausrottung anheimfiel. Erst gegen Ausgang des 19. Jahrhunderts setzte eine systematisch angelegte Rettungsaktion ein, die durch die Warnrufe der verdienstvollen Biberforscher Friedrich, Mertens und Behr ausgelöst wurde.

Im Jahre 1890 schätzte Friedrich, daß in 126 von ihm ermittelten Bauen noch etwa 200 Tiere lebten (s. die Tabelle); drei Jahre später klagt er jedoch über einen Rückgang um mehr als ein Viertel der Gesamtzahl. In sehr gründlicher Weise hat sodann Behr 1913 eine neue Zählung durchgeführt, die 188 Biber ergab; bei einer Nachprüfung auf einer Teilstrecke (Karte 4) im Jahre 1919 errechnete er sogar eine Zunahme um 84 Stück. Der Bestand ging dann nach dem 1. Weltkriege schnell zurück, nach Schätzung von Mertens (1922) auf 200, von Behr (1925) auf 100 Tiere.

Biberstatistik für die mittlere Elbe

Nr.	Jahr	Feststellung durch	Art der Feststellung	Alttiere	Jungtiere	Tiere insgesamt	Strecke
1	1890	Friedrich	Schätzung			200	Gesamtstrecke
2	1913	Behr	Zählung	a 54 + 58 = 112	a 38 + 38 = 76	188	Gesamtstrecke
3	1919	Behr	Zählung	a 98	a 36	272	Teilstrecke a: Ehlemündung bis Schlangengrube
4	1922	Mertens	Schätzung			200	Gesamtstrecke
5	1925	Behr	Zählung	b 11	b 4	100	Teilstrecke b: Breitenhagen bis Schlangengrube
6	1926	Wiesel	Zählung	140	24	164	Gesamtstrecke
7	1929	Behr	Zählung	232	31	263	Gesamtstrecke
8	1939	Bisamjäger	Schätzung			330	Gesamtstrecke

Nachdem Wiesel im Jahre 1926 bereits wieder eine Zunahme (164 Tiere) festgestellt hatte, ergab eine erneute Zählung von Behr im Jahre 1929 eine Auffüllung des Bestandes auf 263 Biber. Auf Grund der Erhebungen der auch in unserem Gebiet angesetzten Bisamrattenjäger konnten wir sogar im Jahre 1939 annehmen, daß die Zahl von 300 Tieren schon überschritten sei; allerdings ist jetzt wieder mit einer starken Abnahme zu rechnen, da auch unser Gebiet in die Kampfzone des 2. Weltkrieges einbezogen wurde und seit 1945 bereits zahlreiche Verlustmeldungen vorliegen.

Die Ursachen des Verschwindens unserer Biber können wir nicht in einem natürlichen Unterliegen gegenüber mächtigeren Feinden aus der Tierwelt sehen. Seit der Ausrottung der Luchse und Wölfe in Deutschland drohten höchstens wohl noch hier und da einmal Gefahren für Jungtiere durch den Fuchs, wie denn in neuerer Zeit ein für den letzteren durch Ertrinken endender Kampf sogar mit einem erwachsenen Biber an der Saale von Behr [2] beschrieben wurde. Einzig und allein der Mensch und seine „Kultur“ haben einem Kulturflüchter derart zugesetzt, daß er dem Untergang nahegekommen ist.

Als der Mensch in der Vorzeit und im frühen Mittelalter noch nicht in so grausamer Weise durch Feuerwaffen seine Bestände lichten konnte, war ein merklicher Rückgang nicht zu verzeichnen. Er beginnt erst in der Neuzeit und erfährt eine Steigerung mit den tiefer einschneidenden Veränderungen der Wasserwirtschaft in seinem Wohngelände, der auf intensive Nutzung angelegten Regulierung der Flußufer, Seen, Altwässer bis zur Melioration auch der kleineren Bäche. Waidgerechte Jäger, die es auch in früheren Zeiten schon gab, werden immer ihr Wild so weit geschont haben, namentlich in der Zeit seiner Vermehrung, daß sie sich ihren erwünschten Bestand erhielten. Aber Schießer und Wilderer wurden durch ihre Habsucht dahin getrieben, einem verhältnismäßig leicht zu erlegenden Tiere nachzustellen, das ihnen um so mehr Gewinn einbrachte, je seltener und infolgedessen teurer es wurde. Manches Tier ist auch in die von den Fischern ausgelegten Garnsäcke oder Reusen geraten und darin ertrunken.

Schlimmer noch, weil dauernd und unabänderlich sich auswirkend, waren die Eingriffe in den Lebensraum des Bibers im Zeitalter der Industrialisierung und Intensivierung der Land-, Wasser- und Forstwirtschaft. Wo die Weidenheger, die früher die Flüsse weithin säumten, wegen zu geringer Rentabilität abgetrieben und durch Wiesen abgelöst wurden, nahm man dem Biber seine Hauptnahrung. Indem man die Ufer der Flüsse abpflasterte (Tafel 9), betonierte oder durch Parallelwerke befestigte, wehrte man ihm, dort seine Baue anzulegen. Der lebhafte Schiffsverkehr raubte ihm die Ruhe, die ihm Lebensbedürfnis ist; Abwässer der Fabriken verdarben ihm sein Lebenselement: er mußte fliehen und zog sich in anscheinend ruhigere Seitengewässer zurück, in denen ihm neue Gefahren drohten. Hier fiel er leichter auf und wurde aus Unkenntnis oder Habgier erschlagen. Namentlich in den Zeiten von Ernährungsschwierigkeiten, wie nach den Weltkriegen, haben Wilderer und Fallensteller in skrupelloser Art den Biber verfolgt. Auch der Anglerbetrieb, der dann verständlicherweise in erhöhtem Maße einsetzte, bringt ihm mancherlei direkte oder indirekte Bedrohungen, wie das bei Niedrigwasser aufgenommene Photo eines Anglerplatzes auf einem Biberbau zeigt (Tafel 31). In der Nähe der Wohnungen und Gärten machte er sich durch nächtliche Exkursionen in die Kohlgärten oder durch Benagen von Obstbäumen unbeliebt. Schutz der gefährdeten Bäume durch Umbinden mit Dorngestrüpp oder Drahtgeflecht wäre vielleicht in vielen solcher Fälle ausreichend gewesen; aber der einmal erregte Zorn der Anlieger verlangte nach durchgreifender Abhilfe — auch hier also konnte seines Bleibens nicht sein, er mußte weggefangen und anderwärts wieder ausgesetzt werden.

Aus der Anführung der Ursachen des Rückganges im Biberbestande ist gleichzeitig schon die positive Seite seiner Verhütungsmöglichkeiten ersichtlich. Sie erstreckt sich auf eine biologische und eine gesetzliche Schutzaktion.

Es bedeutet keine Feindschaft gegen die fortschreitende Entwicklung des Verkehrs und der Wirtschaft, wenn man darauf hinweist, daß sie noch vielerorts dem Biber seinen Lebensraum belassen können. Denn es sind z. B. nicht alle Weidenheger überständig, und es gibt auch in unserem Bibergebiet noch stille Winkel, die nicht dem Verkehr hinderlich sind. Sie zu erhalten, gegebenenfalls sogar zu Schutzgebieten zu erklären oder neue geeignete Reservate zu schaffen, dürfte eine Kulturtat bedeuten, deren ideeller Wert sich auch für kommende Geschlechter auswirken würde. Dahingehende Pläne sind wiederholt entwickelt, leider aber nicht in wünschenswertem Umfange zur Durchführung gebracht worden. So hatte Anhalt an der Mulde zwei kleinere und im „Biber- und Vogelschutzgebiet Steckby" an der Elbe ein größeres Gelände unter Schutz gestellt. Die Wirkung des letzteren wurde leider dadurch beeinträchtigt, daß das gegenüberliegende Ufer von Preußen nicht in gleicher Weise behandelt wurde. Die gesetzlichen Schutzbestimmungen sind in der Literatur vielfach angeführt; Zusammenstellungen darüber finden sich bei Genthe, Hinze [3, 4]. Sie gipfeln darin, daß die teilweise oder gänzliche Verfolgung des Bibers unter Androhung von Strafen verboten wird; ihr geringer Erfolg erklärt sich dadurch, daß sie meist zu spät, uneinheitlich und nicht energisch genug durchgeführt wurden.

Derartige Vorschriften stammen keineswegs immer aus jüngster Zeit; manche davon gehen bis in das 17. Jahrhundert zurück und sind dann wohl einem ideellen Interesse, sei es auch nur jagdlicher Art, entsprungen. So schrieb der Kurfürst Georg Wilhelm von Brandenburg am 11. 2. 1624 an einen seiner Oberjäger in Ostpreußen: „Wir befehlen Dir hiermit gnädigst, daß Du dahin siehst, damit die Biber notdürftig geheget und verwahret werden, denn Wir wollen uns daheim, wie auch mit anderem Wildpret geschiehet, auch zur gelegenen Zeit verlustigen." Im 18. Jahrhundert häufen sich die Erlasse mit der Erkenntnis, daß bloße Hege dem schnellen Rückgang nicht steuern kann. Unter dem 16. August 1706 ordnet der König Friedrich I. von Preußen an, „daß die Biberbaue in Seen und Teichen, Brüchern, Ausrissen an Dämmen und in Flüssen nicht eingerissen, Eisen nicht gelegt, auch nicht Fischersäcke oder andere Garne in der Nähe gestellt werden. Auch sollen die Gesträuche nicht weggehauen und auch nicht auf dem Gewässer danach gefahren oder geschossen werden bei 20 Taler Strafe". Bemerkenswert ist an dieser Verordnung, daß man den Bibern bereits auch ihren Lebensraum und ihre Lebensbedingungen darin erhalten wollte. Friedrich Wilhelm I. von Preußen nahm sich mit besonderem Interesse des Biberschutzes an. Nach der damals vielfach üblichen Weise ließ er von den Kanzeln verlesen, daß „laut Edict vom 8. 12. 1707, vom 20. 1. 1714 und vom 24. 3. 1725 bei 200 Talern Buße oder Leibesstrafe weder Biber noch in der Nähe von Biberburgen Fischottern in der Churmark und im Herzogthum Magdeburg erlegt werden dürfen". Nur wenn die Biber (was in der Praxis tatsächlich weniger oft vorkommt, als ihnen durch besorgende Klagen immer wieder vorgeworfen wird), in den Hochwasserdämmen sich ansiedelten und diese dadurch der Gefahr des Unterspültwerdens bei Hochwasser aussetzten, gab er hier ihren Abschuß frei. Indem aber Friedrich II. 1765 die bestehenden Schutzverordnungen aufhob, wurden sie in Preußen über ein Jahrhundert lang zum Freiwild erklärt, das seitdem rapide abnahm. Auf der Strecke des anhaltischen Anteils der Elbe dagegen wurde bereits in der Mitte des 19. Jahrhunderts durch allerdings vielfach abgewandelte, nicht immer ausreichende Schonzeiten wenigstens etwas für den gesetzlichen Biberschutz getan. Im Jahre 1915 wurde in Anhalt, 1921 in Preußen diese Schonzeit auf das ganze Jahr ausgedehnt; ebenso billigte das Reichsjagdgesetz von 1935 dem Biber ganzjährige Schonzeit zu. Auch für künftige Zeiten erscheint bei der geringen Besetzung unserer mitteldeutschen Biberoase und der nur langsamen Zunahme ihres Bestandes eine vorläufig ganzjährige Schonung dringend erforderlich;

weitere noch zu erörternde Maßnahmen müssen aber damit Hand in Hand gehen.

Versuche, den Biber dort wieder einzuführen, wo er verschwunden war, oder ihn anderwärts anzusiedeln, sind wiederholt unternommen worden. So bezog im Jahre 1624 der Herzog Johann Adolf zu Holstein-Gottorp Biber aus Mitteldeutschland, die er unweit seines Stammschlosses aussetzte. Seine Befürchtung, sie könnten bei zu starker Vermehrung dem reichen Fischbestande der Schlei gefährlich werden (!), war grundlos: sie gingen bald ein. Ein gleiches Schicksal hatten die künstlichen Ansiedlungen in der Umgegend von Potsdam, die 1707, 1714 und in den 30er Jahren des 19. Jahrhunderts große Hoffnungen enttäuschten; im letzten Falle entdeckte man erst nach dem Verenden der Tiere die Ursache des Mißlingens: es waren lauter Männchen gewesen! In Nymphenburg bei München wurden in der ersten Hälfte des 19. Jahrhunderts jahrelang halbgezähmte Biber tiergartenartig gehegt. Eine wirkliche Zucht glückte aber hier ebensowenig wie auf den großen Schloßteichen bei Hellbrunn und Schönbrunn, trotzdem einige Tiere jahrzehntelang dort aushielten. Auch in zoologischen Gärten ist es bisher noch nicht gelungen, die Elbebiber zur Vermehrung zu bringen, während kanadische wiederholt Junge warfen.

Polnische Biber, die bei Wittingau in Böhmen im Jahre 1809 ausgesetzt waren, vermehrten und verbreiteten sich sehr stark; als aber 1835 die Erlaubnis gegeben wurde, sie abfangen zu dürfen, weil sie angeblich den Hochwasserdämmen gefährlich wurden, war die ganze Kolonie bald ausgerottet. Daß in Schottland die mehrmals, zuletzt noch 1886, wiederholten Versuche, kanadische Biber einzuführen, mißlangen, ist kaum zu bedauern, da es ja fremdländische Tiere gewesen wären.

Einen gleichen ablehnenden Standpunkt vertraten wir auch, scheinbar im Gegensatz zu den Belangen unserer Biber, aber geleitet von in diesem Falle höher zu stellenden Grundsätzen des Tier- und Landschaftsschutzes, gegenüber einem in neuerer Zeit gemeldeten Vorkommen von Bibern im ehemaligen Ostpreußen. Dort sind an der Passarge überraschend Biber aufgetaucht, die sicherlich aus einer Farm mit kanadischen Bibern in Reichertswalde entwichen waren. Sie sind von da weiterhin ausgestrahlt und haben sich sogar vermehrt; an verschiedenen Fundplätzen wurden einige davon erlegt. Nach den Naturschutzbestimmungen konnten diese Fremdlinge weder Hege noch Schutz genießen. Um einen gleichen, allerdings noch einer genauen Klärung bedürftigen Fall wird es sich vielleicht auch bei den im Jahre 1940 in der Löcknitz bei Wittenberge festgestellten wenigen Bibern handeln. Bei der großen Entfernung dieses Fundplatzes von unserem mitteldeutschen Bibergebiet ist kaum anzunehmen, daß es von hier versprengte Exemplare sind; ich vermute vielmehr, daß kanadische Biber dort eindrangen, die aus der viel näher gelegenen Farm in Dinnies in Mecklenburg entlaufen sein werden, als deren Einfriedigung böswillig zerstört wurde.

Norwegische Biber wurden in der Lettischen SSR als Ersatz für die um die Jahrhundertwende in Kurland ausgerotteten Biber seit 1927 an der Stende und seit 1935 an der livländischen Aa ausgesetzt und haben sich dort auch vermehrt; auch in Finnland sollen seit 1935 wieder Biber eingebürgert sein. Da es sich hier um die nordische Form des europäischen Bibers handelt, wären gegen diese Neubesiedelungen keine Bedenken zu erheben.

In großem Maßstabe ist dann eine derartige Aktion in Schweden mit Erfolg eingeleitet worden. Dort hat man seit dem Jahre 1922 insgesamt etwa 80 aus Norwegen bezogene Tiere an verschiedenen Stellen, namentlich in Lappland, Jämtland, Värmland und Närke, ausgesetzt. Sie haben die ihnen angebotenen Gebiete größtenteils angenommen, andere neu besiedelt und sich so weit vermehrt, daß mit einem Bestande von mehreren Hundert Exemplaren gerechnet werden darf. Infolge des ihnen gewährten behördlichen Schutzes kann man bei den in Schweden besonders günstigen landschaftlichen Bedingungen wohl jetzt schon dieses Rettungswerk als geglückt bezeichnen.

Die vorstehend behandelten Bestrebungen auf Wiedereinführung von Bibern in ehemaligen urtümlichen Verbreitungsgebieten setzten immer erst ein, nachdem sie in ihrer alten Heimat verschwunden waren. Von weiterschauender, weil vorbeugender Art ist dagegen der Vorschlag, den ich schon seit Jahren vertrete: die Schaffung zunächst eines neuen deutschen Reservates durch Umsiedlung einiger Elbebiber. Der Lebensraum ist für unsere Schützlinge hier zu eng geworden, die Gefahren durch den Menschen mehren sich, vor allem aber besteht die Besorgnis des Umsichgreifens der Tuberkulose (vgl. S. 152), die wie beim Menschen am wirksamsten durch Präventivaktionen bekämpft werden sollte. Der Ausbruch des Krieges 1939 hinderte erfolgverheißende Vorbereitungen dafür; ihre Wiederaufnahme ist dringend wünschenswert, ehe es auch hier zu spät ist. In einem Quarantänegehege müßten die von erfahrenen Jägern eingefangenen Biber auf ihren Gesundheitszustand beobachtet und ihr Geschlecht bestätigt werden, ehe sie in ein größeres Einbürgerungsgehege gebracht werden. Letzteres sollte ein Ausschnitt des neuen Heimatgebietes sein und dazu dienen, daß die Tiere nicht nach dem Aussetzen sich zerstreuen und verlorengehen. Die für die Umsiedlung schon einmal in Aussicht genommene Schorfheide mag geeignetes Gelände bieten, es würde sich aber z. B. in dem seenreichen Mecklenburg ebenso eine neue Kolonie begründen lassen, die in allen Fällen nicht als Ersatz, sondern nur als Ableger unserer mitteldeutschen Stammkultur zu betrachten wäre.

2. *Castor canadensis* Kuhl

Obwohl wir über den amerikanischen Biber naturgemäß — aus Mangel an eigenen Beobachtungen und infolge der schwerer zugänglichen Literatur — nicht so genau orientiert sind wie über den europäischen, ist es doch schon aus dem Grunde zweckmäßig, ihn in den Kreis der weiteren Betrachtung einzubeziehen, weil manche Lebenserscheinungen bei ihm noch ursprünglicher hervortreten als bei seinem europäischen Vetter und daher Rückschlüsse auf ihn nahelegen.

Das Verbreitungsgebiet des *Castor canadensis* umfaßte nach Warren einst einen großen Teil des amerikanischen Kontinents (s. Karte 5). Es erstreckte sich südlich bis zum Golf von Mexiko, ging in Kanada bis zur Grenze der Laubbäume und erreichte mit dem Mündungsgebiet des Mackenzie fast den Polarkreis. Warren gibt auch ein Verzeichnis von 44 Siedlungs-, Gewässer- und Landschaftsnamen der Vereinigten Staaten und Kanadas, die sämtlich mit dem Wort „beaver" verbunden sind. Diese Liste ermöglicht eine Auswertung in sichererer Richtung als bei entsprechenden, meist viel älteren Bezeichnungen Europas.

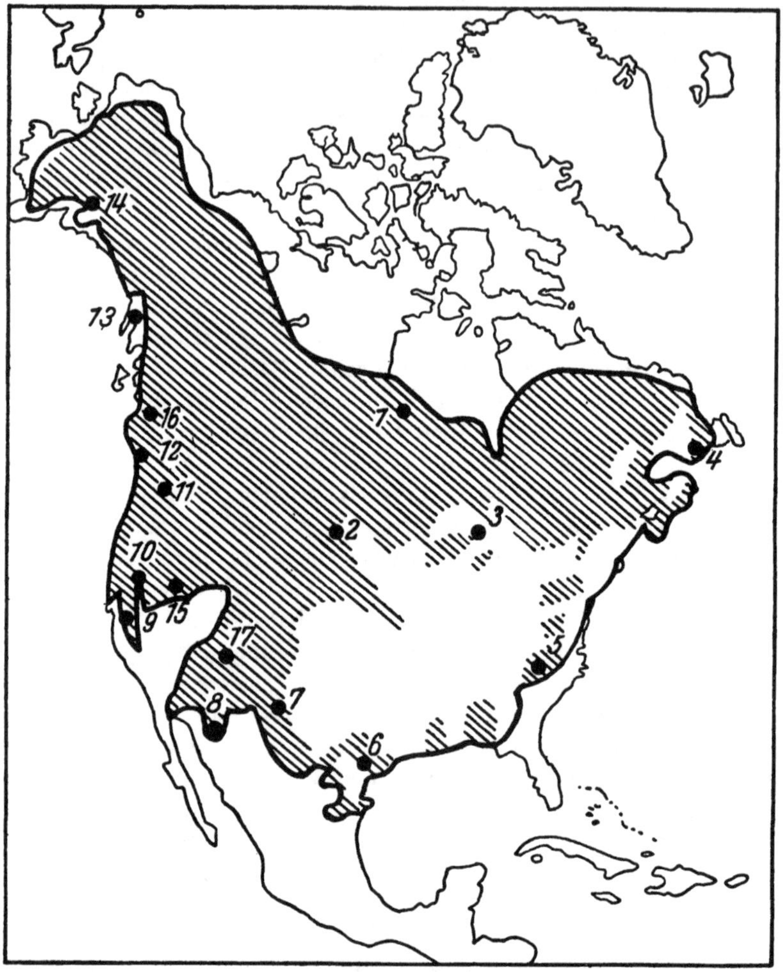

Karte 5. Vorkommen des Bibers in Nordamerika. Nach Bailey
Ehemaliges Verbreitungsgebiet dick umrandet, heutiges schraffiert. Die Ziffern beziehen sich auf die Subspezies (S. 19).

Denn da es sich hier um höchstens vier Jahrhunderte alte Namengebungen handelt, können diese nur für besonders häufige oder sonst markante Vorkommen eines Tieres geprägt worden sein, das die ersten Ansiedler allenthalben antrafen.

Die Bestände an Bibern schienen in Amerika unerschöpflich zu sein. Die Indianer entnahmen ihnen zwar wohl, was sie für Nahrung und Kleidung brauchten, schonten aber als kluge Haushälter ihre Kolonien, mit denen sie fast in Wohngemeinschaft standen. Als dann die weiße Rasse mit ihren verderbenbringenden Tauschmitteln (Feuerwaffen, Alkohol, allerlei Tand) die Habgier der Rothäute entfesselt hatte, war es den Händlern ein Leichtes, Biberfelle in Massen für geringes Entgelt einzutauschen. So begann 1604 mit der Begründung des ersten Fellhandelsplatzes in Quebec, dem die spätere Metropole des Biberfellhandels Montreal 1611 folgte, die skrupellose Ausbeutung der Bibergebiete. Eine Gesellschaft nach der anderen wurde gegründet, und diese standen bald untereinander in grimmigem Konkurrenzkampf. Ihren Höhepunkt hatte diese Ausrottungsperiode in den Jahren 1760—1820; dann wurde sie in geordnetere Bahnen unter Führung der Hudson-Bay Company gelenkt.

Abb. 4. Biber-Kerbholz für den Tauschhandel. Nach Martin

Die damalige Bedeutung des Handels mit Biberfellen erhellt daraus, daß diese Gesellschaft im Jahre 1774 den Wert eines Biberfelles als Grundlage einer Währung bestimmen konnte, in welche die verschiedensten Gebrauchsartikel des täglichen Lebens eingegliedert waren. Nach Braß galt 1 Hut für Männer 3 Biberfelle, 1 Paar Hosen 3 Biber, 3 Zobelfelle waren gleich 1 Biber, 2 Ottern oder 1 Fuchs gleich 1 Biber, 1 Bärenfell galt 2 Biber und 1 Pfund Bibergeil glich 21 Biberfellen. 1863 mußte man dagegen für 1 Paar Hosen schon 9 Biberfelle aufwenden, für 1 Flinte 20 Felle und für einen kleinen Spiegel oder 1 Tabaksbeutel mit Brennglas 1 Biberfell. Auch andere Fellarten wurden in ihrem Verhältnis zum Biber bewertet. Um den Zwischenhändlern das Schätzen und Sortieren zu erleichtern, befestigte man nach Martin an einem Fellbündel ein Kerbholz (Abb. 4), dessen Einschnitte angaben, wieviel Biberfellen das Bündel gleichzusetzen sei.

Der jährliche Export an Fellen durch die Hudson-Bay Company betrug im letzten Viertel des 18. Jahrhunderts, wie auch noch in der ersten Hälfte des 19. Jahrhunderts, 50000 Felle; das war allein ein Drittel der amerikanischen Gesamtausfuhr. Für die Zeit von 1853—1877 jedoch werden, wieder als jährlicher Anfall der Hudson-Bay Company, 118615 Felle angegeben, für das Jahr 1867 sogar 172042 und als Rekord 1875 270903, dazu bei Lampson noch 65941 Stück. Dann aber erfolgt ein starkes Nachlassen des Angebotes; seine jährlichen Zahlen schwanken seit 1891 nur noch um 50000 — ein sprechender Beweis für den katastrophalen Rückgang der Biber!

Durch gesetzliche Maßnahmen glaubt man diesen Rückgang aufhalten und ihn dahin steuern zu können, daß eine beschränkte Ausfuhr von Fellen weiterhin gewährleistet wird. In 25 Staaten Amerikas sind nach Warren (1927) die Biber das ganze Jahr geschützt, in 14 besteht eine „offene Saison" (beschränkte Jagdzeit) für sie; in Kanada bewilligte die eine Hälfte der Provinzen ganzjährigen, die andere teilweisen Schutz. Der nördliche Teil von Südkalifornien hat eine offene Saison nur für männliche Biber; unser Gewährsmann sagt dazu sarkastisch: „Das Gesetz gibt nicht an, wie das Geschlecht vor dem Fange des Tieres bestimmt werden kann.“ Auch in Amerika wechseln mithin die Schutzmaßnahmen je nach ihrem Erfolg zwischen Lockerungen und Verschärfungen. „Gemeinsam ist aber das Fangverbot mindestens zwischen 1. April und 15. oder 1. November sowie das Verbot, Biberbauten und Biberdämme zu zerstören“ (Braß). Die Biberfell-Handelsgesellschaften bekunden ihr verständliches Interesse an einem möglichst langen Fließen ihrer Einnahmequelle ihrerseits durch die „Schutzbestimmung“, daß sie nur noch die wertvollen Winterfelle abnehmen wollen.

Über den heutigen Gesamtbestand der amerikanischen Bibergebiete berichtet Patch (1934), „daß es zwar nicht mehr die 60 Millionen sind, die beim Einzug des weißen Mannes überall ihr Wesen trieben, wo es Wald und Wasser gab. Aber noch immer sind es $1^1/_2$ Millionen in Kanada und $^1/_4$ Million in den Staaten und Alaska. In den Staaten findet sich der Biber nur noch an wenigen, verstreuten Örtlichkeiten, während er in Kanada trotz verringerter Zahl noch dieselbe Verbreitung hat wie vor 400 Jahren. In den Nationalparken, wo sie geschützt sind, nimmt ihre Zahl sogar zu.“

IV. ZUR MORPHOLOGIE UND ANATOMIE

A. Allgemeine Körpergestalt

Trotz der ihn aus der Reihe seiner Ordnungsgenossen heraushebenden ansehnlichen Größe ist der Biber in seiner Körpergestalt ein typisches Nagetier. In der Form des gedrungenen Leibes, der nach hinten bedeutend an Dicke zunimmt, ähnelt er unter den einheimischen Nagern einem allerdings ungleich kleineren, aber ebenfalls am Wasser lebenden Verwandten, der Schermaus oder Wasserratte (*Arvicola terrestris* L.). Wie bei dieser erscheint sein Kopf kurz und dick, weil er infolge der kräftigen Entwicklung der Kaumuskulatur weit nach den Seiten auslädt (Abb. 5). Die Schnauzenpartie läuft nur mäßig spitz nach vorn zu und bildet das hier „schief abgestutzte Profil, das ihm das Nagegebiß verleiht" (Brehm). Der Scheitel ist flach, dagegen fällt die Kehle steil nach der Brust hin ab. Nase, Auge, Ohr liegen auf einer aufsteigenden geraden Linie in gleichen Abständen voneinander. Der kurze Hals wird eigentlich nur durch eine tiefe Nackensenke betont, während die Kopfseiten gleichmäßig in die Rumpfflanken übergehen. Der Rücken wölbt sich zu einem mächtigen Buckel auf, der in der Lendengegend seine größte Höhe und Breite erreicht und sich dann schnell zur Schwanzwurzel senkt, an die sich die nachschleppende Kelle anschließt. Die kurzen Vorderbeine und die niedrigen, allerdings wesentlich stärkeren Hinterbeine können den plumpen Rumpf nur wenig vom Erdboden abheben, so daß er beim Laufen fast schleift (Taf. 1). Um so gewandter sind aber die Bewegungen des Bibers in dem Element, wo er sich am sichersten fühlt, im Wasser. Hier streckt er seinen sonst so hoch gebauten Körper, so daß er wesentlich schlanker erscheint als auf dem Lande.

Abb. 5. Kopf des Bibers. Nach Brandt u. Ratzeburg

B. Körperlänge und Gewicht

Die Körperlänge des Bibers über den Rücken zu messen, führt zu ungenauen Werten, da eben seine Krümmungen je nach der Lage verschieden sind. Es ist schon richtiger, bei diesem „Bauchtier", wie es von Geßner einmal bezeichnet wurde, das Maß auf der Bauchseite von der Schnauzenspitze bis zur Schwanzspitze zu nehmen und als Sondermaße die Länge der Kelle, von ihrer unbehaarten

Wurzel ab, sowie deren größte Breite. Weniger wichtig (wegen ihrer Veränderlichkeit bei demselben lebenden oder toten Tiere) erscheinen mir Umfangmaße; höchstens daß sie die plumpe Gestalt illustrieren helfen. So hatte ein altes Weibchen von 119,5 cm Gesamtlänge und 48 Pfund Gewicht, auf Bauchseite liegend, am Halse vor den Vorderbeinen (Widerrist) einen Unfang von 42 cm, dagegen vor den Hinterbeinen einen Bauchumfang von 81,5 cm. Am Schädel wird als die „größte Länge" die Entfernung von der Mitte zwischen den oberen Schneidezähnen bis zur Mitte des Occipitalkammes, als die „größte Breite" die Ausladung zwischen den Jochbögen mit der Schublehre bestimmt und in Millimetern ausgedrückt.

Ein ausgetragener Embryo (25. V.; Nr. 80) war 33 cm lang. Mingaud fand ebenfalls einen entwickelten Fötus am 11. V. in einem Rhonebiber; er war 35 cm lang und wog 725 g. Nicht wesentlich weichen davon vier Tiere eines Wurfes (2. VI.; Nr. 110) im Alter von 4—6 Wochen ab, die 35, 37, 37, 38 cm maßen. Bei einer größten Schädellänge von 71—74 mm betrug ihr Gewicht 595, 671, 675, 745 g; es differiert mithin um 150 g, eine bemerkenswerte Spanne, die bei Unkenntnis der Zusammenhänge zu verschiedener Altersschätzung führen könnte.

Gesamtlänge, Kellenlänge, Gewicht von Jungtieren bis zu $^1/_2$ Jahr.

Nr.	Eingangsdatum	Gesamtlänge cm	davon Kelle cm	Gewicht	Größte Schädellänge mm	Bemerkungen
80	25. V.	33	9			Embryo
110	2. VI.	35—38	8—9	595—745 g	71—74	4 Tiere
66	9. VI.	34	8	770 g		
113	24. VI.				87,3	
101	2. IX.	43	10	$2^3/_4$ Pfd.	87,3	♀
115	21. X.	65	17	7 Pfd.	ca. 106	♀
59	21. X.	67	17		101	♂
9	22. X.	68	22		106—107	2 Tiere eines Wurfes

Ein zeitlich hier anzuschließendes junges Weibchen (2. IX.; Nr. 101) war ein ausgesprochener Kümmerling von nur 43 cm Gesamtlänge, dessen größte Schädellänge (87,3 mm) in keinem Verhältnis zu Körperlänge und Gewicht ($2^3/_4$ Pfund) stand. Dagegen waren drei Jungtiere, fast am gleichen Tage (21. X.), aber in verschiedenen Jahren, eingeliefert, nahezu gleich lang (65, 67, 68 cm); ihr Gewicht, bei zweien leider nur geschätzt, bewegte sich um 7 Pfund.

In der Altersstufe von einem bis zu vier Jahren, der Zeit mithin, in der der Körper sich am schnellsten entwickelt, erfolgt dann ein Längenzuwachs bis auf 120 cm und eine Gewichtszunahme bis zu 49 Pfund. Wünscht man für die einzelnen Jahre nähere Angaben, so mögen wenigstens als Richtzahlen für die Länge und das Gewicht dienen:

Alter	Länge	Gewicht
1—2 Jahre	70— 90 cm	13—25 Pfd.
2—3 „	90—110 „	25—35 „
3—4 „	110—120 „	25—45 „

Die Kellenlänge nimmt in dieser Zeit bis zu einem Höchstmaß von 32 cm entsprechend zu, während das Gewicht sehr stark schwankt, da es ganz besonders von dem Ernährungs- und Gesundheitszustand abhängig ist.

Wie aus den Ausführungen in dem Kapitel: „Altersbestimmung und Alter" hervorgeht, kann man den vierjährigen Biber als erwachsen ansehen. Diese Annahme wird auch durch die Gesamtlänge gestützt. Denn von nun an schwankt sie um 120 cm, bald noch beträchtlich nach unten, bald darüber hinaus bis etwa 128 cm (s. Tab.). Als Durchschnittslänge ergibt sich für 12 Männchen

Gesamtlänge, Kellenlänge, Gewicht, geordnet nach Alter und Geschlecht

Männchen							Weibchen					
Nr.	Alter Jahre	Gesamtlänge cm	davon Kelle cm	Gewicht Pfd.	Größte Schädellänge mm	Differenz der Gesamtlänge gegen ♀	Nr.	Alter Jahre	Gesamtlänge cm	davon Kelle cm	Gewicht Pfd.	Größte Schädellänge mm
110a	4—6 Wochen	37	9	671 g	71 bis 74		101	$^1/_3$	43	10	$2^3/_4$	87,3
59	$^1/_2$	67	17		101,4	+ 2	115	$^1/_2$	65	17	7	ca. 106
30	$1^3/_4$	77	24	14	119,8							
48	2	87	22	$18^1/_2$	119,8							
104	2	92	30	25 bis 30	130,5							
52	$2^1/_4$	100	25	ca. 30	130,6							
27	$2^3/_4$	112		26	148,8							
63	3	93	26		135,0	+ 4	47	3	89	23		148,4
51	3	112	29		147,0							
49	3	114	31	40	143,4							
71	$3^1/_4$	102	28	20 bis 25	137,0							
56	$3^1/_4$	113	30	40	147,6							
29	$3^3/_4$	113	32	26	150,5	+ 5	67	$3^3/_4$	108	28	23	146,0
31	$3^3/_4$	115	35	45	154,6	— 5	36	$3^3/_4$	120	32	49	156,0
77	4	119	32	40 bis 45	151,7	+ 1	33	4	118	31	32	156,2
72	$4^1/_4$	122	32		156,5	+ 1	92	$4^1/_4$	121	32		151,8
							28	$4^1/_2$		38		159,0
							3	$4^3/_4$	112	30		158,9
							68	$4^3/_4$	122	31	ca. 40	155,2
							69	$5^3/_4$	128	33	ca. 50	161,0
87	6	116	33	36	160,0		96	6	116	34	ca. 50	159,1
74	$6^1/_4$	116	31		162,5							
85	$6^3/_4$	118		33	162,3	— 5	41	$6^3/_4$	123	33	29	162,3
							42	$6^3/_4$	125	33	52	161,8
10	$6^3/_4$—7			$36^1/_2$	163,3							
111	7	124,5	32	55	164,0							
70	7	125	31	42	163,5							
109	7	131	31		163,6							
82	$7^1/_2$	123	32	60 ?	164,8							
78	8	113	31	45 bis 50	166,3	— 15	54	8	128	31	48	165,8
86	8	123	31		165,0	— 16	80	8	139	36	ca. 70	168,3
83	$8^3/_4$	127		39	170,5							

im Alter von 4—8 Jahren (Nr. 77—83 der Tabelle) 121,4 cm, für 10 Weibchen der gleichen Altersspanne (Nr. 33—80) 123,2 cm; hierbei sind je ein besonders großes Männchen (Nr. 109) mit 131 cm und ein Weibchen (Nr. 80) mit 139 cm eingerechnet. Letzteres ist das überhaupt größte Tier, das mir bisher vorlag.

Wenn nach dieser Berechnung die Weibchen länger sind als die Männchen, so trifft dies bei Vergleich der Einzellängen in gleichem Alter nicht allgemein zu. Lediglich in höherem Alter scheinen die Weibchen etwas länger zu sein, falls man die wenigen zur Verfügung stehenden Vergleichszahlen (♂ Nr. 85, ♀ Nr. 41, 42; ♂ Nr. 78, 86, ♀ Nr. 54, 80) als ausreichendes Material anerkennen will. Bei den jüngeren Tieren unter vier Jahren sind dagegen fast durchgängig die Männchen etwas länger als gleich alte Weibchen. Auffallend ist jedoch, daß das erwähnte Weibchen Nr. 80, selbst wenn man die vier Embryonen, die es trug, mit rund 5 Pfund abrechnet, bei einem dann verbleibenden Gewicht von 64 Pfund dem von Mertens gefundenen Höchstgewicht von 66 Pfund entspricht, das ebenfalls einem Weibchen zukam.

Die Gewichtszahlen für die obigen Tiere schwanken wieder sehr; ein Gewicht bis zu 60 Pfund scheint jedoch für höheres Alter schon recht ansehnlich zu sein. Entsprechend sind die in der Literatur angegebenen Zahlen für Höchstgewichte sehr ungleich; sie sind aber auch sehr verschieden zu bewerten, da sie nach Schätzung im allgemeinen zu hoch gegriffen werden. So möchte ich mit Friedrich [1] das von ihm einer Zeitungsmeldung entnommene Höchstgewicht von 96 Pfund bezweifeln. Brandt und Ratzeburg zitieren allerdings für einen in der Lippe 1859 gefangenen Biber 70—80 Pfund, auch dies aber offensichtlich nur als Schätzungszahl.

Aus den anderen europäischen Biberinseln fehlen uns entsprechende Vergleichszahlen; nur für einen Rhonebiber hat Mingaud ein Gewicht von 70 Pfund als bemerkenswert gemeldet. Da nach Wiesel der Schädel des Rhonebibers in fast allen Maßen größer als der unseres Elbebibers ist, möchte man fast annehmen, daß auch das ganze Tier ihn an Länge übertrifft, was dann als klimatische Variation anzusehen wäre. Die bei Brehm nach Collett angeführten Gesamtlängen norwegischer Biber, und zwar von vier ausgewachsenen Männchen mit 101—109,5 cm und von einem alten Weibchen mit 102,5 cm — gemessen an Museumsexemplaren — erscheinen mir so gering, daß eine Nachprüfung an frischem Material erforderlich sein dürfte.

Für den amerikanischen Biber gibt Warren als Gesamtlänge 100—115 cm an, Bailey für ein dreijähriges Weibchen 108 cm (davon Kelle 28 cm). Wichtiger noch, weil an einer bestimmten Subspezies ermittelt, sind die von Benson für *Castor canadensis michiganensis* mitgeteilten Durchschnitts-, Mindest- und -Höchstwerte (s. Tab.). Aus ihnen geht hervor, daß zwischen erwachsenen Männchen und Weibchen keine auffallenden Unterschiede bestehen; auch die etwas höheren Zahlen für einjährige Männchen im Vergleich zu den gleich alten Weibchen sind nicht bedeutungsvoll.

Länge und Gewicht von *C. canadensis michiganensis* nach Benson

Anzahl der Tiere	erwachsene Tiere		einjährige Tiere	
	22 ♂	34 ♀	44 ♂	38 ♀
Durchschnittslänge (gesamt)	104,7 cm	103,7 cm	88,2 cm	86,4 cm
Mindestlänge	98	95	79	77
Höchstlänge	113	114	96	99
Durchschnittsgewicht	15,1 kg	15,3 kg	8,1 kg	7,4 kg
Mindestgewicht	12,5	12,3	5,5	5,0
Höchstgewicht	20,0	21,5	10,3	10,9

Demnach ist der amerikanische Biber wesentlich kleiner als der altweltliche. Die von anderen amerikanischen Autoren verzeichneten Gewichtszahlen liegen jedoch höher, als man bei der im Verhältnis zu den altweltlichen Bibern geringeren Größe erwarten sollte. So rechnet zwar Warren für den erwachsenen amerikanischen Biber mit einem Gewicht von 36 Pfund an aufwärts; 55 Pfund sei schon ungewöhnlich hoch, 64 Pfund käme sehr selten vor. Bailey aber notiert als Durchschnittszahlen für:

neugeborene Tiere	ca. 1 Pfund		
einjährige „	23—27 „	= 25—30	amerikanische Pfund
zweijährige „	36—43 „	= 40—45	„ „
dreijährige „	über 45 „	= über 50	„ „
ältere „	55—64 „	= 60—70	„ „

als Höchstgewicht eines alten, sehr fetten Tieres 90 Pfund, in einem Fall sogar 99 Pfund.

Ein Vergleich dieser Tabelle mit der für unsere deutschen Biber zeigt, daß die amerikanischen wesentlich schneller an Gewicht zunehmen. Leider sind entsprechende Angaben über das Längenwachstum der letzteren nicht zu beschaffen. Da aber zu vermuten ist, daß dieses sich konform mit dem Gewicht vollzieht, ergibt sich, daß die amerikanischen Biber früher als ihre eurasischen Vettern heranreifen und wohl bereits mit drei Jahren als „erwachsen" gelten können. Voraussetzung für dieses Resultat ist allerdings, daß die Gewichtsangaben mit den Altersbestimmungen in Einklang stehen. Wie die letzteren erfolgt sind, ist bedauerlicherweise aus der amerikanischen Literatur nicht zu ersehen; es lassen sich daher einige Zweifel an ihrer Richtigkeit nicht unterdrücken.

C. Haare und Nägel

Das Haarkleid des Bibers besteht aus dem wärmenden Unterkleid aus Wollhaaren und dem abdeckenden Oberkleid aus Grannen.

Die Wollhaare stehen so dicht, daß sie zu einzelnen Büscheln verfilzen und dem Wasser das Eindringen verwehren, so daß auch eine wärmeisolierende Luftschicht eingeschaltet wird. Sie sind gekräuselt, 0,02 mm dick und bis zu 3 cm lang. An der Basis sind sie hellgrau gefärbt und werden nach der Spitze zu aschgrau bis aschbraun. Bei Jungtieren sind sie fast braunschwarz, wodurch diese mangels der noch nicht entwickelten Grannen allgemein dunkler erscheinen; nur der Kopf hebt sich davon durch eine hellbraune Flaumbehaarung ab. Ein ausgetragener Embryo war auf dem Rücken schwarzbraun, auf der Bauchseite dunkelbraun; am oberseits schwarzbraun gefärbten Kopfe dagegen waren Wangen, Unterlippe und Kehle gelbbraun.

Die Grannen sind bis zu 9 cm lang und 0,2 mm dick. Es sind straffe, anliegende Haare, die mit ihrem Seidenglanz dem Fell seine charakteristische

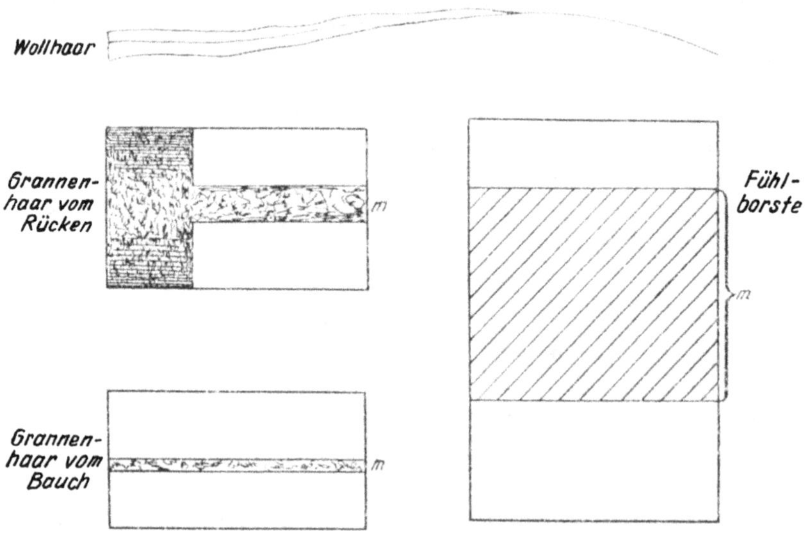

Abb. 6. Stärkeverhältnis der Haare. Längsschnitte. (m = Markschicht). 100 : 1. Orig.

rötlichbraune Färbung verleihen. Die Wollhaare geben dazu den Unterton, denn die Grannen allein decken den Pelz nicht ab. Ihr Glanz entsteht durch Beugung des Lichtes an ihrem Oberhäutchen, das mit senkrecht zu ihrer Längsachse unregelmäßig verlaufenden, mikroskopisch kleinen Furchen überzogen ist (Abb. 6). Ihre Markschicht ist etwa ein Viertel so dick wie der Gesamtdurchmesser. Die dünneren Haare dagegen haben entweder gar keine oder nur sehr schmale Markschichten. In ihrem apikalen Teile haben die Grannen eine schmallanzettliche Verstärkung, die entweder gleichmäßig nach beiden Enden ausläuft oder an dem proximalen Ende sich scharf absetzt. Eine mehr oder weniger starke Abflachung dieser Verstärkungen kann wohl als eine Anpassung an das Wasserleben gedeutet werden (Toldt).

Je nach der Körpergegend variiert die Länge, Stärke und Anordnung der Deckhaare zwischen den Grannen und den Wollhaaren. Am Kopfe umsäumen die Schnauzenspitze und den Rand der Lippen kurze, straffe, hellbraune Haare. Über jedem Nasenloch befindet sich ein divergierender Wirbel von aschgrauen, kurzen Borsten. Auf dem Scheitel wird das Wollhaar von etwa doppelt so langen Grannen überlagert, die in der Ohrgegend schon wesentlich länger sind. Durch dieses Vorherrschen grauer Farbtöne erscheint der Scheitel heller als die Seiten des Kopfes. Die Ohrmuscheln anderseits tragen an ihrem Rande kurze und weiche, nach hinten abstehende, dunkelbraune Haare, während ihre Basis mit grauen Wollhaaren umsäumt ist. Der ganze Rücken wiederum bis zum Schwanze ist von langen, glatt anliegenden Grannen bedeckt, die an den Seiten dünner, kürzer und heller werden und auf der Bauchseite in ein weicheres, fahlbraunes bis aschgraues Haarkleid übergehen. An den Beinen hingegen werden die Grannen durch kurze, eng anliegende, dunkelbraune Haare abgelöst, die den Zehen bis an die Krallen folgen. Unbehaart sind die mit runzeliger Hornhaut bedeckten inneren Handflächen und die Sohlen. Diese Hornhaut gliedert sich an den Vorderfüßen in einzelne Ballen, an den Zehen der Hinterfüße in mehr oder weniger getrennte Lappen, während der Mittelfuß bis zur Fußwurzel mit einer dicken elastischen Sohlenwölbung überzogen ist.

Auf jeder Backe zwischen Nase und Auge steht eine Gruppe von 5—6 starken, dunkelbraunen und bis 7 cm langen Borsten, die an ihrer Basis etwa ½ mm dick und schräg nach hinten gerichtet sind (Abb. 5). Sie werden von einigen anderen gleichfalls steifen, aber wesentlich dünneren Haaren begleitet. Ebenso befinden sich medial über jedem Auge ein, zuweilen auch zwei sehr straffe Haare. Mit Mertens sehen wir in diesen Borsten Fühlhaare, „die auf das Leben des Tieres in Höhlungen hinweisen". Selbst am Körper, und zwar an der Handwurzel, stehen vereinzelt solche Tastborsten.

Mit Ausnahme der bereits erwähnten dunkleren Färbung der Jungtiere sind unsere Elbebiber fast durchweg gleichmäßig gelblichbraun bis kastanienbraun gefärbt. Nur ein besonders dunkles stärkeres Männchen unserer Sammlung weicht von dieser Norm ab, indem es auf dem Kopfe und dem ganzen Rücken schwarzbraun aussieht. Es beruht dies auf dem Vorherrschen eines dunklen Wollhaares, in dem auffallend wenige Grannen stehen; vielleicht ist es mit einer herbstlichen Haarung — Einlieferungszeit des Tieres Mitte September — zu erklären. Ob allerdings eine jahreszeitlich bedingte oder sonst periodisch festliegende Haarung erfolgt, ist noch unbekannt. Taylor hält es beim amerikanischen Biber „für wahrscheinlich, daß ein Haarwechsel nicht zonenweis sich vollzieht, sondern allgemein, indem das Haar allmählich über den ganzen Körper erneuert wird".

Dagegen finden sich in der älteren Literatur, bei Brandt und Ratzeburg zitiert, verschiedene Angaben über Farbenanomalien von weißen über gelbe bis zu schwarzen Bibern, die aus dem Winckell sogar in ein System bringt:

1. langes Haar ⅔ aschfarben, ⅓ rotbraun, kurzes Haar oben aschfarben, unten perlgrau,
2. ganz weiß,
3. weiß und grau gefleckt,
4. weiß, rotgeschimmelt,
5. dunkelbraun; je weiter nach Norden, um so dunkler, so daß in den nördlichsten Gegenden
6. fast ganz schwarze Biber auftreten (selten).

Zweifellos handelt es sich hier, soweit europäische Biber in Frage kommen, nicht um klimatische Lokalvariationen, sondern um seltene Abnormitäten, die auch in Amerika gelegentlich auftreten. So unterschied Richardson in seiner alten Fauna Boreali Americana drei Farbtypen, den schwarzen, gefleckten und weißen Biber (varietas nigra, varia, alba), die in dieser nach der Seltenheit ansteigenden Reihe beim kanadischen Biber angetroffen werden. Die schönsten schwarzen (melanistischen) Biber fand man bei Churchill an der Hudson-Bay; auf durchschnittlich 10000 normal gefärbte Tiere kommt ein schwarzes. Die ebenfalls an der Hudson-Bay gelegentlich vorkommenden gefleckten Biber sind längs der Seiten oder an der Kehle weißfleckig, sonst normal gefärbt. Am seltensten sind die Albinos, die von den Indianern hochgeschätzt und von ihnen zu Medizinbeuteln verwendet werden. Hearne sah im Verlaufe von 20 Jahren nur ein weißes Exemplar, während der Prinz Maximilian von Wied 1843 berichtet, daß gelbweiße und ganz weiße Tiere am Yellowstonefluß nicht selten seien, und von einem anderen Forscher 20 Jahre früher am Kleinen Sklavensee auf einer Parzelle neun rein weiße Felle festgestellt werden konnten. In jüngster Zeit (Frühjahr 1949) brachte die New York Times das Photo eines in Gefangenschaft gehegten, rein weißen Bibermännchens, das in Custer State Park, South Dakota, in eine Falle gegangen war.

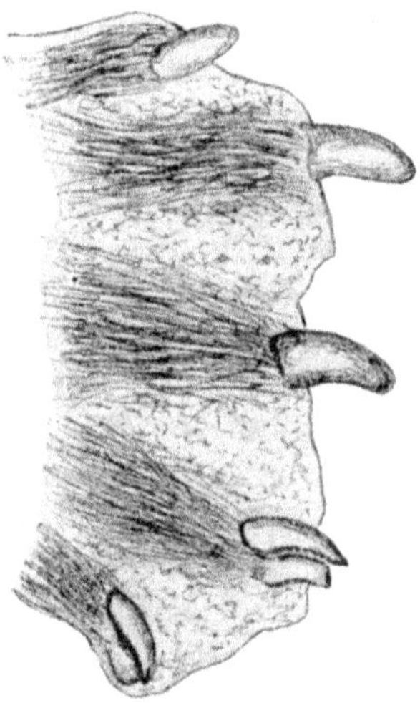

Abb. 7. Krallen des linken Hinterfußes. 1 : 2. Orig.

Von diesen Farbabnormitäten sind jedoch zu trennen die Farbabänderungen auf ökologischer Grundlage, die bei den amerikanischen Bibern regelmäßig auftreten. Nach Warren leben in Nord- und Westkanada dunklere, in südlicheren Distrikten dagegen meist hellere Tiere. Bailey spezialisiert dies dahin, daß die hellsten Färbungen in den südwestlichen Vereinigten Staaten und der Rocky Mountain-Gegend vorkommen, dunkle am Columbiafluß und nordwärts durch Kanada und Alaska, die dunkelsten aber längs der Südküste des Oberen Sees in Nordmichigan und Wisconsin. Diese Farbvariationen sind vor allem maßgebend gewesen für die Aufstellung der 17 Unterarten oder geographischen Rassen der amerikanischen Biber.

Als weitere Epidermisbildungen verdienen die Nägel eine besondere Beachtung. Nach ihrer Form und Funktion sind sie als Krallen anzusprechen, wenngleich sie, namentlich an der hinteren Extremität, mehr flach als rundlich sind (Abb. 7). Von einer breiten Basis am Nagelfalz geht die konvexe Krallenplatte, deren Oberfläche glatt und schwarzbraun gefärbt ist, schnabelartig nach vorn spitz zu, an den Vorderfüßen seitlich ziemlich stark zusammengedrückt, an den Hinterfüßen breiter mit abgerundeter Spitze. Die dritte und vierte

Kralle ist jeweils die stärkste; ihre Maße betragen bei einem sieben Jahre alten Tiere (Nr. 111):

Vorderfuß	3. Kralle	Länge	21 mm,	Breite	10 mm
„	4. „	„	22 „	„	10 „
Hinterfuß	3. „	„	25 „	„	10 „
„	4. „	„	23 „	„	11 „

Obwohl die Hinterzehen viel kräftiger sind als die Vorderzehen, sind die Längenunterschiede ihrer Nägel nicht beträchtlich. Da ihre Breite aber kaum differiert, erscheinen die Krallen der Vorderzehen verhältnismäßig stärker. Beim jugendlichen Biber ist überhaupt ein Unterschied in Länge und Breite der einzelnen Krallen nicht festzustellen.

Die kräftige Entwicklung der Krallen erklärt sich durch ihre Funktion: die der Vorderfüße sind einerseits Greifwerkzeuge, mit denen sich der Biber beim Nagen an den Bäumen anklammert, die ihm aber auch beim Äsen die Nahrung festhalten; anderseits sind es Scharrkrallen, mit denen er geschickt seine Gänge in das Erdreich hineintreibt. Die scharfrandigen Krallen der Hinterfüße dagegen befähigen diese zum Einstemmen in das weiche Erdreich beim Vorwärtsschieben des schweren Körpers sowie beim Aufrichten während des Nagens an Bäumen; sie geben ihm ferner einen festen Halt beim Ausstieg aus dem Wasser auf dem glatten, abschüssigen Wechsel. Dementsprechend heben sich die Trittsiegel in weichem Gelände in ganz kennzeichnender Form ab (Taf. 11); in lockerem Boden werden sie allerdings meist durch die nachschleifende Kelle wieder zugewischt.

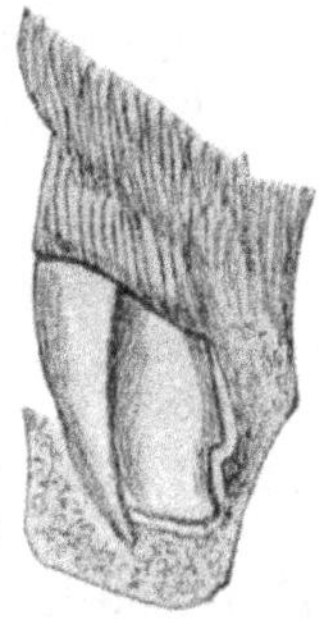

Abb. 8. Rechte zweite Doppelkralle in seitlicher Ansicht. Nat. Gr. Orig.

Eine vielbeachtete Besonderheit, die sogar als Gattungscharakter gilt, zeigt die Kralle der zweiten Zehe des Hinterfußes. Unter ihrem normalen oberen Nagel befindet sich ein zweiter, etwas kürzerer, der aber nicht spitz zuläuft, sondern vorn breit wird und unten ausgehöhlt ist; seine konvexe Oberfläche entspricht der unteren Wölbung des ihn überdeckenden Nagels (Abb. 8). So erscheinen beide als ein Gebilde zu einheitlicher Funktion, nämlich als Pinzette, mit der dazwischen befindliche Haare oder Fremdkörper gefaßt werden können. Voraussetzung dafür ist, daß beide oder zum mindesten einer der beiden gegeneinander beweglich sind. Dies ist tatsächlich der Fall, und zwar wird der obere Nagel beim Beugen des Zehes fest gegen den unteren gedrückt. So dürfte die in der Literatur schon seit langem gegebene biologische Erklärung dieser Doppelkralle zutreffen, daß sie ein Organ zum Striegeln des Felles ist. Girtanner weist in diesem Zusammenhange noch besonders darauf hin, daß die untere Nagelplatte zu diesem Zwecke körperwärts gestellt ist.

Das Putzen des Felles erfolgt natürlich auch durch die Vordergliedmaßen, die dabei zunächst mit dem Sekrete der in die Kloake mündenden Ölsäcke das Haar einfetten und dann in dieser Feinarbeit von den Hinterfüßen unterstützt oder abgelöst werden. Daß der Biber oft und zuweilen längere Zeit bei dieser Toilette beschäftigt ist, wurde nicht selten schon an freilebenden Tieren beobachtet. An zahmen, in der Gefangenschaft gehaltenen kanadischen Bibern hat nun Bailey Einzelheiten davon genauer feststellen können und diese anziehend beschrieben. Es besteht kein Grund, seine Angaben nicht auch für unseren europäischen Biber gelten zu lassen. Er schreibt: „Die krummen Fingernägel der Hände wurden an bestimmten Körperteilen angesetzt, rund um die Brust und den Kopf, den Anfang des Schwanzes und besonders in dem kurzen Haar um den After, wo das Öl aus den beiden Öldrüsen zur Verteilung bereitgehalten wird. Diese Fingernägel wurden einfach in grobem Kämmen und Ölverteilen vorläufig durch das Fell gezogen bis zum endgültigen völligen Durchkämmen mit den Hinterfüßen. Dann wurden eine Zeitlang mit dem Fuß die Seiten, Schultern und der Bauch mit einwärts kreisenden Strichen der beiden Doppelklauen systematisch überholt, bis jeder Knoten und das Gewirr des Pelzes durchgezogen und höchstwahrscheinlich, wie Seton vermutet, jegliche Milbe oder Insektenparasiten aus- und abgekämmt waren."

Durch Bailey wurde aber auch auf eine zweite Besonderheit des Hinterfußes aufmerksam gemacht, die merkwürdigerweise bis dahin in der europäischen Literatur überhaupt nicht erwähnt ist. Er bezeichnet nämlich auch die erste Kralle als „Kämmkralle", da sie mit der zweiten in einem wesentlichen Punkte übereinstimme. Auch bei ihr sei die Pinzettenform in der Weise entwickelt, daß unter dem oberen Nagel ein zweiter Teil liege, „der nicht ein wirklicher Nagel ist, sondern eher ein weicher Lappen, obwohl es scheint, als hätte er eine kleine hornige Masse in sich, besonders auffällig entlang dem Rande. — Diese beiden Teile des Nagels sind beweglich und schließen aneinander, so daß zwischen ihnen befindliches Haar völlig gekämmt und gereinigt wird." Eine Nachprüfung an unserem europäischen Biber bestätigte mir den angegebenen Befund. Der untere Teil des Nagels ist der stark aufgewölbte Rückenwulst der Kronenlederhaut, der seitlich auch einen hornigen Überzug hat. Ob diese erste Kämmklaue allerdings in der angegebenen Weise verwendbar ist und auch benutzt wird, müßte wohl durch weitere Beobachtungen an gefangenen Tieren noch geklärt werden; selbst am frisch getöteten gelang es mir nicht, den Mechanismus festzustellen.

D. Schwanz und Kelle

Da anatomisch der Schwanz mit dem ersten Schwanzwirbel beginnt, muß man beim Biberschwanz zwei Teile unterscheiden, einen kürzeren, die Schwanzwirbel 1—10 umfassenden, und einen anschließenden ungleich längeren, der von den Schwanzwirbeln 11—27 gestützt wird.

Jene proximale Schwanzwurzel hebt sich anfangs von dem Rumpf kaum ab und verjüngt sich nur allmählich aus ihrer Walzenform; wie der Rumpf ist sie dicht behaart. Sie wird von starken Muskeln gebildet, die an den breiten Seitenfortsätzen der Schwanzwirbel inserieren und den distalen Schwanzteil bewegen.

Diese Muskeln ermöglichen es auch dem Biber, beim Nagen an einem Baumstamm sich so auf den Schwanz zu stützen, daß er wie auf einem Dreifuß sitzt. Die Kelle würde diesem starken Druck des Rumpfes nicht gewachsen sein; schon bei solchem unvorsichtigen Anfassen eines gefangenen Bibers muß man Gefahr laufen, ihn tödlich zu verletzen.

Der gewöhnlich nur als Schwanz angesprochene distale Abschnitt zeichnet sich durch seine eigenartige Gestalt und seine Oberflächenbedeckung aus. Seit alters wird er die „Kelle" genannt. Mit dieser, auch in die Jägersprache übergegangenen, von dem bekannten Maurergerät entlehnten Bezeichnung hatte man früher auch dessen Verwendungsart gleichzeitig auf den Biber mit übertragen zu können geglaubt: alte Schriftsteller erzählen die Mär, daß er mit der Kelle Schlamm und Erde beim Bau der Burgen und Dämme auftrüge und festdrücke! Noch im Jahre 1885 gibt Nellenburg einen gleichen Bericht eines amerikanischen Biberfängers kritiklos wieder (vgl. hierzu auch S. 196).

Abb. 9. Biberschwanz-Dachziegel. Orig.

Bis auf den medianen, mehr oder weniger hochgewölbten Grat der Schwanzwirbel ist die Kelle oberseits stark abgeflacht, unterseits völlig eben; die glatten Seitenränder runden sich gegen das Ende sanft ab, so daß sie wie ein dem Körper angeheftetes Ellipsoid erscheint. Der alte, von Döbel (1746) zuerst gebrauchte Vergleich mit einem drittehalbpfündigen Karpfen ist besonders anschaulich. Aus dem Winckell (1878) spezialisiert ihn noch dahin: „Schneidet man das Hinterteil (den Schwanz) eines drittehalb- bis dreipfündigen Karpfens rund ab und legt ihn auf eine Seite, so wird man dadurch die Form und gewöhnliche Stellung des am äußersten Ende abgerundeten, platten, nur in der Mitte etwas gewölbten Schwanzes ziemlich treffend versinnbildlichen können." Eine ähnliche, jedoch nicht so prägnante Schwanzform hat unter den Säugetieren nur noch das Schnabeltier. Für unseren Biber ist sie durch ihre Eigenart ein charakteristisches Gattungs- und Artmerkmal geworden. Auch der Technik hat diese Kelle als Vergleichsobjekt für Namengebung gedient: die besonders in Mitteldeutschland häufigste Form der Dachziegel nennt man dort Biberschwänze (Abb. 9).

Die Oberfläche der Kelle ist mit einer ca. 0,1 mm dicken, schwarzbraunen bis schiefergrauen, stumpfen Hornhaut bedeckt; auf der Unterseite ist ihre Farbe mehr schokoladenbraun, namentlich nach der Spitze und dem Rande zu. Diese Hornhaut zeigt eine feine Felderung, die in Weiterführung des obenerwähnten Vergleiches mit dem Karpfen gewöhnlich als Schuppenbildung bezeichnet wird und in älteren Abbildungen, durchaus ungenau und schematisch, in gleichmäßiger, dachziegelartiger Anordnung wie am Fischkörper dargestellt ist. Es handelt sich in Wirklichkeit nicht um alternierend übereinandergreifende nach hinten freie Schindelschuppen, sondern um eine über die ganze Kelle sich hinziehende einheitliche Haut, deren Oberfläche in zahllose verschiedenartige Felder aufgeteilt ist. Will man sie als Schuppen gelten lassen, so mag dies immerhin noch nach der Analogie der Wirtelschuppen, z. B. der Eidechsen, gerechtfertigt sein können.

Die Felderung kommt dadurch zustande, daß auf der Innenseite der Hornhaut in unregelmäßiger, netzartiger Anordnung starke Leisten verlaufen, welche die Oberfläche etwas tiefer zu entsprechenden Furchen herabziehen und dadurch aufgliedern. In der Mittellinie der Kelle und bis zu vier Fünfteln ihrer Länge sind diese Felder am größten, nach dem Rande zu und im letzten Fünftel kleiner, etwa nur noch halb so groß wie die mittleren. Die größte Breite eines Feldes beträgt 1 cm, die größte Höhe 5 mm. Ihre Form ist sehr verschieden; die großen sind vielfach fünfseitig, meist mit einer abgerundeten Ecke, es kommen daneben und dazwischen aber auch rhombische und unregelmäßig begrenzte Fächen vor (Taf. 6). Eine Gesetzmäßigkeit in ihrer Anordnung ist nicht ersichtlich. Auf der Unterseite sind die mittleren Felder durchschnittlich größer, die des Randes nahezu so groß wie die der Oberseite. Die größeren Felder haben vielfach zwei bis drei senkrecht zu ihrer Breite verlaufende flache Rillen, die bei den am Rande befindlichen schräg nach außen gerichtet sind.

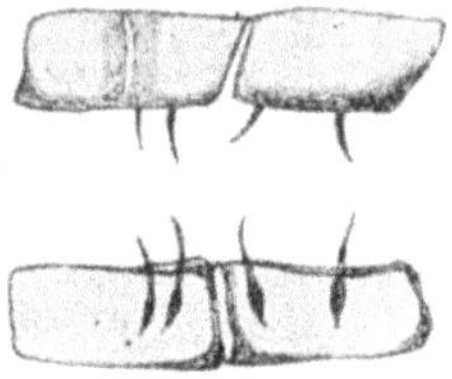

Abb. 10. Zwei Felder von der Bauchseite der Kelle, Oberseite und Innenseite. 2 : 1. Orig.

Wenn in der Literatur fast durchgängig die Kelle als nackt oder nur schwach behaart bezeichnet wird, so beruht dies ebenfalls auf ungenauer Beobachtung. Bei sorgfältiger Untersuchung ergibt sich nämlich, daß sie durchaus gleichmäßig, sowohl auf der Ober- wie auf der Unterseite, mit zahlreichen kurzen und straffen Haaren besetzt ist. Auf jedem Felde ragen von seiner unteren Leiste zwei bis fünf solcher 2 bis 4 mm langen Borsten heraus; sie legen sich einzeln in die erwähnten Rillen des unterhalb anschließenden Feldes (Abb. 10). Auf den Außenfeldern sind sie länger (bis zu 8 mm) und nach dem Rande der Kelle orientiert, den sie wie ein zarter Saum einfassen. Bei älteren Tieren sind diese feinen Borsten oberseits vielfach abgestoßen, so daß die Kelle dann allerdings fast nackt aussehen kann. Betrachtet man aber die Innenseite dieser Hornhaut, so treten deutlich alle die außen vermißten Haare mit ihrer Wurzel in Erscheinung (Abb. 10). Selbst bei neugeborenen Tieren haben an der zierlichen Kelle die einzelnen Felder bereits derartige Haare von derselben Länge wie bei den erwachsenen Bibern, nur sind sie noch etwas dünner.

Das Innere der Kelle wird von einer homogenen, fettartig-knorpeligen Masse von rötlichweißer Färbung eingenommen. Sie füllt den inneren Hohlraum nicht völlig aus, sondern verjüngt sich nach dem distalen Ende in Form eines schlanken gleichschenkligen Dreiecks viel stärker und schneller, als man erwarten sollte (Abb. 11). Es verbleibt mithin beiderseits eine breitlappige Randzone, indem hier die Ober- und Unterseite der Hornschicht miteinander verwachsen sind. Einst galt dieses Bindegewebe als besonderer Leckerbissen.

Bei einem Gewicht von 3—4 Pfund schwankt die Länge der Kelle bei erwachsenen Tieren um 30—32 cm; das sind rund 25% der Gesamtlänge. Es kommen aber auch wesentlich höhere Zahlen vor; die größte von mir festgestellte Länge bei einem Männchen betrug 42 cm (= 31% der Gesamtlänge), bei einem Weibchen 36 cm (= 26% der Gesamtlänge). Bei Jungtieren ist die

Kelle in beiden Geschlechtern zunächst verhältnismäßig länger; dies macht durchschnittlich ein Drittel der Gesamtlänge aus. Auch hier bestehen jedoch starke individuelle Schwankungen, so daß sich keine Gesetzmäßigkeiten zu Alter, Gesamtlänge oder Schädellänge ableiten lassen. Ebenso unterliegt die Breite der Kelle ähnlichen Ausschlägen um einen Mittelwert von 13—14 cm (= 40—45% ihrer Länge), wobei zu berücksichtigen ist, daß sie einwandfrei nur bei frisch vorliegenden Exemplaren bestimmt werden kann; denn an Bälgen kann sie wesentlich geschrumpft und bei aufgestellten Tieren unter der Hand des Präparators verändert sein. Die größte von mir gemessene Breite betrug 16 cm.

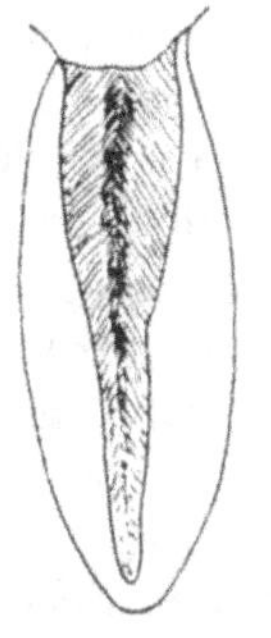

Abb. 11. Innenansicht der Kelle. Längsschnitt. Orig.

Aus den angegebenen Gründen ist es verständlich, daß die Wieselsche graphische Darstellung der Schwanzlänge und -breite starke Unstimmigkeiten zeigt. Auch sein Vergleichsmaterial mit anderen europäischen und mit kanadischen Bibern reicht in keiner Weise zu allgemeineren Schlußfolgerungen aus. Dagegen ist eine interessante Beziehung zwischen der Form und der größten Breite der Kelle festzustellen, die für die Erkennung des Geschlechtes von Wichtigkeit ist (s. Kapitel IV F 2).

E. Skelett

1. Schädel

a) Schädelform und Schädelwachstum

Die Hirnkapsel und der anschließende Gesichtsschädel eines starken Bibers erscheinen, als Ganzes betrachtet, in der Aufsicht wie ein langgezogenes eiförmiges Gefäß, an das als obere Ösen die von den Schläfenbeinen abstehenden knöchernen Gehörgänge und als weit ausladende Henkel die Jochbögen angeheftet sind (Abb. 12). Rundet man das Bild dieser Grundform weiter ab, so wird es einer großen Birne ähnlich. Dagegen sieht der Schädel des ganz jungen Tieres schlank aus, weil seine Jochbögen sich erst wenig von dem Mittelstück ablegen.

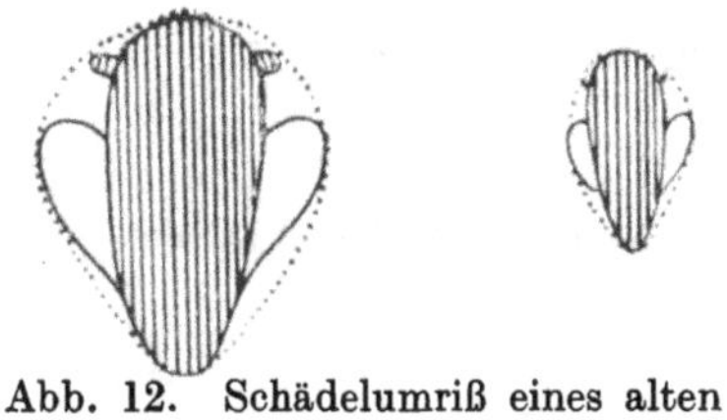

Abb. 12. Schädelumriß eines alten und jungen Bibers. Orig.

Beim jungen Biber übertrifft der Hirnschädel den Gesichtsschädel an Größe und Ausbildung; infolgedessen wirkt die Schnauzenpartie kurz und spitz. Nun erfolgt ein schnelles Wachstum der Nasalia im ersten und zweiten Lebensjahre von 34% der Gesamtlänge des Schädels bis auf etwa 38%. Während aber Wiesel im dritten Jahre ein langsameres Wachstum der Nasalia und dann bis zum siebenten Jahre sogar wieder ein schnelleres Tempo feststellen zu können glaubt, ergeben meine genauen Messungen an 26 Schädeln von Männchen und 19 Schädeln von Weibchen, daß das — wegen des zackigen Verlaufes der Naht gegen das Stirnbein — an sich schwer festzustellende Maß der Nasalia nur noch unbedeutend zunimmt, vor allem aber, daß es großen Differenzen unterliegt (s. Tabelle). Eine gesetzmäßige Beziehung für das Verhältnis der Nasalialänge zur Gesamtlänge des Schädels ist ebensowenig zu ersehen wie eine gleichmäßige Zunahme desselben mit fortschreitendem Alter. Es erfolgt nur ein Pendeln um eine Gleichgewichtslage von etwa 39%, das sowohl beim männlichen wie beim weiblichen Tiere auftritt, und die auch bei anderen Feststellungen wiederholt hervorgehobene Erscheinung bestätigt, daß wesentliche individuelle Abweichungen nicht allgemein als Alters- oder Geschlechtsindizien aufgefaßt werden dürfen. Auch die v. Reichenausche Tabelle kann, schon wegen der geringen Zahl der untersuchten Schädel, nur in dem Sinne aufgefaßt werden, in dem sie gemeint ist, nämlich als Vergleichsmaterial zum kanadischen Biber. In dieser Hinsicht ist sie allerdings sehr aufschlußreich; sie erbringt den zahlenmäßigen Beleg für den augenfälligsten Unterschied in der Schädelform zwischen den beiden Biberarten. Während die Variationsbreite nach v. Reichenau für die Nasallänge in Prozenten der Schädellänge beim altweltlichen Biber 37—42,6 % beträgt, bewegt sie sich beim kanadischen nur zwischen 34,3—35,3%.

Für den altweltlichen Biber ergibt sich, daß das anfängliche Übergewicht des Hirnschädels über den Gesichtsschädel bereits in den ersten beiden, spätestens im dritten Lebensjahre ausgeglichen ist und nun der Zuwachs beider Schädelteile sich gleichmäßig vollzieht.

Jährlicher Längenzuwachs des Schädels

Alter	Größte Schädellänge in mm, rund	Zuwachs in cm, rund	Zuwachs für je 4 Jahre
bis 1 Jahr	71—109	3,8	in den Jahren 1—4: 8,3 cm
2	110—130	2,0	
3	130—145	1,5	
4	146—154	1,0	
5	154—158	0,4	in den Jahren 5—8: 1,2 cm
6	158—161	0,3	
7	161—164	0,3	
8	164—166	0,2	

Mit dem Alter von drei bis vier Jahren wird dann ein wichtiger Abschnitt im Leben des Bibers erreicht. Das Stadium der schnellen Entwicklung liegt hinter ihm, von jetzt an ist der nahezu erwachsene Körper geschlechtsreif, seine weitere Zunahme vollzieht sich nur langsam und wird durch individuelle Anlage wesentlich bedingt sein. Denn nicht alle wirklich „alten“ Tiere sind gleich groß und gleich schwer; es gibt darunter auch gedrungenere Formen sowie durch Krankheit zurückgehaltene Kümmerlinge und anderseits das Durch-

Prozentverhältnis von größter Schädellänge zu größter Schädelbreite und Nasalialänge, geordnet nach Alter, getrennt nach Geschlecht

Männchen						Weibchen					
Nr.	Alter	Größte Schädellänge	Nasalialänge	Größte Länge zu größter Breite	Größte Länge zu Länge der Nasalia	Nr.	Alter	Größte Schädellänge	Nasalialänge	Größte Länge zu größter Breite	Größte Länge zu Länge der Nasalia
	Jahre	mm	mm	%	%		Jahre	mm	mm	%	%
59	$^1/_2$	101,4	—	64,1	—	101	$^1/_2$	87,3	30	58,3	34,3
30	$1^3/_4$	119,8	45	66,2	37,5						
48	2	119,8	46	67,9	38,4						
104	2	130,5	50	68,4	38,3						
52	$2^1/_4$	130,6	50	65,8	38,2	20	$2^1/_4$	130,6	51	68,2	39,8
						81	$2^1/_2$	137,8	56	67,1	40,6
63	3	135,0	50	66,3	37,0	19	3	142,3	55	65,3	39,3
49	3	143,4	60	70,7	41,8	47	3	148,4	58	66,5	39,0
51	3	147,0	61	66,7	41,5						
18	3	149,2	58	68,8	38,8						
71	$3^1/_4$	137,0	55	69,2	40,1						
56	$3^1/_4$	147,6	61	67,2	42,0						
29	$3^3/_4$	150,5	63	68,1	41,2	67	$3^3/_4$	146,0	53	66,8	36,3
31	$3^3/_4$	154,6	60	67,0	38,8	36	$3^3/_4$	156,0	63	67,2	40,3
77	4	151,7	60	66,5	39,5	33	4	156,2	60	65,7	38,4
72	$4^1/_4$	156,6	60	64,3	38,3	92	$4^1/_4$	151,8	61	67,7	40,1
						68	$4^3/_4$	155,2	62	68,3	39,9
						3	$4^3/_4$	158,9	65	65,9	40,9
						107	5	157,0	67	65,9	42,7
17	$5^3/_4$	159,8	66	66,9	41,3	69	$5^3/_4$	161,0	64	65,2	39,7
108	6	160,4	60	65,7	37,3	96	6	159,1	65	64,3	40,8
						24	6	161,2	64	66,3	39,7
74	$6^1/_4$	162,5	65	67,1	40,0						
85	$6^3/_4$	162,3	67	66,4	41,2	41	$6^3/_4$	162,3	61	63,6	37,5
10	$6^3/_4$	163,3	67	65,4	41,0						
70	7	163,5	65	63,7	39,7						
109	7	163,6	70	66,9	42,7						
111	7	164,0	65	65,2	39,6						
82	$7^1/_2$	164,8	65	66,8	39,4	21	$7^1/_2$	164,0	66	62,8	40,2
86	8	165,0	65	63,9	39,4	54	8	165,8	65	66,2	39,2
78	8	166,3	67	64,1	40,8	80	8	168,3	70	63,3	41,0
83	$8^3/_4$	170,5	69	64,8	40,4						

schnittsmaß weit überragende Exemplare. Bei der lediglich mit Kluppe und Meßband arbeitenden Statistik darf eben niemals übersehen werden, daß es sich bei Zunahme der größten Schädellänge und sonstiger Schädelmaße meist nur um wenige Millimeter handelt und infolgedessen nur gruppenweise Zusammenfassungen an Hand ausreichenden Untersuchungsmaterials etwaige Einzelschwankungen überbrücken helfen. So zeigt eine entsprechende Tabelle, daß einem Gesamtzuwachs der größten Schädellänge von 8,3 cm in den ersten vier Lebensjahren — davon allein 3,8 cm im ersten Lebensjahr — nur ein Gesamtzuwachs von 1,2 cm im fünften bis achten Lebensjahr gegenübersteht.

Nach Wiesel soll sich „das Wachstum des Schädels des Bibers im allgemeinen etwa bis zum achten Lebensjahr des Tieres in schnellem Tempo vollziehen, so daß man mit diesem Alter das Tier wohl als ziemlich ausgewachsen bezeichnen kann“. Nach seiner Alterstabelle ergibt sich

für Lebensjahre	1— 4	ein Zuwachs	von	6,1	cm,
„ „	5— 8	„ „	„	2,0	„
„ „	8—12	„ „	„	1,0	„
„ „	12—15	„ „	„	0,7	„

Demnach besteht eine starke Divergenz zwischen den Wieselschen und meinen Ergebnissen. Nach Wiesel ist der Biber mit etwa acht Jahren, nach meinen Untersuchungen bereits mit etwa vier Jahren als „ziemlich erwachsen“ anzusehen. Wenn man aber die ersten beiden Altersstufen Wiesels zusammenzieht und auf Grund meiner beim Kapitel „Altersbestimmung und Alter“ gegebenen Ausführungen für die Lebensjahre 1—4 ansetzt, ist eine Übereinstimmung erzielt. Für diese Abänderung möchte ich Wiesel selbst als Gewährsmann sprechen lassen. Denn man wird lediglich einen Zuwachs von 6,1 cm, jedoch nicht von 2 cm für je vier Jahre als „schnelles Tempo“ bezeichnen können, ganz zu schweigen von den noch folgenden geringfügigen Zahlen.

Gleichzeitig mit der Angleichung des Gesichtsteiles des Schädels an die Länge des Hirnteiles wächst auch der Jochbogen und nimmt seine Ausweitung namentlich in der aboralen Hälfte stark zu. Den zahlenmäßigen Ausdruck dafür sehen wir in dem Maß: Größte Breite des Schädels (s. Tabelle bei Kapitel „Altersbestimmung“). Es ist interessant, daß dieses Maß, abgesehen von den ersten Jugendstadien bis zu einem halben Jahre, durchaus gleichmäßig mit der größten Schädellänge verläuft, denn das Prozentverhältnis größte Länge zu größter Breite (s. Tabelle auf S. 51) schwankt mit nur geringen Ausschlägen durchweg um 65%, und zwar auch hier in beiden Geschlechtern. In dieser charakteristischen Ausbildung der Jochbögen wird besonders augenfällig, wie beim Biberschädel die ganze Tektonik mehr und mehr sich einstellt auf die Befriedigung vegetativer Ernährungstriebe, die nur überwacht und gelenkt werden durch die sensitiven Aufnahmeorgane der Sinneswerkzeuge und das Regulationszentrum des Gehirnes.

b) *Hirnschädel*[1]

1. Stirnbein (*Frontale*) und Scheitelbein (*Parietale*). Der größte Teil des flachen Schädeldaches (Abb. 13) wird von den an die Nasenbeine anstoßenden, in der Aufsicht dreieckig gestalteten Stirnbeinen und den aboral sich anschließen-

[1] Erläuterung einiger in der Anatomie gebräuchlicher Kunstausdrücke (nach Ellenberger-Baum):

proximal (naheständig):	Richtung	nach dem Körper
distal (endständig):	„	ab vom Körper
dorsal (rückenseitig):	„	nach dem Rücken
ventral (bauchseitig):	„	nach dem Bauch
kranial (kopfseitig):	„	nach dem Kopf

den, sie seitlich umfassenden Scheitelbeinen gebildet. Mit ihrem lateralen Rande sind beide an den großen Augenhöhlen (Stirnbeine) und Schläfengruben (Scheitelbeine) beteiligt, die ineinander übergehen.

2. Scheitelkamm (*Crista sagittalis externa*). In der Medianlinie des Hirnschädels eines älteren Tieres verläuft ein stark ausgeprägter Kamm, der wie die rauhe Fläche der Scheitelbeine als Ansatz für Muskeln dient. Nach v. Reichenau ist dieser Scheitelkamm unmittelbar durch die starke Entwicklung der ansitzenden Muskeln bedingt, so daß bei Nichtgebrauch derselben eine Verkümmerung eintritt: „Als ebenmäßige scharfe Leisten treten sie beim wilden Biber auf; unregelmäßig, dünn und unzusammenhängend, schließlich geradezu embryonal beim Schwächling der Gefangenschaft." Der Scheitelkamm beginnt mit je einem Ast (*Crista frontalis externa*) am *processus zygomaticus* des *Frontale*; diese Äste, die in ihrer jugendlichen Ausbildungsform auch *Lineae semicirculares* genannt werden, vereinigen sich oberhalb der Kranznaht des Stirnbeines. Über das *Interparietale* hinweg, das beiderseits des Kammes grubenartig eingesenkt ist, geht er dann am oberen Rande des Hinterhauptsbeines als *crista occipitalis* in die obere Nackenlinie (*linea nuchalis superior*) über. Demnach sind an ihm ein frontaler, parietaler, interparietaler und occipitaler Teil zu unterscheiden[1]. Seine Entwicklungsgeschichte beweist, wie mit der durch die kräftige Kaumuskulatur bedingten Heraus-

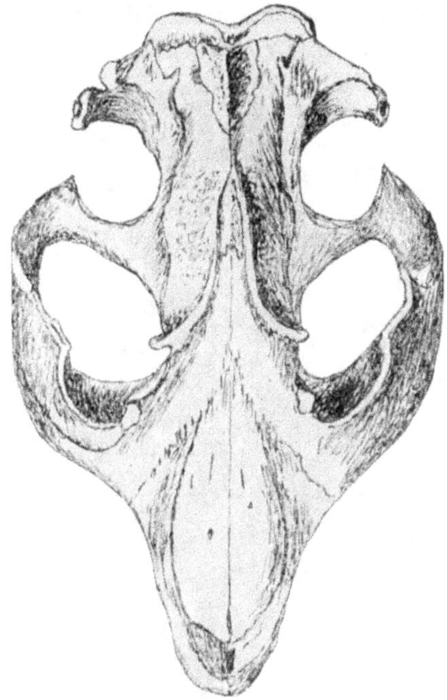

Abb. 13. Schädel, von oben gesehen. 1 : 2. Orig.

kaudal (schwanzseitig):	Richtung	nach dem Schwanz
oral (mundseitig):	,,	nach dem Mund
aboral (halsseitig):	,,	nach dem Hals
nasal (nasenseitig):	,,	nach der Nase
labial (lippenseitig):	,,	nach der Lippe
lingual (zungenseitig):	,,	nach der Zunge
medial (innenseitig):	,,	nach der Mittelebene
lateral (außenseitig):	,,	entgegengesetzt der Mittelebene
median (mittelseitig):	,,	in der Mittellinie

[1] Der Einfachheit halber wird fernerhin dieser ganze physiologisch einheitliche Formenkomplex als *Crista sagittalis* bezeichnet werden.

modellierung des Schädels auch dessen Hirnteil wesentlich beeinflußt wird. Wiesel bemerkt hierzu: mit zunehmendem Alter „zeigen sich die ersten Ansätze der Muskelkämme am Hinterende des Schädels und die Ausbildung der *lineae semicirculares*, welche die Brücke zwischen Hirn- und Gesichtsschädel herstellen und sich dann nach und nach zu einer *Crista* vereinigen". Daß dadurch eine Möglichkeit der Altersbestimmung geboten wird (s. dieses Kapitel), ist auch ihm entgangen. Lönnberg dagegen gibt schon einige Andeutungen nach dieser Richtung, ohne sie jedoch auszuwerten.

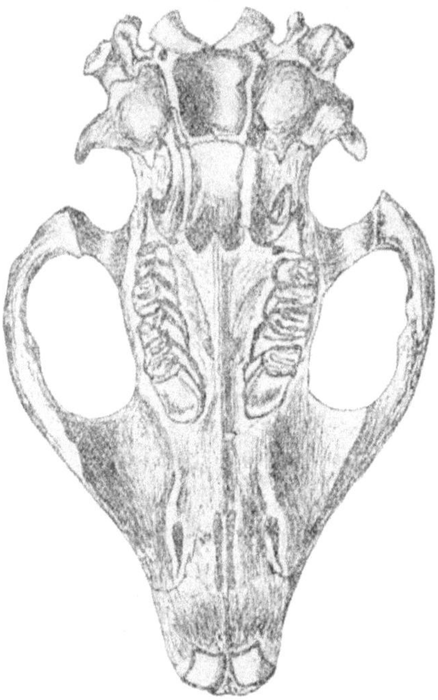

Abb. 14. Schädel, von unten gesehen. 1:2. Orig.

3. Zwischenscheitelbein (*Interparietale*). Das bei Nagetieren meist gut entwickelte Zwischenscheitelbein ist auch beim Biber wohlausgebildet. Beim ganz jugendlichen Schädel (Nr. 110d) hat es die Form eines Siebenecks und ist im Vergleich zum *Parietale* auffallend groß (s. Abb. 13). Durch eine aborale Einbuchtung in der Medianebene und eine nasale Spitze wird es dann unter gleichzeitiger Abrundung der lateralen Ecken herzförmig mit mehr oder weniger stark ausgezogener Spitze. Mit dem Wachstum der übrigen Hirnschädelknochen hält es jedoch später nicht Schritt. Es bleibt nahezu auf jugendlichem Zustande: beim sechs Wochen alten Tier (Nr. 110d) beträgt seine Breite 2 cm, die Länge 1,5 cm; beim starken Altbiber (Nr. 83) ist es bei gleicher Breite nur 2,5 cm lang. Seine Nähte dagegen lassen es auf allen Altersstufen immer noch als selbständigen Knochen erkennen. Wenn im dritten Lebensjahr die *crista sagittalis* sich stärker ausbildet, wird es beiderseits der Medianebene etwas eingesenkt, so daß beim Schädel des älteren Tieres deren Interparietalteil am stärksten herausgearbeitet zu sein scheint.

4. Schläfenbein (*Temporale*). Die beiden Teile des Schläfenbeins lassen am Biberschädel beachtenswerte Besonderheiten erkennen.

   a) Von der mit dem *Parietale* verwachsenen flachen Schuppe (*squama temporalis*) hebt sich der bereits beim jugendlichen Schädel kräftig entwickelte, breite Jochbogenfortsatz (*processus zygomaticus*) weit heraus und biegt nasal um, bis er sich mit dem Jochbein (*Zygomaticum*) vereinigt und so den hinteren Teil des Jochbogens bildet (Abb. 14). Aboral vor der Umbiegung entsendet er einen hakenartigen Fortsatz in Richtung auf den Gehörgang des Felsenbeins. Auf der ventralen Seite der Schuppe unterhalb des sich abzweigenden Jochbogenfortsatzes liegt in der Längsrichtung des Schädels die Gelenkgrube für den Unterkiefer. Die weite Auslagerung des Jochbogens, bedingt durch die mächtige Entwicklung der an ihm ansitzenden Kaumuskeln, gibt dem Schädel des älteren Bibers ein besonderes Charakteristikum.

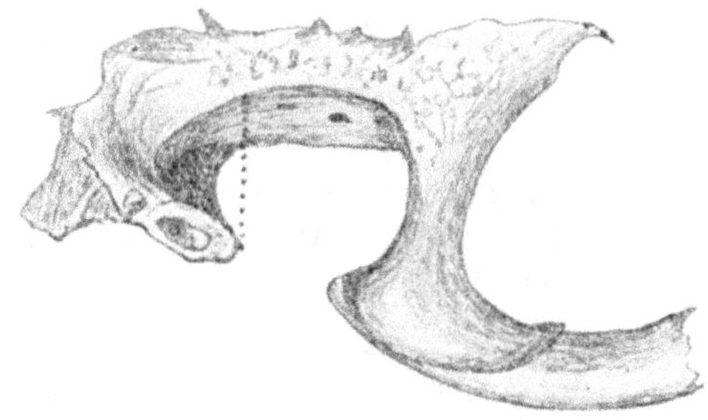

Abb. 15. Maß des knöchernen Gehörganges. Ansicht schräg von oben auf das rechte Schläfenbein mit Jochbogenfortsatz. Nat. Gr. Orig.

b) Am Felsenbein (*Petrosum*) fallen die starken Paukenblasen (*Bullae osseae*) auf (Abb. 14). Besonders „zeigen bei jungen Tieren diese Gehörkapseln wie auch alle übrigen Sinnesorgane eine ziemliche Ausdehnung, sie strecken sich erst mit zunehmendem Alter der Tiere" (Wiesel). Dorsal von der *Bulla* ragt der knöcherne Gehörgang (*Meatus acusticus externus*) heraus und biegt oral in Richtung des *processus zygomaticus* um. Die Länge dieses knöchernen Gehörganges ist für die Altersbestimmung von Wert (s. dieses Kapitel); ich messe sie als den senkrechten Abstand der Gehörgangsöffnung von der Naht der *squama temporalis*, ausgedrückt in Millimetern (Abb. 15). Von dem aboralen ventralen Ende des knöchernen Gehörganges verläuft ein scharfer Knochenkamm in vertikaler Richtung nach der *Bulla ossea*; diese Oberflächenvergrößerung dient wiederum als Ansatz für Muskeln. Nach Brandt und Ratzeburg findet sich davon „nur eine Andeutung beim Yerboa (*Dipus caffer*)", dem südafrikanischen Springhasen.

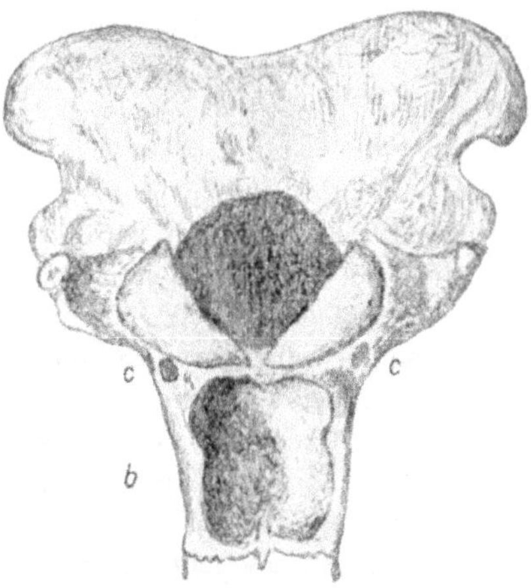

Abb. 16. Hinterhauptsbein, schräg von hinten gesehen. *b*) *Basioccipitale*, *c*) Gelenkhöcker. Nat. Gr. Orig.

5. Das Hinterhauptsbein (*Occipitale*) wird von vier Einzelteilen gebildet, die beim postembryonalen Schädel noch durch dünne Nähte getrennt sind und erst im dritten Lebensjahre fest miteinander verwachsen (Abb. 16).

a) Die Schuppe (*squama occipitalis*) bildet den größten Teil des knöchernen Nackens. Sie reicht bis zum oberen Rande des Hinterhauptsloches (*foramen occipitale magnum*) und fällt, im Gegensatz zu den meisten Nagetieren, senkrecht zur Längsrichtung des Schädels ab. Ihr oberer Rand hebt sich als Nackenlinie (*linea nuchalis*), scharf nach hinten geneigt, heraus. Nach vorn biegt die Schuppe zum Scheitelteil des Schädels um und verwächst hier mit dem Scheitelbein und dem Zwischenscheitelbein.

b u. c) An den beiden Seitenteilen (*partes laterales*), ventral der Schuppe gelegen, sitzt je ein Gelenkfortsatz (*condylus occipitalis*) und je ein hakenförmig gekrümmter Drosselfortsatz (*processus jugularis*), der den Nackenmuskeln weitere Ansatzfläche bietet. Die beiden Seitenteile umschließen seitlich das Hinterhauptsloch.

d) Das *Basioccipitale*, die Basis des Hinterhauptsbeines, aboral an die beiden Gelenkhöcker, oral (nasal) an das Keilbein anschließend (Abb. 16), ist beim Biber charakterisiert durch eine tiefe, länglichrunde Grube, deren dünner Boden gegen die innere Fläche des Hirnraumes vorgewölbt ist. Ihr oraler Abschluß wird durch das mit zwei medianen Zwickeln sich einschiebende Keilbein bewirkt, dessen Naht noch im dritten Lebensjahr deutlich sichtbar ist; der Zwickelverschluß erscheint noch beim Schädel des alten Tieres als siebartige Platte. Die Länge der Grube beträgt beim ausgewachsenen Biber bis zu 2,2 cm, die Breite bis 1,8 cm, die größte Tiefe bis 1,7 cm. Nach Wiesel ist sie durchgängig länger als breit; nur bei einem subfossilen Dölitzer Schädel sowie in einem Falle bei einem amerikanischen Schädel stellte er das umgekehrte Verhältnis fest. Für den sehr starken Schädel des auf acht Jahre angesetzten Bibers Nr. 78 betragen die Maße: Länge 1,7 cm, Breite 1,8 cm, Tiefe 1,7 cm; sie ist also hier nahezu, beim jugendlichen, etwa sechs Wochen alten Tiere Nr. 100d sogar genau quadratisch (0,6; 0,6; 0,2 cm). Ihr Rauminhalt[1] wird beim größten Schädel Nr. 78 (Länge 166,3 mm) mit 2,5 ccm von dem etwas kürzeren Schädel Nr. 109 (Länge 163,6 mm) noch übertroffen: 2,8 ccm. Auch hierbei sind mithin individuelle Verschiedenheiten festzustellen, die nicht etwa geschlechtsgebunden sind, denn beide Tiere waren Männchen. Nach Wiedemann findet sich bei keinem anderen Tiere eine ähnliche Grube außer beim Gürteltier, wo an der unteren Fläche des *Basioccipitale* eine „breite dreieckige starke Vertiefung" auftritt. Diese Angabe ist seitdem (1800) durch die Literatur hindurchgewandert. Nach Wiesel ist sie aber unzutreffend; das *Basioccipitale* des Gürteltierschädels „ist etwas geknickt und weist zwar scheinbar eine ganz kleine Vertiefung auf, die jedoch mit der Grube im *Basioccipitale* des Biberschädels nichts zu tun hat". Wiedemann wirft schon die Frage auf: „Sollte vielleicht diese Konkavität zur Vergrößerung der Ansatzfläche des vorderen Kopf- und Trägermuskels dienen, da dieses Tier sehr viel Kraft im Nackengelenk bedarf?" Diese Frage ist zu verneinen, denn es finden sich an und in der Grube keinerlei Muskelansätze, sie ist vielmehr „leer". Eine andere Er-

[1] Die Ermittlung des Rauminhaltes erfolgte durch Einfüllen von feinstgesiebtem Sand und Feststellung dessen Ausmaßes in einem Meßzylinder.

klärung ihrer physiologischen Bedeutung ist von Friedrich versucht worden, der sie als Luftreservoir für Verlängerung der Tauchdauer ansprechen wollte, was aber angesichts ihres doch recht geringen Rauminhaltes wenig Wahrscheinlichkeit für sich hat. Eine Verbindung mit dem Nasenrachenraum besteht allerdings durch die Choanen; erst eine histologische Untersuchung der die Grube auskleidenden „Schleimhaut" dürfte wohl diese Frage einer Lösung näherführen können.

c) Gesichtsschädel

Der Oberkiefer (*Maxilla*) ist gekennzeichnet durch den ungemein breiten, weit abstehenden Schläfenfortsatz (*processus temporalis*), der sich mit dem flachen Jochbein (*Zygomaticum*) verbindet und die orale Wand der *Orbita* bildet. Nasal hat er eine schräg dorsoventral verlaufende mächtige Rinne zur Aufnahme des inneren Astes des *musculus masseter*, deren oraler Rand in einen bei älteren Tieren starken Kamm ausläuft. Durch diesen Kamm geht das Unteraugenhöhlenloch (*foramen infraorbitale*) (Abb. 14), das im Gegensatz zu vielen anderen Nagetieren auffallend klein und spaltförmig ist und vor der Höhe des ersten Backenzahnes liegt. Der ventrale Gaumenfortsatz hat in seiner ganzen Länge eine von der Gaumenspalte des Zwischenkiefers bis zum *foramen palatinum majus* des Gaumenbeines verlaufende Gaumenrinne.

Anschließend an die Oberkiefer schieben sich lateral die beiden Zwischenkiefer (*Intermaxillae*) weit nach vorn. Ihr ventral stark geschwungener Bogen verleiht der Nasengegend ihr wuchtiges Aussehen. Jederseits der Medianlinie stößt die bis zu 2 cm lange, aber nur 2 mm breite Gaumenspalte (*Fissura palatina*) unmittelbar an den Oberkiefer an; sie nimmt das mittlere Drittel des Abstandes zwischen den Nagezähnen und den Backenzähnen ein. Die beiden großen Alveolen für die oberen Schneidezähne werden durch ein ventral scharf zulaufendes Septum getrennt.

Das Nasendach wird abgedeckt durch die beiden in der Mittellinie mit einer glatten Naht verwachsenen Nasenbeine (*Nasalia*). Während diese beim jugendlichen Tier als gerade Fortsetzung der Scheitelfläche des *Parietale* und *Frontale* verlaufen und dadurch die Profillinie des Schädels bis auf eine schwache Senke in der oralen Hälfte des Stirnbeines nahezu waagerecht gestalten, wölben sie sich bei fortschreitendem Alter nach vorn ab. Die knöcherne Nasenscheidewand, am Nasenboden vom Pflugscharbein gebildet, ist nur kurz, um so größer aber die knorpelige Nasenscheidewand; bei einem starken Männchen (Nr. 108) war sie 63 mm lang und 29 mm breit.

An der Basis des Schädels setzen die beiden Gaumenbeine (*Palatina*) den in seinem oralen und lateralen Teil vom Oberkiefer gebildeten knöchernen Gaumen fort. Ihr aboraler Rand, der in der Mitte einen kurzen Stachel besitzt, fällt in die Choanen ab, die lateral durch die beiden Flügelbeine (*Pterygoidea*), dorsal durch das Pflugscharbein (*Vomer*) begrenzt werden. Der knöcherne Gaumen ist beim Schädel des ganz jungen Bibers (Nr. 110d) nahezu rechteckig, die ihn lateral abschließenden beiden Zahnreihen sind konvex nach außen gebogen (Abb. 17). Schon im Alter von einem Vierteljahr (Nr. 113) werden mit Entwicklung der hinteren Molaren die Zahnreihen gerade und stehen annähernd parallel. Indem aber nach Beendigung der Dentition die Prämolaren median mehr Platz als die Milchzähne beanspruchen, verengert sich der orale Teil des knöchernen Gaumens, der nun in seiner Gesamtheit Dreiecksform annimmt. So beträgt beim ganz alten Tier (Nr. 83) der Gaumenabstand zwischen den Prämolaren 8 mm, zwischen den letzten Molaren dagegen 15 mm.

Der Unterkiefer (*Mandibula*) (Abb. 1) besteht aus zwei seitlichen Hälften, die vorn in der Fuge (Symphyse) zusammenwachsen, also nicht, wie bei vielen Nagetieren infolge Einschaltung eines Muskels, gegeneinander beweglich sind.

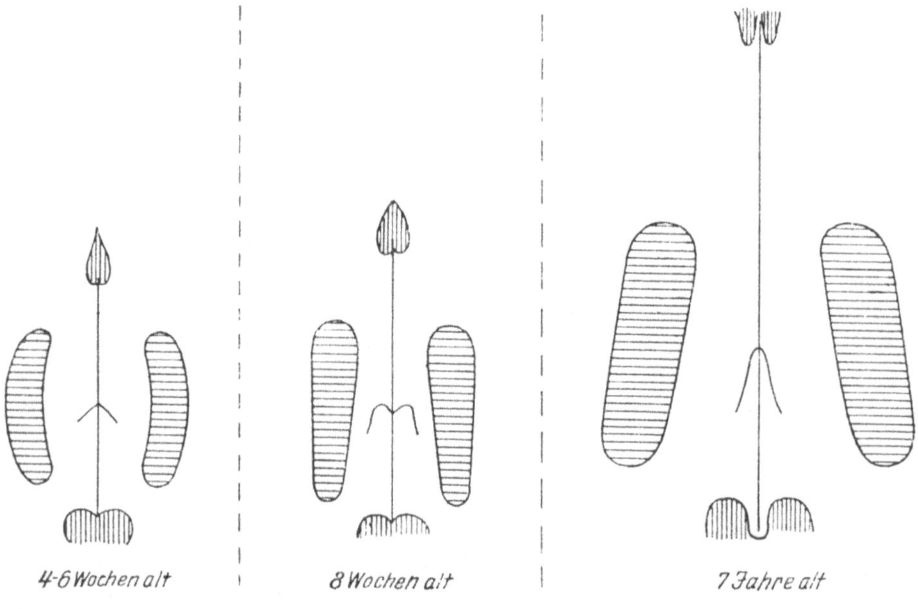

Abb. 17. Der knöcherne Gaumen (von den Choanen bis zur *Fissura palatina*) mit den Backenzahnreihen. Nat. Gr. Orig.

An dem kranialen Ende der Symphyse schwillt die Mandibel zu einem bisher kaum beachteten, hakenartigen Fortsatz (Symphysenhöcker) an, der bei seitlicher Ansicht aus ihrer geschwungenen Unterkante herausragt (Abb. 1); er liegt unter dem Prämolaren. Dadurch ist eine Verbreiterung und Verlängerung der Symphyse und somit nicht nur eine bessere Verfestigung der beiden Mandibeln, sondern auch ein weiterer Ansatzpunkt für die Muskulatur gegeben. Während beim kanadischen Biber auch diese beiden Höcker median miteinander verwachsen, sind sie beim europäischen durch eine nahezu rechtwinklige Einkerbung getrennt (Abb. 18). Bei *Trogontherium* und *Steneofiber* scheint, nach den vorliegenden Abbildungen zu urteilen, dieser Symphysenhöcker zu fehlen, dagegen ist er bei *Eucastor tortus* angedeutet. Bei *Palaeocastor fosser* Peterson ist er wie beim rezenten Biber kräftig entwickelt, und für *Palaeocastor simpli-*

cidens Matthew wird er von Stirton sogar als Diagnosenmerkmal verzeichnet („lower end of symphysis extendet as flange").

Ihr arteigenes Gepräge erhält die Mandibel durch die starke Entwicklung des Unterkieferastes (*Ramus mandibulae*), dessen laterale Seite mit rauhen Narben für die Muskelansätze überzogen ist und zudem kranial eine tiefe, eiförmige Kaumuskelgrube (*fossa masseterica*) trägt. An dem breiten und langen, nach hinten gekrümmten Kronfortsatz (*Processus coronoideus*) inseriert der Schläfenmuskel; die Spitze des Fortsatzes liegt im Niveau der Schnittfläche der Schneidezähne. Der Gelenkfortsatz (*Processus condyloideus*) ist wesentlich tiefer als der Kronfortsatz; seine Gelenkwalze schließt an die Massetergrube an.

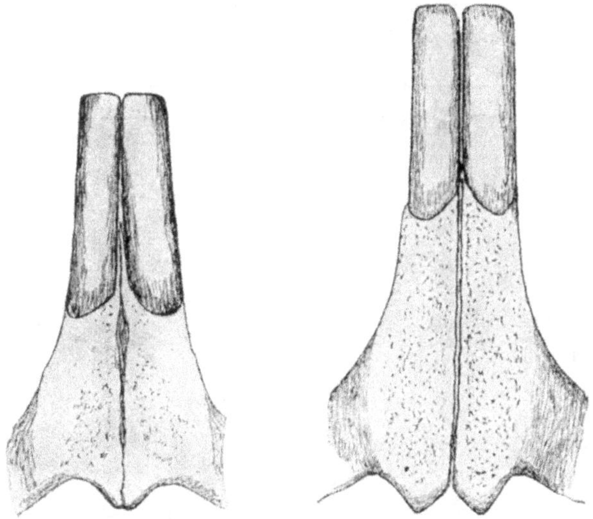

Abb. 18. Teilansicht des Unterkiefers, schräg von vorn. Die Symphysenhöcker sind beim kanadischen Biber (links, nach Bailey) verwachsen, beim europäischen (rechts) getrennt. Nat. Gr. Orig.

2. Gebiß und Dentition

a) Die Nagezähne (Schneidezähne, Incisiven)

Der Schädel des Bibers findet seinen markantesten Ausdruck in den gewaltigen Schneidezähnen, die zu den größten aller bei Nagetieren vorkommenden gehören. Sie sind die gekrümmten Meißel, die es ihm ermöglichen, starke Bäume umzulegen und dabei sogar auch Harthölzer, wie Eichen, zu bewältigen.

Das weiße Dentin der Nagezähne wird nur an ihrer äußeren Vorderseite von einer orangeroten bis orangebraunen[1], schwach gewölbten Schmelzplatte über-

[1] Bei der Präparation des Schädels durch Abfaulenlassen in Wasser färbt sich der Schmelz schwarz, nimmt aber beim Bleichen mit Wasserstoffsuperoxyd wieder die ursprüngliche Farbe an.

Abb. 19. Unterer Schneidezahn, halb geöffnet, um die Pulpa zu zeigen; darüber Usurfläche. Nat. Gr. Orig.

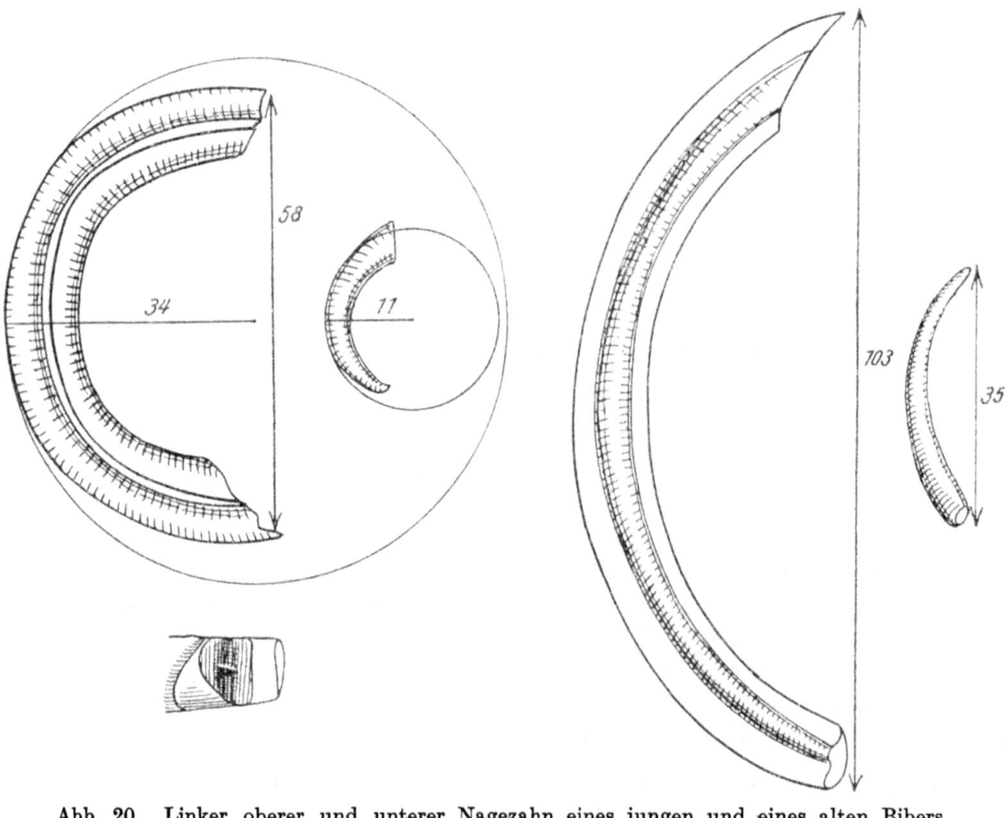

Abb. 20. Linker oberer und unterer Nagezahn eines jungen und eines alten Bibers. Aufsicht auf obere Usurfläche. Nat. Gr. Orig.

lagert. In einem Falle zeichneten sich die oberen Schneidezähne eines alten Bibers (Nr. 70) durch kräftige kastanienbraune Färbung aus; bei einem anderen ebenfalls sehr alten Tiere waren die oberen Schneidezähne ziegelrot mit kastanienbrauner Tönung, die unteren orange mit hellbräunlicher Tönung. Eine schwarze, unregelmäßig begrenzte Fleckung zieht sich häufig bandartig um etwa die Mitte des aus dem Kiefer herausragenden Nagezahnes herum.

Die Härte der Schmelzplatte ist wesentlich größer als die des Zahnbeins, so daß sie sich weniger abnutzt und dadurch vorn stets einen scharfen Rand behält. Die eigentliche Gebrauchsfläche (Usurfläche) des Meißels ist dreieckförmig mit nach hinten verlaufender Spitze. In der Mitte der Usurfläche mündet als dreiteiliger Schlitz das Ende der Pulpa (Abb. 19).

Da die Schneidezähne, die nicht gewechselt werden, das ganze Leben hindurch stark in Anspruch genommen werden, wachsen sie, wie auch bei anderen Nagetieren, ständig nach. Dies erfolgt durch Anlagerung von Dentin und Schmelz durch die Pulpa, deren Gewebe von zahlreichen Blutgefäßen durchzogen wird. Am distalen Ende des Zahnes ist dies angelagerte Dentin papierdünn; von hier aus erfolgt das langsame Vorschieben entsprechend der vorderen Abnutzung. Da sich die Pulpa im vorderen Teil sehr stark verjüngt, ist hier die Dentinschicht besonders dick; im Oberkiefer ist sie noch stärker als bei dem zugehörigen Antagonisten.

Die oberen Schneidezähne stehen im Zwischenkiefer; ihre Alveolen sind bis zur Usurfläche durch eine scharf zusammenlaufende Knochenwand getrennt. Sie haben die Form eines Halbkreises mit etwas eingezogenen Enden (Abb. 20). Beim sechs Wochen alten Jungbiber dagegen geht die Wurzel des Nagezahnes sogar etwas über die Halbkreislinie hinweg, nimmt aber deren Umfang noch nicht völlig in Anspruch; der Zahn ist mithin noch nicht so stark gekrümmt. Der Radius des Halbkreises hängt natürlich vom Alter des Tieres ab. Er beträgt beim sechs Wochen alten Tier (bis zur Außenwandung gemessen) 11 mm und erreicht beim alten Biber die Länge von 34 mm; infolge der erwähnten Einschwingung hat der Zahnbogen, an den Enden gemessen, nur noch einen Durchmesser von 58 mm (Abb. 20). Legt man die beiden Nagezähne mit ihrer Innenseite aneinander, so berühren sie sich auf ihrer ganzen Länge; ihre Krümmung verläuft mithin in derselben Ebene, und ihre Innenseite ist flach. Die Außenseite dagegen wölbt sich bis etwas über die Mitte mit ihrer Schmelzplatte empor — bei unserem Beispiel 8,3 mm — und fällt dann sanft nach innen ab, so daß der Querschnitt wie ein Dreieck mit abgerundeten Ecken erscheint; zuweilen begleitet eine Rille diesen Grat der inneren Abflachung, die aber schon bei seinem Nachbar wieder fehlen kann.

Wiesel faßt die Ergebnisse seiner Längen- und Breitenmessungen dahin zusammen, daß „die Incisiven im *Maxillare* im allgemeinen etwas breiter als lang sind", während „die Incisiven in der *Mandibula* im allgemeinen etwas länger als breit sind. Dies dürfte sich durch die verschiedenartige Inanspruchnahme der Incisiven erklären, indem die oberen als Raspel und die unteren als Stemmeisen dienen."

Abb. 21. Die S-förmige Krümmung des unteren Schneidezahnes. Nat. Gr. Orig.

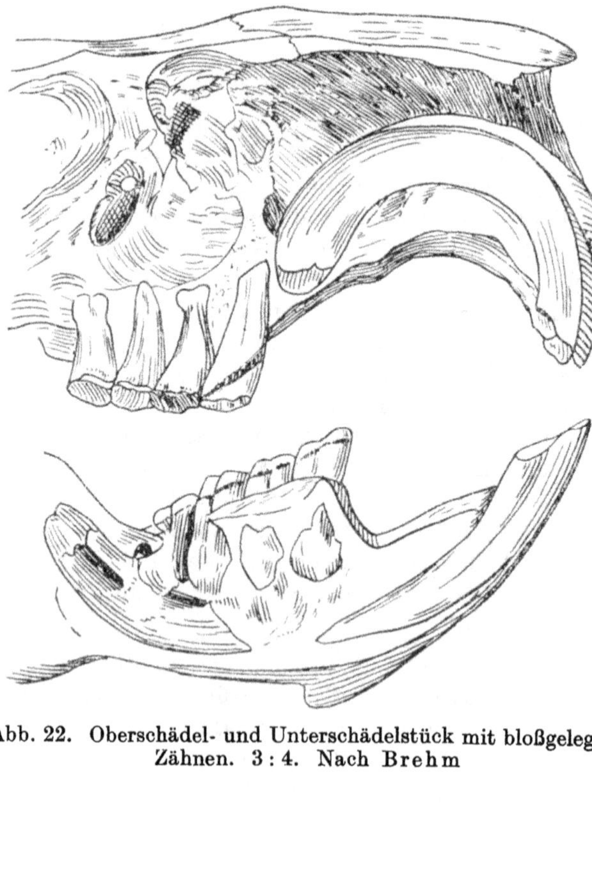

Abb. 22. Oberschädel- und Unterschädelstück mit bloßgelegten Zähnen. 3 : 4. Nach Brehm

Die Usurfläche, die beim sechs Wochen alten Tier zwar angelegt, aber noch nicht in Benutzung ist, wird in ihrer vorderen Hälfte oder dem vorderen Drittel ausschließlich von der überragenden Schmelzplatte gebildet (Abb. 20). Gegen sie setzt sich dann das Dentin senkrecht ab und läuft in einer zweiten Stufe abgeschrägt nach hinten aus. Von der Gesamtlänge des Zahnes ragt nur etwa ein Viertel aus dem Zwischenkiefer heraus; der übrige Teil steckt in der Alveole, die bis vor den Prämolaren reicht.

Ungleich länger sind die Unterkiefer-Schneidezähne. Die entsprechenden Maße für die beiden vorstehend beim Zwischenkiefer genannten Extreme betragen beim sechs Wochen alten Biber 35 mm, beim alten Tier dagegen 103 mm (Abb. 20). Sie sind schwächer gekrümmt als die Schneidezähne des Zwischenkiefers und erscheinen dadurch noch wesentlich größer. Während beim ganz jungen Schädel dieser Nagezahn zunächst nur in einer Ebene wächst, lassen sich die beiden Zähne des Kiefers eines älteren Tieres nur noch in ihrem vorderen Teil aneinanderpassen. Dies erklärt sich dadurch, daß ihre Innenseite nicht mehr in der gleichen Ebene verläuft, sondern aus dieser in etwa der Hälfte seiner Länge schlittenkufenartig auseinanderweicht und erst gegen das Ende hin wieder etwas nach innen einbiegt, so daß der Zahn dadurch eine flache spiralige Drehung erfährt (Abb. 21). Entsprechend ist seine Alveole gekrümmt, die bis hinter den letzten Backenzahn reicht. Hier hebt sich äußerlich schon durch eine Vorwölbung der Mandibel unterhalb des Kronfortsatzes das Ende der Zahnwurzel ab, das auch durch das *Foramen mandibulare* bestimmt wird. Die bei v. Reichenau erwähnte Furche auf der Außenseite der Nagezähne von älteren Tieren tritt nicht immer auf; merkwürdigerweise findet sie sich bei unserem Biber Nr. 109 nur beim linken Schneidezahn als deutlicher Absatz, wie eine entsprechende Rille auch lediglich bei seinem Antagonisten des Zwischenkiefers vorhanden ist.

Interessant ist an einem Längsschnitt durch den Schädel ein Vergleich, wie die Tektonik des Einbaues der Zähne in die Kiefer ganz verschieden gelöst ist (Abb. 22). Der obere Nagezahn, auf den engen Zwischenkiefer beschränkt, muß sich in diesem stark krümmen; anschließend folgt im Oberkiefer die Reihe der Backenzähne. Im Unterkiefer dagegen steht dem Nagezahn fast Dreiviertel der Gesamtlänge des Kiefers zur Verfügung, so daß er unter der hochgehobenen Leiste der Backenzähne entlanglaufen kann.

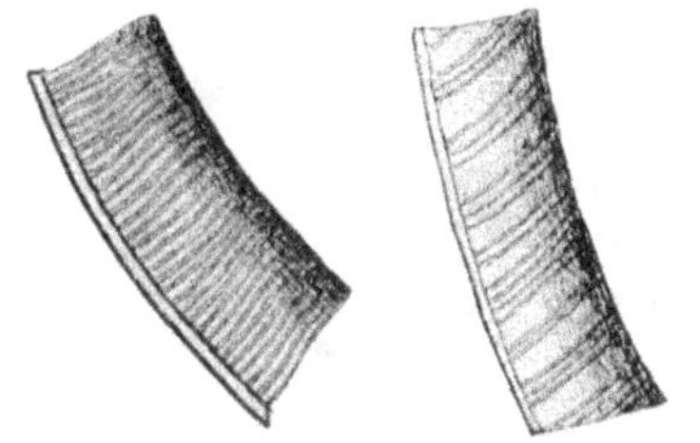

Abb. 23. Riffelung auf dem Dentin eines unteren Schneidezahnes, rechts gefeldert. Nat. Gr. Orig.

Das Dentin der unteren Schneidezähne läßt bei Lupenvergrößerung eine feine, senkrecht zur Längsachse über die ganze Oberfläche verlaufende Riffelung erkennen (Abb. 23); bei Biber Nr. 109 ist diese Schichtung in schräg nach hinten verlaufende Felder aufgeteilt. Das sind vermutlich die Zuwachsstreifen der Anlagerung des Dentins vom distalen Ende aus. Die Schmelzplatte dagegen erscheint homogen. An den oberen Schneidezähnen fehlt diese Riffelung oder ist nur ganz undeutlich erkennbar.

Im Querschnitt der Zähne und im Längenverhältnis des aus dem Kiefer herausragenden Teiles des Zahnes ergeben sich keine wesentlichen Differenzen gegenüber den oberen Schneidezähnen. Dagegen ist die Usurfläche länger und ohne scharfen Absatz konkav gewölbt (Abb. 19); ihre Schneide legt sich bei geschlossenem Maul in die Auskerbung des oberen Zahnes. In dieser Ruhelage ragen die Schneidezähne oben und unten über die Lippen hinaus, so daß sie durch diese auch bei der Nagetätigkeit nicht behindert und anderseits die Lippen selbst nicht verletzt werden können. Da ferner die Lippen zwischen ihnen und den Backenzähnen etwas eingezogen sind, wird der vordere Teil der Mundhöhle gegen den hinteren völlig abgeschlossen; „so kann der Biber auch unter Wasser schneiden, ohne daß dieses in seine Mundhöhle eindringt" (Steinbacher), was Friedrich [6] zwar bestreitet, aber doch wohl zutreffen muß, da z. B. die Rhizome der Seerosen anders gar nicht erreichbar sind.

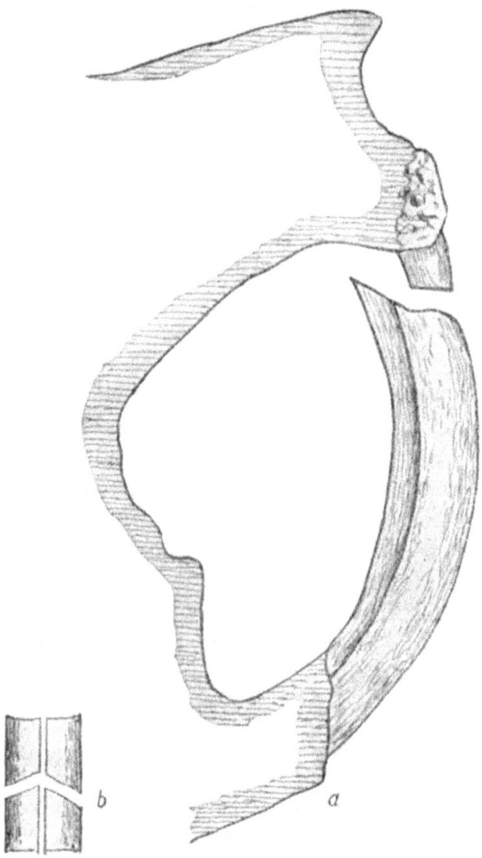

Abb. 24. a) Überverlängerte untere Nagezähne. Nat. Gr. b) Kerbschnittartige Abschrägung der Nagezähne. 1 : 2. Orig.

Bei normalem Gebrauch des Gebisses werden die Nagezähne gleichmäßig abgenutzt, so daß der bestehende Gleichgewichtszustand keine Veränderung erfährt. Anders wird dieses Verhältnis, wenn etwa durch äußere Einwirkung ein Nagezahn ganz oder teilweise verlorengeht. So ist bei Biber Nr. 69 lediglich noch ein Kieferstummel des linken oberen Nagezahns vorhanden; bei Nr. 71 fehlt der rechte obere Zahn völlig und seine Alveole ist mit Haut überwachsen, sein Nachbar ist kürzer als normal (Abb. 24a). Die Usurfläche ist bei Nr. 69 verkürzt, bei Nr. 71 überhaupt nicht vorhanden. Dadurch sind die beiden unteren Antagonisten überverlängert worden; ihre Usurfläche ist nicht abgeschrägt, sondern steht nahezu senkrecht zur Längsachse des Zahnes. Während bei Biber Nr. 69 die Anomalie den Kauvorgang schon wesentlich beeinträchtigt haben wird, dürfte im Fall Nr. 71 das Tier sich kaum noch ausreichend haben ernähren können; so ergab auch die Sektion einen leeren Magen und Darm. Bei dem noch jüngeren Tiere Nr. 71 war durch den Verlust des oberen rechten Schneidezahnes eine Verschiebung der Nasalia und des Incisiven nach rechts bedingt, so daß der einzige obere Schneidezahn in der Mittellinie des Schädels steht und als Antagonist für die beiden unteren wirken mußte. Eine andere, in zwei Fällen beobachtete Anomalie ist eine kerbschnittartige Abschrägung des Randes der Usurfläche, bei den oberen Schneidezähnen von außen nach innen und umgekehrt bei den unteren (Abb. 24b). Vielleicht ist dies dadurch zustande gekommen, daß bei der Kaubewegung der Unterkiefer lediglich von vorn nach hinten gezogen wurde ohne die sonst gleichzeitig damit verbundene seitliche Drehung; die unteren Schneidezähne, als die beim Nagen aktiveren, bedingen dann den entsprechenden Ausschnitt ihres oberen Widerlagers.

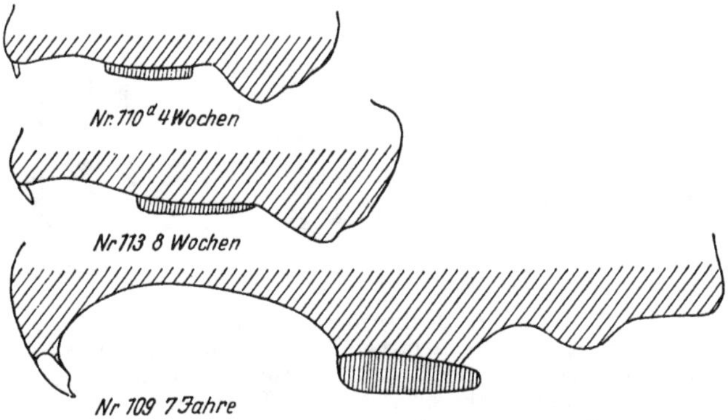

Abb. 25. Entwicklung des Diastema im Oberkiefer; Backenzähne senkrecht schraffiert. 1 : 2. Orig.

b) *Das Diastema*

Eine weite Lücke trennt die Schneidezähne von den Backenzähnen, das Diastema (Abb. 25). Wir messen seine Länge in gerader Linie vom tiefsten Punkt der knöchernen Incisivenscheidewand bis zur Vorderkante des Prämolaren. Es ergeben sich die Zahlen der Tabelle:

Länge des Diastema

		Oberkiefer		Unterkiefer		
Nr.	Alter	Länge des Diastema	% der größten Schädellänge	Länge des Diastema	% der größten Schädellänge	% der größten Mandibellänge
110 d	6 Wochen	23,4 mm	31,6	15,4 mm	48,3	33,1
113	1/4 Jahr	27,7 ,,	31,7	18,2 ,,	48,5	34,1
109	7 Jahre	55,3 ,,	30,0	34,4 ,,	48,1	36,8

Aus der geringen Schwankung der Verhältniszahlen: Länge des Diastema zur größten Schädellänge (Oberkiefer 30,0—31,7%, Unterkiefer 48,1—48,5%) geht hervor, daß das Längenwachstum des Schädels sich nahezu gleichmäßig vollzieht.

c) Die Backenzähne (Prämolaren und Molaren)

Die Länge der Backenzahnreihen schwankt nach Wiesel im Oberkiefer vom $^1/_4$ Jahr alten Tier mit 17,8 mm bis zum 15 Jahre alten Tier mit 35,4 mm; für den Unterkiefer sind die entsprechenden Zahlen 19,8 mm und 37,6 mm. „Die Backzahnreihe in der *Mandibula* überragt somit die Backzahnreihe im *Maxillare* sowohl bei den jüngsten wie bei den ältesten Tieren im Durchschnitt mit einer Länge von 2,0 mm, eine Erscheinung, die wohl mit der eigenartigen Zerkleinerung der Nahrung (Schroten) zusammenhängt." Für den Rhonebiber erhöhen sich die Maße etwas, während sie für den kanadischen wesentlich tiefer liegen.

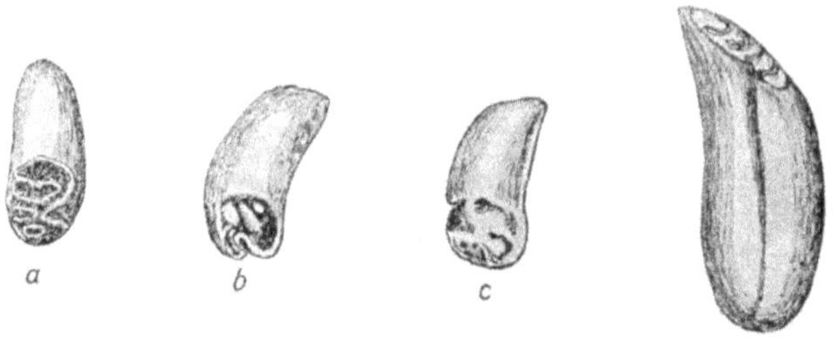

Abb. 26. a)—c) untere Backenzähne von jugendlichen Bibern. a) Schmelzfalten noch unausgefüllt; b) Schmelzfalten ausgefüllt, Wandung unten noch offen; c) Schmelzfalten ausgefüllt, Wandung unten schließt sich. Nach v. Reichenau. Daneben Prämolar eines alten Bibers. Nat. Gr. Orig.

Bei den Backenzähnen unterscheiden wir zwischen den Prämolaren, je einem in jeder Kiefernhälfte, und den Molaren, je drei in jeder Kiefernhälfte; erstere werden gewechselt („Milchzähne"), letztere nicht. Schreber beschreibt einen Schädel, in dessen Unterkiefer er fünf Backenzähne fand. Nach seiner Abbildung handelt es sich um die sonst nicht wieder festgestellte Abnormität eines M^4, der in der rechten Kieferhälfte stiftartig, in der linken breitkronig entwickelt ist; beide Zähne erreichen aber nicht die Kauebene der übrigen Molaren. Auf ein weiteres Unicum macht v. Linstow aufmerksam: in einem Torfmoor bei Sallaveux (Schweiz, Kanton Waadt) wurden Biberreste ausgegraben, bei denen sowohl im gut erhaltenen Oberkiefer wie im Unterkiefer nur je drei Backenzähne vorhanden sind.

Die einzigen Backenzähne mit auffallend abgesetzten Wurzeln sind die brachydonten Milchprämolaren, und zwar besitzt der obere Milchzahn lingual eine starke, labial zwei schwächere ungleich lange Wurzeln, während der untere Milchzahn eine breite hintere und eine schmale vordere Wurzel hat. Die Prämolaren und die Molaren in beiden Kiefern entwickeln dagegen erst in späteren Jahren deutliche Wurzeln, haben daher auch als hypselodont zu gelten. Sonst ist ihre Krone aber nicht anders gestaltet als die Wurzel (Abb. 26). So haben sie die Form von Säulen, die nach unten hin allerdings etwas dicker werden und gekrümmt sind, und zwar ist ihre konvexe Seite nach innen, die konkave nach außen gerichtet. Da ferner die Zähne im Oberkiefer schräg nach hinten, im Unterkiefer etwas nach vorn orientiert sind, erklärt es sich, daß bei vorschreitendem Alter die Zähne zwar kürzer, ihre Kauflächen aber wesentlich größer werden. Eine Mittelrinne, die die ganze Zahnlänge begleitet, das Quertal, zerlegt mit ihrem tiefen Einschnitt die Säule in zwei Teile. Bei den Backenzähnen des Oberkiefers liegt dieses Quertal auf der lingualen, bei denen des Unterkiefers auf der labialen Seite.

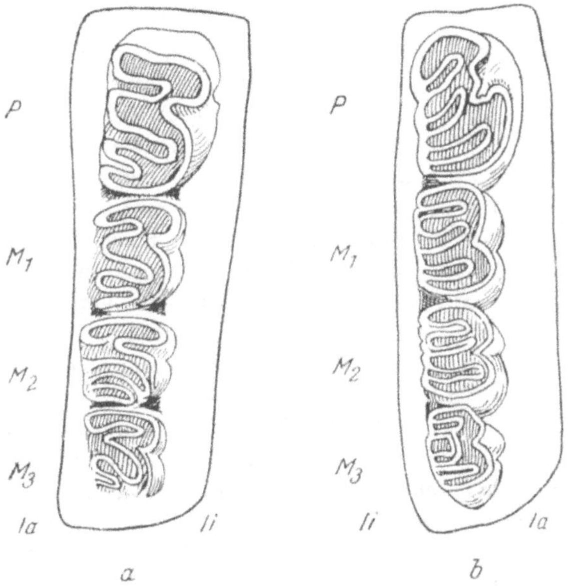

Abb. 27. Aufsicht auf die Backenzähne des rechten Oberkiefers (a) und ihre Antagonisten im Unterkiefer (b). *la* = labiale, *li* = linguale Seite. 2 : 1. Orig.

Die abgekaute Oberfläche der Backenzähne ist infolge ihrer Schmelzlamellen, die mit Dentin ausgefüllt sind, einem Reibeisen vergleichbar, das die Nahrung zerschrotet (Abb. 27). Drei solcher Schmelzschlingen, von denen jede einzelne etwas gewunden ist, verlaufen annähernd parallel, bei den oberen Backenzähnen von der labialen Seite nach innen, bei den unteren von der lingualen Seite nach außen, bis etwa zur Mittellinie des Zahnes. Zwischen die erste und die zweite Schlinge des Oberkieferzahnes schiebt sich die vierte, kürzere, von der gegenüberliegenden Seite aus ein; entsprechend den umgekehrten Lageverhältnissen erfolgt diese Zwischenschaltung bei dem Unterkieferzahn zwischen die dritte und zweite Schmelzschlinge. Die Gesamtkaufläche des Oberkiefers ist somit schräg nach außen, die des Unterkiefers schräg nach innen gerichtet. Die Oberfläche des abgekauten Milchzahnes hat statt der Schmelzschlingen zwei Schmelzinseln (Abb. 28). Die Paläontologen legen auf den Verlauf dieser Schmelzschlingen besonderes Gewicht bei ihren Gattungsdiagnosen; auf ihm allein jedoch neue Genera und Spezies begründen zu wollen, erscheint mir wohl etwas gewagt.

Die Größe der Backenzähne nimmt von vorn nach hinten ab. Die beigefügte Tabelle über den ausgewachsenen, ca. 6 Jahre alten Biber Nr. 106 ergibt aber auch, daß die Backenzähne im Oberkiefer länger als im Unterkiefer sind, während die Kaufläche der Unterkieferzähne die des Oberkiefers wesentlich übertrifft. Der Prämolar ist der weitaus größte Zahn und vollbringt demzufolge beim Kauen die höchste Leistung, so daß er bis in das hohe Alter hinein das Gebiß beherrscht. Der dritte Molar ist der kleinste, seine Lebensdauer im allgemeinen die kürzeste. Wenn aber v. Reichenau angibt: „er fällt im Alter zuerst aus. Dann fällt der zweite aus und zuletzt der erste und es verbleibt dem uralten Biber nur der Prämolar“, so muß ich dieser vermeintlichen Regelmäßigkeit widersprechen. Nach meinen Beobachtungen haben auch die weitaus meisten der alten Tiere ihre sämtlichen Backenzähne. Verluste einzelner Zähne sind im allgemeinen selten und betreffen dann ganz verschiedene Molaren und meist nur in einer Kieferhälfte.

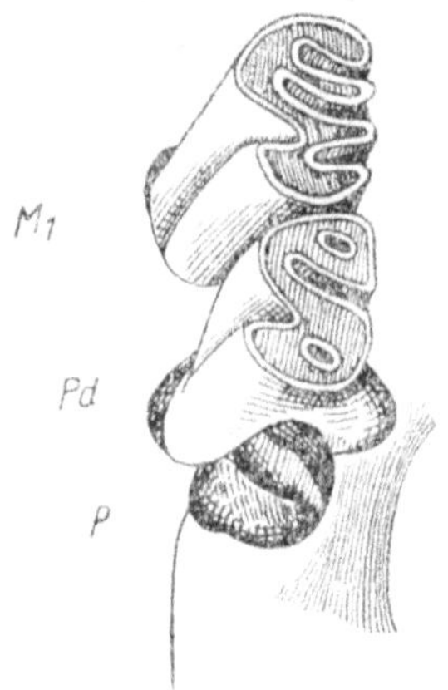

Abb. 28. Milchprämolar (*Pd*) mit darunter drängendem Ersatzzahn (*P*) und 1. Molar (M_1) des rechten Oberkiefers. 2 : 1 Nach Heinick

Zu der Abnutzung der Backenzähne beim Kauen führt Schlosser aus: „Durch die Bewegung von vorn nach hinten und umgekehrt wird der Prämolar verlängert, der M^3 verkürzt und überdies noch der erstere, und zwar an seinem Vorderende, scheinbar erhöht, der letztere an seinem Hinterrande abgenutzt. In Wirklichkeit rührt diese relative Größe des Prämolaren nur davon her, daß sein Vorderrand noch die ursprüngliche Höhe besitzt, während die Kronen nach hinten zu immer mehr und mehr abgetragen werden; auf diese Weise vergrößert sich der Prämolar nicht selten um die Hälfte seiner ursprünglichen Länge; selbst bei einem jungen M^1 nahm die Länge beim Abschleifen in der angegebenen Richtung um ein volles Drittel zu.“

Länge der Zähne und Größe ihrer Kaufläche

	Oberkiefer				Unterkiefer			
Nr. 106	Länge in mm		Kaufläche in mm Länge × Breite		Länge in mm		Kaufläche in mm Länge × Breite	
	links	rechts	links	rechts	links	rechts	links	rechts
Schneidezahn[1]	108	107	13 × 9	13 × 9	132	132	14 × 8	14 × 9
Prämolar	25	26	10 × 8	10 × 9	21	21	12 × 8	10 × 8[2]
1. Molar	20	—	6 × 7	—	17	17	7 × 8	9 × 9
2. Molar	20	18	6 × 7	6 × 7	15	17	9 × 8	8 × 8
3. Molar	16	14	5 × 6	5 × 6	12	13	6 × 7	7 × 7

[1] Außenlänge der Krümmung gemessen.
[2] Vordere Spitze abgekaut.

Beim Durchbruch durch den Kiefer zeigt die Oberfläche der Backenzähne ein wesentlich anderes Bild als später. Auf ihnen ragen einzelne Spitzen empor, welche gewissermaßen die oberen Verschlüsse der Schmelzbüchsen sind, die den ganzen Zahn durchziehen (Abb. 28). Durch den Gebrauch werden dann die Schmelzfirsten abgeschliffen, und es treten die Ränder der Schmelzbüchsen nun als die Schmelzfalten hervor. Inzwischen sind unter ihnen die Schmelzbüchsen mit Dentin ausgefüllt. Dieser Vorgang schreitet von der Spitze aus nach unten hin fort, so daß die anfänglich unten völlig offenen Falten nach und nach geschlossen werden (Abb. 26). Indem dann die inzwischen noch verlängerten Außenränder des Zahnes sich nach innen biegen, gegeneinander wachsen und schließlich verschmelzen, wird er unten bis auf das *Foramen apicis dentis* (zum Durchtritt für Nerven und Blutgefäße) völlig abgerundet. Im fünften Lebensjahre ist dieser Abschluß der Wurzelausbildung erreicht.

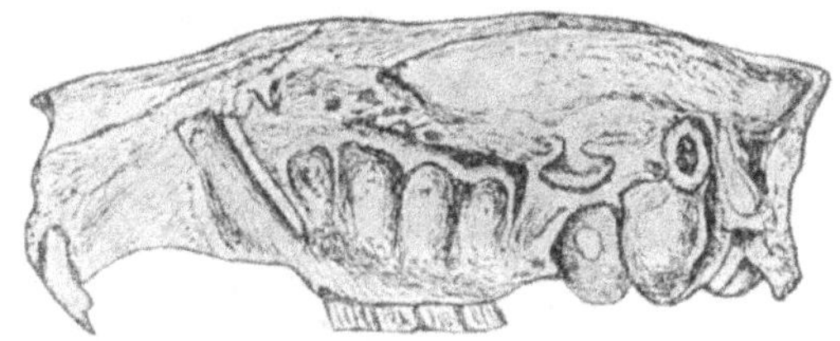

Abb. 29. Oberschädel eines dreijährigen Bibers. Um die durch die Backenzähne bewirkten Aufwölbungen im Oberkiefer zu zeigen, ist das Jochbein nicht eingezeichnet. 1 : 2. Orig.

Während ihres Wachstums treiben die im Oberkiefer steckenden „Wurzeln" dessen dünne Außenwand stark auf, so daß das letzte Drittel der Alveole sich geschwulstartig herauswölbt, sich aber von der Nachbaralveole deutlich abhebt. Noch beim dreijährigen Biber sind diese Zahnbüchsen scharf abgesetzt (Abb. 29); erst beim älteren Schädel werden sie allmählich eingeebnet.

d) Das Kauen

Beim Kauen handelt es sich um eine scheinbar recht einfache Bewegung des Unterkiefers gegen den Oberkiefer, die sich aber in Wirklichkeit aus drei verschiedenen, ineinandergreifenden Komponenten zusammensetzt: es erfolgt dabei ein vertikales Heben und Senken, eine seitliche Verschiebung und ein schlittenartiges Vor- und Rückwärtsziehen der Mandibel.

Während der Unterkiefer durch den zweibäuchigen Muskel (*Musculus digastricus*) herabgezogen wird, soweit er nicht selbst durch seine eigene Schwere beim Erschlaffen der Schließmuskeln nach unten klappt, bewirken seine Aufwärts- und Seitwärtsbewegung gegen den Oberkiefer drei Muskelpaare (Abb. 30). Der Schläfenmuskel (*Musculus temporalis*) geht von der Schläfengrube mit seiner Sehne nach dem Kronfortsatz des Unterkiefers; er zieht den Unterkiefer an den Oberkiefer. Die drückende und mahlende Kaubewegung besorgt vor allem der große Kaumuskel (*Musculus masseter*), unterstützt durch den äußeren und inneren Flügelmuskel (*Musculus pterygoideus lateralis* und *medialis*). Eine Eigentümlichkeit des Bibers, auf die Friedrich [9] aufmerksam machte, besteht beim *Musculus masseter* darin, daß die beiden sonst miteinander verwachsenen Schichten desselben, eine oberflächliche und eine tiefer gelegene, in zwei selbständigen

Partien ausgebildet sind (Abb. 31). Das äußere Bündel (Abb. 30, no) geht vom Jochbein nach dem hinteren Teil des Unterkiefers bis zum Rande seines großen Winkelfortsatzes; es ist ein breiter und außerordentlich kräftiger Muskel. Das innere, selbständige Bündel des Kaumuskels (no′) sitzt am Oberkiefer an einer

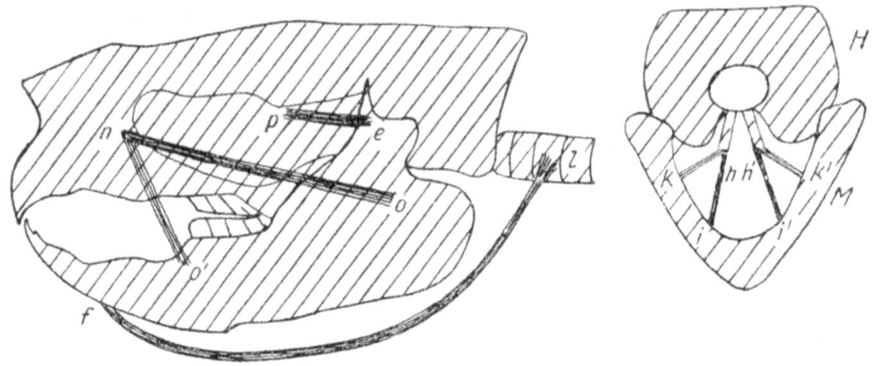

Abb. 30. Kaumuskeln (schematisch, z. T. nach Graber). *no, no′* Kaumuskel (*M. masseter*), *ep* Schläfenmuskel (*M. temporalis*), *lf* Zweibäuchiger Muskel (*M. digastricus*). Rechts: Querschnitt durch den Schädel. *H* Hirnschädel, *M* Mandibel, *h, h′* Flügelbein, *hk, h′k′* äußerer, *hi, h′i′* innerer Flügelmuskel (*M. pterygoideus*)

schräg nach hinten verlaufenden und sich so verbreiternden Rinne an, daß man in sie den Mittelfinger einlegen kann; es inseriert am Unterkiefer vorn an den Backenzähnen. Die von den Flügelbeinen kommenden Flügelmuskeln gehen nach dem medialen Teil des Unterkiefers bis zum Rande des Winkelfortsatzes (Abb. 30). Sie besorgen die Seitenbewegungen des Unterkiefers, indem eine Kontraktion etwa der linksseitigen Muskeln den Kiefer nach rechts dreht und umgekehrt. Bei gleichzeitiger Kontraktion der paarigen Masseter wird der Unterkiefer zwar gegen den Oberkiefer gepreßt, aber auch nach vorn gezogen, da seine Insertionsstelle am Jochbein (n) weit vor dem Ansatz am hinteren Unterkieferwinkel (o) liegt. Anderseits zieht der in entgegengesetzter Richtung verlaufende Schläfenmuskel (ep) bei seiner Kontraktion den Unterkiefer gleichzeitig auch zurück. Wenn aber bei diesem Muskelspiel nur eine einseitige Kontraktion erfolgt, so kommt jene mahlende und drehende Bewegung des Unterkiefers zustande, durch die die Nahrung zwischen den Backenzähnen erst zerquetscht wird. Das Gelenk des Unterkiefers ist frei genug, um sie zu ermöglichen.

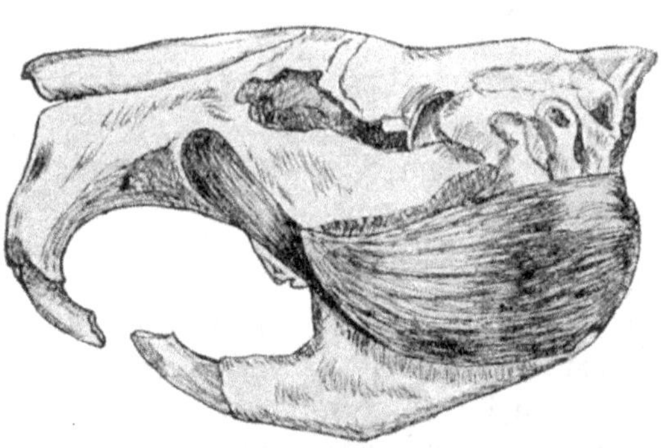

Abb. 31. Der große Kaumuskel (*M. masseter*) mit seinem vorderen inneren Bündel. 1 : 2. Nach Friedrich

Der Gelenkhöcker (*Condylus*) ist länglich-walzenförmig; entsprechend ist seine Gelenkgrube eine — nach hinten offene — Rinne (Abb. 14). Dies ermöglicht eine weitgehende Verschiebung des Unterkiefers von vorn nach hinten. Die seitliche Bewegung dagegen wird durch einen sperrenden Höcker des temporalen *processus zygomaticus* eingeschränkt. So erfolgt beim Kauen eine kreisende Bewegung um eine am Eingang zu den Choanen zu denkende Vertikalachse durch alternierendes, einseitiges Vor- und Rückwärtsziehen des einen *Condylus* und dadurch bedingte entgegengesetzte Bewegung des anderen. Dabei zerreiben die jedesmal aufeinanderliegenden Zahnreihen einer Seite die Nahrung, während die der anderen Seite voneinander weichen und zwischen sich neue Nahrung aufnehmen können.

Die biologische Bedeutung der Zerlegung des *Masseter* in zwei Bündel sieht Friedrich darin, daß dadurch auch die Mundhöhle in zwei Teile, einen vorderen und einen hinteren, getrennt wird und somit eine Vorsortierung der Nahrung erfolgt. Wenn das innere, vordere Muskelbündel sich zusammenzieht, arbeiten die Nagezähne, und die von ihnen abgerissenen groben Späne und Splitter bleiben in dem vorderen Teil der Mundhöhle, die jetzt nach hinten durch das kontrahierte Muskelbündel abgeschlossen ist. Beim Erschlaffen des vorderen *Masseter*astes und dem Zurückziehen des Unterkiefers öffnet sich dann der hintere Teil der Mundhöhle, und die von den groben und spitzen Spänen (die ausgestoßen werden) gesonderte Nahrung kann nun durch die Tätigkeit der übrigen Kaumuskeln zwischen den Backenzähnen zermahlen werden.

e) Die Dentition

Über die Dentition gingen bisher in der Literatur die Angaben weit auseinander oder wiesen überhaupt Lücken auf. So erscheint nach v. Reichenau der Prämolar am Ende des ersten Lebensjahres, während nach Heinick und Wiesel der Wechsel erst stattfinden soll, wenn das Tier halb erwachsen ist. Mein reichliches Material an Schädeln des verschiedensten Alters ermöglicht es mir, diese Frage endgültig zu klären (s. Tab.).

Mingaud stellte bei einem ausgetragenen Fötus des Rhonebibers fest, daß die unteren Nagezähne das Zahnfleisch schon um 5 mm überragten. Beim neugeborenen Biber sind dann von den Zähnen lediglich die Nagezähne im Zwischenkiefer und im Unterkiefer durchgebrochen; nach Bailey sind ebenfalls die unteren den oberen in der Entwicklung etwas voraus. Sie haben zwar ihren äußeren Schmelzbelag, aber dieser Schmelz ist noch nicht gefärbt. Somit hat aus dem Winckell recht, wenn er schreibt: „sie sind bei jüngeren Bibern so rein und weiß an Farbe wie das beste Elfenbein". Auch beim 4—6 Wochen alten Tier ist diese Außenseite, soweit sie aus dem Kiefer herausragt, noch weiß gefärbt, während sie bei einem $^1/_4$ Jahr alten Biber bereits gelblichen Ton annimmt und beim halbjährigen schon orangerot ist.

Am Ende des ersten Lebensmonats arbeiten sich die Spitzen der Milchprämolaren zunächst im Unterkiefer, kurze Zeit darauf auch im Oberkiefer durch das Zahnfleisch hindurch. Während auf diesem Altersstadium die M^1 und M^2 noch im Kiefer stecken und zum Durchbruch rüsten, im Oberkiefer aber an der kessel-

Die Dentition, geordnet nach Alter

Nr.	Ein-geliefert	Alter	Milchzahn	Prämolar	3. Molar	Größte Schädel-länge
110	2. 6.	4—6 Wochen	bricht unten durch, oben noch nicht	—	noch nicht vorhanden, auch die anderen Molaren noch nicht durchgebrochen	74,0
113	24. 6.	8 Wochen	oben vorhanden, abgekaut, unten vorhanden, abgekaut	noch nicht vorhanden	erst als Keim im Kiefer, M^1 durchgebrochen, abgekaut, M^2 noch im Kiefer	87,3
39	17. 8.	$^1/_2$ Jahr	oben und unten entwickelt, abgekaut	noch nicht durchgebrochen	oben schon durchgebrochen, unten eben durchbrechend	104,6
101	2. 9.	$^1/_2$ Jahr	oben und unten entwickelt, abgekaut, unten etwas zurück	,,	vor dem Durchbruch, unten etwas zurück	87,3
15	15. 9.	$^1/_2$ Jahr	oben und unten entwickelt, abgekaut	,,	oben durchgebrochen, unten Beginn des Durchbruchs	97,1
8	6. 10.	$^1/_2$ Jahr	,,	,,	durchgebrochen, oben etwas abgekaut, unten noch weniger abgekaut	108,0
115	20. 10.	$^1/_2$ Jahr	,,	,,	,,	105,8
59	21. 10.	$^1/_2$ Jahr	,,	,,	durchgebrochen, oben etwas abgekaut, unten noch nicht	101,4
9	22. 10.	$^1/_2$ Jahr	,,	,,	durchgebrochen, oben voll abgekaut, unten erst etwas abgekaut	107,6
35	15. 12.	$^3/_4$ Jahr	,,	,,	,,	109,0
97	3. 6.	$1^1/_4$ Jahr	oben und unten entwickelt, stark abgekaut	durchgebrochen, hebt den Milchzahn, oben weiter entwickelt als unten	oben und unten entwickelt, abgekaut	112,0
34	23. 9.	$1^1/_2$ Jahr	,,	noch nicht durchgebrochen	durchgebrochen, oben etwas abgekaut, unten noch nicht abgekaut	111,2
60	19. 11.	$1^1/_2$ Jahr	,,	im Durchbruch, hebt den Milchzahn etwas	durchgebrochen, oben und unten abgekaut	110,7

Nr.	Eingeliefert	Alter	Milchzahn	Prämolar	3. Molar	Größte Schädellänge
30	19. 1.	$1^3/_4$ Jahr	oben vorhanden, abgekaut, unten links fehlt schon, rechts noch vorhanden	oben schon sichtbar, unten links durchgebrochen, nicht abgekaut, rechts im Durchbruch	entwickelt und abgekaut	119,8
13	22. 2.	$1^3/_4$ Jahr	oben und unten entwickelt, stark abgekaut	noch nicht durchgebrochen	durchgebrochen, oben abgekaut, unten noch nicht	117,6
64	13. 4.	2 Jahre	nicht mehr vorhanden	durchgebrochen, noch nicht in der Kauebene, Beginn des Abkauens	oben und unten entwickelt, abgekaut	122,7
48	24. 4.	2 Jahre	,,	oben abgekaut, unten weniger abgekaut	voll entwickelt und abgekaut	119,8
104	25. 5.	$2^1/_4$ Jahr	,,	oben etwas abgekaut, unten mehr abgekaut	,,	130,5
20	30. 5.	$2^1/_4$ Jahr	,,	voll entwickelt, oben mehr abgekaut als unten	,,	130,6
52	11. 6.	$2^1/_4$ Jahr	oben noch 1 Milchzahn	oben noch nicht abgekaut, unten etwas abgekaut	,,	130,6
81	16. 9.	$2^1/_2$ Jahr	nicht mehr vorhanden	oben durchgebrochen, etwas abgekaut, unten rechts durchgebrochen und abgekaut, links erst im Durchbruch	,,	137,8
32	26. 1.	$2^3/_4$ Jahr	,,	voll entwickelt und abgekaut	,,	135,7
63	11. 4.	3 Jahre	,,	durchgebrochen, Kauflächen werden erst abgeschliffen	,,	135,0

paukenartigen Aufwölbung ihres Wurzelendes sich bemerklich machen, wird von M^3 erst der Zahnkeim angelegt. Im zweiten Lebensmonat bricht M^1 in beiden Kiefern gleichzeitig durch und wird, gleich dem Milchzahn, schon in Anspruch genommen, wie seine eingeebnete Kaufläche bekundet. Dann folgt ihm erst M^2, aber M^3 läßt sich Zeit bis zum Herbst. Im Gegensatz zu den Prämolaren erscheint dann jedoch M^3 des Oberkiefers etwas früher als der des Unterkiefers. Sein Wachstum vollzieht sich verhältnismäßig recht langsam, so daß vielfach erst im 2. Lebensjahr die Schmelzfalten voll entwickelt sind.

Dieses Gebiß der Milchprämolaren und der M^1 und M^2 tritt während des ersten Lebenssommers in Funktion, wobei die Oberfläche durch Abkauen der Spitzen zur Reibfläche eingeebnet wird. Während des zweiten Lebensjahres ist die Abnutzung der Milchprämolaren schon stark vorgeschritten, und nun drängt sich der daruntersitzende Prämolar vor (Abb. 28). Nach einiger Zeit hat er den Milchzahn gehoben, so daß dieser ausfällt; zuweilen bleibt noch eine Wurzel von ihm im Kiefer stecken. Auch hierbei hat gewöhnlich der Unterkiefer gegenüber dem Oberkiefer einen kleinen Vorsprung; aber selbst im gleichen Kiefer erfolgt das Abstoßen der Milchzähne nicht immer gleichzeitig (Nr. 30). Wie die Tabelle zeigt, erscheint der Prämolar bei Nr. 97 bereits im Juni des zweiten Lebensjahres, während er bei Nr. 34 noch im September nicht sichtbar ist, bei Nr. 60 sogar erst im November zu schieben beginnt.

Aus meinen Untersuchungsprotokollen sei als typisches Beispiel Biber Nr. 52 hier näher beschrieben:

Oberkiefer: Die beiden Milchprämolaren sind gewechselt. Der linke Milchzahn, stark abgekaut, sitzt noch auf dem Prämolar. Die Prämolaren haben ihre spitzhöckerigen Schmelzfirsten, sind also noch nicht abgekaut und in Funktion gewesen. Unterkiefer: Die Prämolaren sind schon etwas abgeschliffen, sitzen aber noch etwas tiefer als die Molaren. Die untere Wandung der Molaren ist noch offen. Höhe der Molaren (senkrecht gemessen):

im Oberkiefer: M^1 2,5; M^2 2,3; M^3 2,0
im Unterkiefer: — 2,5 2,0.

In der ersten Hälfte des dritten Lebensjahres wird bei den meisten Tieren der Wechsel der Prämolaren zu Ende geführt. Auch hier sind zunächst Schmelzfirsten vorhanden, werden aber bald abgekaut, wenn sie in die Ebene der Kaufläche eingerückt sind.

Dieser zeitliche Ablauf der über ein Jahr sich hinziehenden Dentition ließ sich nur dadurch ermitteln, daß die genauen Daten der Einlieferung der toten Biber, deren Alter so bis auf Monate sicher festgelegt werden konnte, ausgewertet wurden, wie anderseits die hier gewonnenen Ergebnisse wieder für die Altersbestimmung selbst herangezogen werden müssen.

3. Altersbestimmung und Alter

Ähnlich wie wir dies bei der Dentition feststellen mußten, finden sich in der gesamten älteren Biberliteratur so gut wie keine Angaben über das Alter verschieden großer Tiere und über eine Methode seiner Bestimmung. Dies liegt sicherlich daran, daß, abgesehen von markanten Größenunterschieden, augenfällige Merkmale dafür nicht vorhanden zu sein scheinen. So gibt auch Wiesel an, daß eine Schätzung auf „die Abnutzung der Molaren, die Nahtverwachsungen, Muskelansatzstellen und Gefäßabdrücke sowie die Ausbildung der *Crista*, der Tuberositäten und die ungefähre Größe des Schädels" sich stützen könne. In seiner sehr eingehenden Arbeit, die erstmalig genaue Altersangaben bringt, wählt er dann als Grundlage dafür den „Habitus" des Schädels, spezialisiert diesen aber auf das Maß: „größte Schädellänge, gemessen von der Mitte zwischen den Incisiven bis zur Mitte der *Occipitalcrista*". Die von ihm aufgestellte Tabelle geht von 71,6 mm beim $^1/_4$ Jahr alten Biber bis zu 169,4 mm des 15jährigen Tieres (s. Tab.).

Alterstabelle nach Wiesel

Alter in Jahren	Größte Schädellänge	Alter in Jahren	Größte Schädellänge
$^1/_4$	71,6	6	145,0
$^1/_2$	?	7	151,0
$^3/_4$	107,0	8	153,5
1	?	9	156,4
$1^1/_2$	110,4	10	157,5
2	118,6	11	158,5
$2^1/_2$	124,0	12	162,5
3	128,1	13	163,7
4	133,1	14	166,1
5	139,4	15	169,4

Von dieser Basis aus entwickelt er sodann in deduktiver Methode einen durch zahlreiche Messungen belegten Überblick über Größenvariationen der einzelnen Schädelteile[1] sowie einen kritischen Vergleich mit dem amerikanischen Biber und den übrigen europäischen Biberrassen.

Nun gibt die größte Schädellänge zweifellos eine Möglichkeit zu annähernder Altersschätzung, da in ihr die Gesamtgröße nicht nur des Schädels, sondern auch des ganzen Tieres und damit das ungefähre Alter zum Ausdruck kommen kann. Trotzdem aber schon Wiesel darauf hinweist, daß äußere Einflüsse während des Wachstums, namentlich eine günstige Jugendernährung, sicherlich aber — wie hinzugefügt werden muß — auch innere Anlagen hier mancherlei Schwankungen bedingen, sind seine Intervalle in einigen Jahresklassen außerordentlich gering (zwischen 9 und 10, 10 und 11 sowie zwischen 12 und 13 Jahren nur je 1 mm Differenz!). Nach meinen Untersuchungen muß man mit viel stärkeren individuellen Ausschlägen rechnen und kann anderseits auch nicht bei gleicher größter Schädellänge auf gleiches Alter schließen.

Eine weitere Stütze findet dieses Ergebnis durch die Wildmarkenforschung bei anderen jagdbaren Tieren. Erst durch diese Markierungen sind wir darüber belehrt worden, daß von maßgeblicher Bedeutung für eine Altersfeststellung die Konstitution des Einzeltieres und die erbliche Veranlagung seines Verwandtschaftskreises ist.

Da bisher beim Biber derartige exakte und bei der Seltenheit des Objektes sowie der Schwierigkeit seiner Markierung[2] auch jetzt schwer zu beschaffende Beobachtungszahlen fehlen, erschien es erforderlich, noch andere Bestimmungsfaktoren ausfindig zu machen und heranzuziehen. Die von Wiesel erwähnte, aber nicht berücksichtigte Abnutzung der Molaren, ferner die Nahtverwachsungen führen nicht zum Ziele, wie auch die Muskelansatzstellen und Gefäßabdrücke sowie

[1] Die mit großem Fleiß aufgestellten noch ausführlicheren Tabellen hierzu, die „sich im Archiv der Universität Halle befinden", sind dort leider nicht mehr vorhanden.

[2] Bailey empfiehlt eine Markierung an der Kelle mit Aluminiummarken.

Tuberositäten eine stufenweise Ausbildung mit fortschreitendem Alter nicht erkennen lassen.

Dagegen ist von großer Bedeutung eine genaue Kenntnis der Dentition für die Bestimmung der jugendlichen Zustände bis zu drei Jahren und für die späteren Wachstumsstadien die Herausarbeitung des Hirnschädels, bei der ein durchaus gesetzmäßiger Verlauf in der Ausbildung der *Crista sagittalis* sowie der *Linea nuchalis*, ferner im Wachstum des *Meatus acusticus externus* (äußerer knöcherner Gehörgang) die Möglichkeit der Altersfestlegung ergänzt. Eine indirekte, aber sehr wichtige Hilfe gibt zudem die Beobachtung des Todesmonats des Tieres. Wenn nämlich bei sonst annähernd gleichen Maßen der eine Biber im April, der andere im Oktober anfiel, so läßt dies schon die Festlegung eines Altersunterschiedes von einem halben Jahr, bei im Winter eingelieferten — natürlich frischen — Tieren sogar die Einordnung in die nächstjährige Stufe zu.

Auf Grund dieser Erörterungen komme ich zu einer wesentlich anderen Altersfeststellung, als sie die selbstverständlich ebenfalls auszuwertende Schädellänge gibt. Sie zeigt, daß eine graduelle Alterssteigerung längst nicht in dem Maße erfolgt, wie Wiesel annimmt, und daß das Höchstmaß nicht erst mit dem Höchstalter erreicht wird, sondern schon in mittleren Jahren; ferner auch, daß spätere Abweichungen mehr oder weniger wiederum als solche untergeordneten Charakters zu werten sind. Dies entspricht auch der sonst bekannten Tatsache, daß ein Tier nicht erst mit dem Höchstalter seine Höchstgröße erreicht, sondern viel früher „ausgewachsen" ist.

Das Beweismaterial für meine Altersbestimmung lege ich in der beifolgenden Tabelle vor. Im einzelnen sei dazu bemerkt:

1. Dentition. Wie bereits beim Kapitel „Dentition" ausgeführt und durch die dort gegebene Tabelle belegt wurde, läßt sich an Hand der Einlieferungszeiten und der Entwicklung der Milchzähne sowie des Erscheinens des Prämolaren und des M^3 das Alter der Jungtiere bis auf $^1/_4$ Jahr genau bestimmen. Schon hierbei zeigt sich, daß die größte Schädellänge (wie auch die größte Schädelbreite) bei gleich alten Tieren stark variiert. Besonders interessant ist diese Spanne bei absolut gleich alten Tieren eines Wurfes (Nr. 110); sie beläuft sich auf 2,5 mm, eine Differenz, die sonst zur Annahme verschiedenen Alters verführen könnte. Da anderseits aber gerade in den ersten Lebensjahren das Wachstum sich am schnellsten vollzieht, treten hier die größten Unterschiede in der Schädellänge hervor, bei den halbjährigen Tieren zwischen 87,3 und 108, also über 2 cm! Sie zeigen auch wieder Einzelabweichungen; ein schwächeres Tier kann älter sein als ein solches mit größerer Schädellänge. Im ersten Lebensjahr beträgt, wie unter Hinweis auf Tab. 1 des Kapitels „Schädel und Schädelwachstum" noch einmal hervorgehoben werden muß, der durchschnittliche Längenzuwachs des Schädels 4 cm, im zweiten die Hälfte, sinkt im dritten und vierten Jahre auf $1^1/_2$—1 cm und bringt es in den folgenden Jahren nur noch auf $^1/_2$ cm und weniger an Zuwachs. Diese an sich geringen Zahlen können dann meines Erachtens weiterhin keine sichere Grundlage mehr für eine Altersbestimmung bilden.

Länge, Gewicht, Geschlecht, Schädelmaße, Alter; geordnet nach der größten Schädellänge

Nr.	Eingang	Gesamtlänge cm	davon Kelle cm	Gewicht Pfd.	Geschlecht	Größte Schädellänge mm	Größte Schädelbreite mm	Länge der Nasalia mm	Knöcherner Gehörgang mm	*Crista sagittalis*	Alter nach Wiesel Jahre	Alter nach Hinze Jahre
110b	2. 6. 44	35	8	595 g		71,5	45,0	23	2	angedeutet	$^1/_4$	4—6 Wochen
110c	2. 6. 44	37	9	675 g		72,2	46,0	25	2	,,	$^1/_4$	4—6 Wochen
110d	2. 6. 44	38	8	745 g		74,0	47,0	25	3	,,	$^1/_4$	4—6 Wochen
101	2. 9. 42	43	10	2$^3/_4$	♀	87,3	50,9	30	4	1	$^1/_2$	$^1/_2$
113	24. 6. 44					87,3	55,6	28	4	1	ca. $^1/_2$	ca. 8 Wochen
15	15. 9. 28					97,1	59,4	35	4	1—2	$^1/_2$	$^1/_2$
59	21. 10. 36	67	17		♂	101,4	66,0	—	6	2	$^1/_2$—$^3/_4$	$^1/_2$
39	17. 8. 33	70	19	9		ca. 104,6	69,5	37	5	2	$^1/_2$	$^1/_2$
115	21. 10. 44	65	17	7	♀	ca. 106	69,5	38	6	2	ca. $^3/_4$	$^1/_2$
9a	22. 10. 25	68	22			107,6	69,4	40	6	2	$^3/_4$	$^1/_2$
9b	22. 10. 25					106,9	68,7	38	6	2	$^3/_4$	$^1/_2$
8	6. 10. 25					108,0	72,0	40	6	2	$^3/_4$	$^1/_2$
35	15. 12. 32	75	22	13		109,0	72,7	38	7	2	1$^1/_2$	$^3/_4$
60	17. 11. 36					110,7	70,7	39	—	2	1$^1/_2$	1$^1/_2$
34	23. 9. 32	72	27	13		111,2	73,0	39	6	2	1$^1/_2$	1$^1/_2$
97	3. 6. 41	65	25	8$^1/_2$		112,0	75,4	40	7	3	1$^1/_2$	1$^1/_4$
13	22. 2. 28					117,6	78,0	44	7	2—3	2	1$^3/_4$
30	19. 1. 32	77	24	14	♂	119,8	79,4	45	8	3	2	1$^3/_4$
48	24. 4. 35	87	22	18$^1/_2$	♂	119,8	81,4	46	8	3	2	2
64	13. 4. 37	67	21			122,7	80,7	46	7	3	2$^1/_2$—3	2
104	25. 5. 43	92	30	25—30	♂	130,5	89,4	50	9	4	3—4	2$^1/_4$
52	11. 6. 35	100	25	ca. 30	♂	130,6	86,0	50	9	4	3—4	2$^1/_4$
20	31. 5. 29				♀	130,6	90,0	51	10	4	3—4	2$^1/_4$
63	11. 4. 37	93	26		♂	135,0	89,6	50	11	4	4—5	3
32	26. 1. 32	95	30			135,7	91,0	53	9	5	4—5	2$^3/_4$
71	27. 8. 38	102	28	20—25	♂	137,0	94,9	55	12	5	4—5	3$^1/_4$
81	16. 9. 39	100	28	29	♀	137,8	92,5	56	11	4	4—5	2$^1/_2$
19	3. 4. 29				♀	142,3	93,0	55	12	4	5—6	3
45	25. 3. 34					142,4	95,4	58	14	6	5—6	3
49	29. 4. 35	114	31	40	♂	143,4	101,4	60	15	6	5—6	3
4	19. 2. 25					143,7	99,4	59	14	5	5—6	2$^3/_4$
38	25. 3. 33	112	30			145,0	94,4	55	12	5	6	3
1	12. 11. 25					146,0	96,8	59	13	5	6	3
67	27. 12. 37	108	28	23	♀	146,0	97,6	53	12	6	6	3$^3/_4$
51	9. 6. 35	112	29		♂	147,0	98,2	61	12	6	6	3
56	9. 7. 36	113	30	40	♂	147,6	99,3	61	12	5—6	6	3$^1/_4$
47	19. 4. 34	89	23		♀	148,4	98,7	58	14	6	6—7	3
27	26. 1. 31	112				148,8	103,0	59	15	5	6—7	2$^3/_4$
16	9. 10. 28					148,9	96,8	56	12	5—6	6—7	3$^1/_2$
18	8. 3. 29	117	31	24$^1/_2$	♂	149,2	102,7	58	13	6	6—7	3
29	30. 11. 32	113	32	26	♂	150,5	102,6	63	15	6	7	3$^3/_4$
77	8. 4. 39	119	32	40—45	♂	151,7	100,0	60	14	7	7	4
92	14. 8. 40	121	32		♀	151,8	102,9	61	13	7	7	4$^1/_4$
58	26. 9. 36					152,3	99,0	60	15	6—7	7—8	4$^1/_2$
84	8. 2. 40	105	32			154,0	99,7	63	13	6	8	3$^3/_4$
76	14. 11. 38					154,2	101,7	59	15	6	8	3$^1/_2$
31	25. 1. 32	115	35	45	♂	154,6	103,7	60	15	6	8	3$^3/_4$

Nr.	Eingang	Gesamtlänge cm	davon Kelle cm	Gewicht Pfd.	Geschlecht	Größte Schädellänge mm	Größte Schädelbreite mm	Länge der Nasalia mm	Knöcherner Gehörgang mm	*Crista sagittalis*	Alter nach Wiesel Jahre	Alter nach Hinze Jahre
26	1. 8. 30				♀	154,8	102,2	63	16	7	8—9	4 1/4
94	6. 3. 41	80	20			154,8	103,7	62	16	7	8—9	4
68	7. 2. 38	122	31	ca. 40	♀	155,2	106,1	62	15	7	8—9	4 3/4
36	26. 1. 33	120	32	49	♀	156,0	104,8	63	15	6	9	3 3/4
112	15. 8. 44	115	32			156,0	105,0	60	15	6	9	4 1/4
33	14. 5. 32	118	31	32	♀	156,2	102,7	60	15	7	9	4
23	9. 1. 30					156,3	105,0	61	15	6	9	3 3/4
72	8. 8. 38	122	32		♂	156,5	100,7	60	15	6	9	4 1/4
88	5. 4. 40	116	29			156,5	105,3	63	13	7	9	5
107	17. 4. 44				♀	157,0	103,5	67	16	7	10	5
25	23. 4. 30					158,1	102,3	62	15	7	10—11	5
50	5. 35					158,2	109,9	66	16	6	10—11	5
65	23. 4. 37	116	31		♀	158,2	108,5	65	16	7	11	5
44	26. 3. 34	120	32			158,3	107,0	65	17	7	11	5
3	5. 2. 25	112	30		♀	158,9	104,8	65	16	7	11	4 3/4
14	29. 7. 28				♀	158,9	ca. 110	63	16	7	11	5 1/4
28	26. 10. 31			38		159,0	103,5	65	16	6	11	4 1/2
95	24. 3. 41	120	40			159,0	101,1	63	16	7	11	6
96	26. 3. 41	116	34		♀	159,1	102,4	65	—	7	11	6
91	4. 5. 40					159,5	104,0	63	14	7	11	6
17	25. 2. 29				♂	159,8	107,0	66	17	6	11	5 3/4
40	17. 11. 33					160,0	105,1	63	—	7	11—12	6 1/2
79	3. 5. 39					160,0	107,3	64	16	7	11—12	6
87	7. 3. 40	116	33	36		160,0	108,0	63	16	6—7	11—12	6
106	21. 1. 44					160,3	103,3	62	17	7	11—12	5 3/4
108	11. 5. 44	120	30		♂	160,4	105,5	60	17	7	11—12	6
22	29. 11. 29					160,5	111,6	67	18	7	11—12	6 1/2
69	27. 3. 38	128	33	ca. 50	♀	161,0	105,0	64	15	6—7	11—12	5 3/4
24	16. 4. 30				♀	161,2	106,9	64	17	7	11—12	6
61	24. 11. 36	122	34	43		161,7	103,7	66	16	7	11—12	6 1/2
42	21. 12. 33	125	33	52	♀	161,8	—	—	—	7	12	6 3/4
85	12. 2. 40	118		33	♂	162,3	108,3	67	15	7	12	6 3/4
41	14. 11. 33	123	33	29	♀	162,3	103,3	61	—	7	12	6 3/4
74	30. 8. 38	116	31		♂	162,5	109,1	65	17	7	12	6 1/4
46	16. 4. 34					162,7	110,6	67	17	7	12	7
10	23. 3. 26			36 1/2	♂	163,3	106,9	67	15	7	13	6 3/4—7
75	14. 11. 38	134	35	60 1/2		163,4	ca. 100	67	17	7	13	7 1/2
70	16. 5. 38	125	31	42	♂	163,5	104,3	65	17	7	13	7
109	16. 5. 44	131	31		♂	163,6	109,5	70	16	7	13	7
99	1. 6. 42					163,8	109,0	67	16	7	13	7
111	8. 6. 44	124	32	55	♂	164,0	107,0	65	16	7	13	7
21	27. 9. 29				♀	164,0	103,0	66	14	7	13	7 1/2
53	30. 8. 35					164,5	107,0	—	16	7	13	7 1/4
82	8. 9. 39	123	32	60 ?	♂	164,8	110,2	65	17	7	13—14	7 1/2
6	14. 8. 25					ca. 165	108,0	65	—	7	13—14	7 1/4
86	2. 3. 40	123	31		♂	165,0	105,5	65	16	7	13—14	8
89	8. 4. 40					165,0	103,5	63	18	7	13—14	8
5	3. 3. 25				♀	165,8	104,8	65	17	7	13—14	8
54	23. 3. 36	128	31	48	♀	165,8	109,9	65	16	7	13—14	8
78	14. 4. 39	113	31	45—50	♂	166,3	107,2	67	17	7	14	8
43	6. 3. 34					166,8	103,0	63	17	7	14	7 3/4—8
80	25. 5. 39	139	36	ca. 70	♀	168,3	106,6	70	18	7	14—15	8
90	9. 4. 40	ca. 138	35			169,0	108,8	68	18	7	15	8
83	26. 1. 40	127		39	♂	170,5	110,5	69	19	7	15	8 3/4

2. Zieht man jedoch die fortschreitende Gestaltung der *Crista sagittalis* (Scheitelkamm) samt der *Linea nuchalis* (Nackenlinie) sowie die des äußeren knöchernen Gehörganges mit zum Vergleich heran, so ergibt sich daraus die Möglichkeit für eine Altersfestsetzung, die auch nach dem Abschluß des zu-

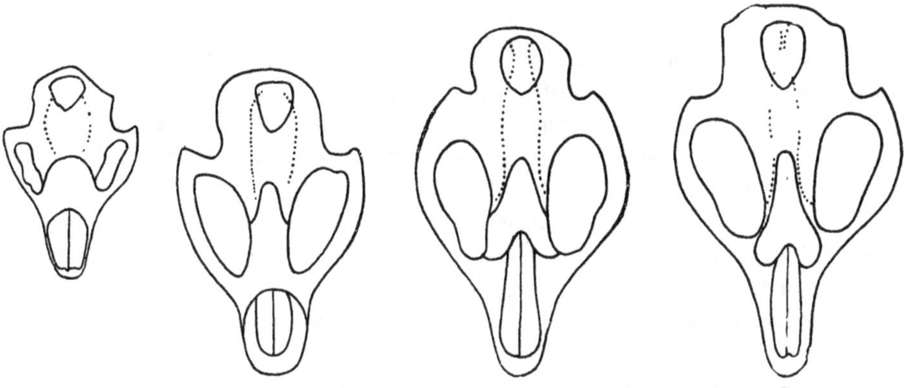

Typus 1: bis 1/2 Jahr Typus 2: 1/2—1 1/2 Jahr Typus 3: 1 1/2—2 Jahre Typus 4: 2—3 Jahre

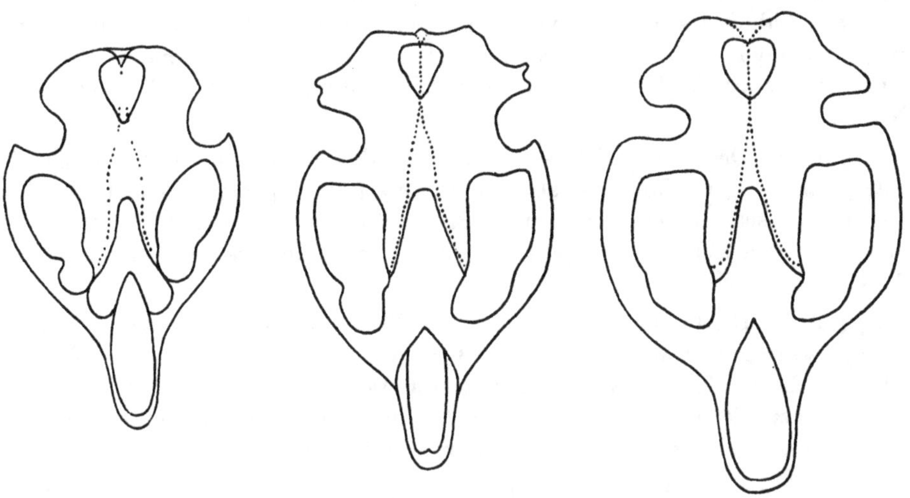

Typus 5: 2 3/4—3 1/2 Jahre Typus 6: 3—4 Jahre Typus 7: 4 und mehr Jahre

Abb. 32. Altersbestimmung auf Grund der *Crista sagittalis*. 3 : 8. Orig.

nächst auffälligsten Entwicklungszustandes, der Dentition, weitere Anhaltspunkte liefert. Bei der *Crista sagittalis* lassen sich durch genaue Untersuchung sieben verschiedene Stadien feststellen, die in dieser ihrer Ausbildung und Aufeinanderfolge konstant sind und daher als Typen betrachtet werden können. Es sind (vgl. die Abb. 32):

Typus 1. Von der lateralen Naht des *Interparietale*, und zwar etwa in seiner Mitte, geht eine sehr schwache Leiste in nach außen geschwungener Linie über das *Parietale* und biegt median nach der Kranznaht (*sutura coronalis*) um. — Die Nackenlinie ist konvex nach außen gekrümmt, medial etwas buckelartig aufgewölbt. — Alter: bis zu $^1/_2$ Jahr. — Nr. 110d, 113.

Typus 2. Die schwache Parietalleiste geht zum Teil auch auf das *Interparietale* über, ihre stark konvexe Wölbung gradet sich namentlich am oralen Ende ab. Die Nackenlinie ist schwach konvex ausgebuchtet. — Alter: $^1/_2$—$1^1/_2$ Jahr. — Nr. 115.

Typus 3. Die beiden aboralen Äste der Parietalleiste ziehen sich über das *Interparietale*, laufen in der Mitte aufeinander zu, ohne sich zu erreichen, und weichen dann wieder auseinander. Ihre oralen Äste streben, gleichlaufend mit der Kranznaht, dem sich ausbildenden *processus zygomaticus* des *Frontale* zu. — Die Nackenlinie flacht sich ab bis zur Geraden. — Alter: $1^1/_2$—2 Jahre. — Nr. 64.

Typus 4. Die beiden Parietaläste der *Crista* rücken in der aboralen Hälfte näher aufeinander zu. Auf dem *Interparietale* legen sich die Äste von der Mitte ab nebeneinander (Beginn des Interparietalkammes) und weichen auf dem *Occipitale* wieder lateral auseinander. — Die Nackenlinie verläuft gerade. — Alter: 2—3 Jahre. — Nr. 104, 52.

Typus 5. Auf dem *Interparietale* sind die Äste der *Crista* in seiner ganzen Länge zu einem schmalen Kamm vereinigt. An der oralen Spitze des *Interparietale* schließen sich jederseits die Parietalleisten an, die in geschwungenem Bogen nach dem *processus zygomaticus* verlaufen. — Die Nackenlinie ist noch gerade, zeigt aber Tendenz zu schwacher Einbuchtung. — Alter: $2^3/_4$ Jahre. — Nr. 32, 71.

Typus 6. Der Interparietalkamm wird stärker, er verläuft über das ganze *Interparietale*, geht dann aboral auf dem *Occipitale* auseinander und wölbt die Nackenlinie schwach ein. Die beiden Parietaläste, im aboralen Ende stark genähert, treffen sich am *Interparietale*, ihre Äste werden hier stärker. — Alter: 3—4 Jahre. — Nr. 47, 76.

Typus 7. Die Cristaäste vereinigen sich bereits auf dem *Parietale* vor dem *Interparietale* zum Kamm. Infolge der Einsenkung des *Interparietale* in höherem Alter erscheint hier der Kamm besonders stark. Die oralen Äste der Parietalcrista sind zum Teil sehr stark. — Die Nackenlinie ist eingebuchtet, mit steigendem Alter sogar stark eingebuchtet. — Alter: 4 Jahre und darüber. — Nr. 109.

Bis zum Stadium 5 erfolgt die Entwicklung der *Crista* noch während der zeitlich genau festgelegten Dentition. Von diesem Zeitpunkt ab, also im vierten Lebensjahre, bildet sich aber nun gerade die *Crista* mehr und mehr aus, was ja nur ein Ausdruck ist für das jetzt einsetzende Herausmodellieren des Hirnschädels und das Auswachsen der starken Kau- und Nackenmuskulatur. Unter deren Einwirkung entstehen die Narben für ihre Insertion auf dem *Parietale*, *Interparietale* und *Occipitale* sowie die Oberflächenvergrößerung ihrer Kämme als Ansatzflächen; dadurch buchtet sich nun die Nackenlinie mehr und mehr ein. Zieht man dazu noch die langsam ansteigende größte Schädellänge hinzu, so ergibt sich unter Berücksichtigung des Einlieferungsdatums wie von selbst die Eingliederung in die Altersklasse.

3. Gleichzeitig mit der Verfeinerung des Hirndaches läuft nun die Ausbildung des *Temporale,* als deren auffälligste Erscheinung der knöcherne Gehörgang (*Meatus acusticus*) Beachtung erheischt (Abb. 15). Wie die Tabelle zeigt, geht dessen Länge und Längenzuwachs konform mit der Entwicklung der *Crista.* Auch hier kommen individuelle Schwankungen vor. Diese drücken sich dann aber fast stets bei beiden Altersindizien aus — auch dies ein Beweis für die Richtigkeit ihrer Auswertung.

Die Altersdifferenz zwischen Nr. 23 und Nr. 72, die beide nahezu gleiche Schädellänge, Gehörgangslänge und gleichen Cristaindex haben, gründet sich darauf, daß ersteres Tier am 9. Januar, letzteres am 8. August anfiel und daß bei beiden die noch nahezu gerade verlaufende *linea nuchalis* eine höhere Altersansetzung verbietet. Ebenso ist bei Nr. 14 und Nr. 28 der Cristaindex und das Einlieferungsdatum maßgebend für die jüngere Alterseinweisung von Nr. 28, wie auch bei Nr. 14 beide Faktoren das scheinbare Herausfallen aus der Reihe begründen.

Von Nr. 96 ab sind die Differenzen bei *Crista,* Gehörgang und auch Schädellänge sehr gering; ihre Einordnung basiert daher nur noch auf der letzteren. Man könnte zweifelhaft sein, ob hier weitergehende Altersfestsetzungen als über sechs Jahre hinaus noch zulässig erscheinen. Aber ebenso wie plötzlich abweichende Indizes (Nr. 106, 69) sich wieder durch jahreszeitliche Einlieferung erklären lassen, können auch individuelle Schwankungen, namentlich in der Stärke des Interparietalkammes und der Einbuchtung der *Linea nuchalis,* wohl als Anzeichen für ein höheres Alter gedeutet werden.

Unter Berücksichtigung aller angeführten Momente und unter nochmaligem Hinweis auf die durch individuelle Anlagen und Wachstumserscheinungen möglichen geringen Differenzen läßt sich nunmehr eine zusammenfassende Bestimmungstabelle aufstellen (Tab.). Bei ihrer Benutzung folge man der Reihenanordnung ihrer senkrechten Spalten, der als vierte jeweilig das Anfallsdatum anzugliedern wäre, um auch eventuelle Bruchteile zwischen den Altersstufen zu ermitteln.

Alterstabelle nach Hinze

Alter, in Jahren	Größte Schädellänge	*Meatus acusticus*	*Crista sagittalis*	Alter, in Jahren	Größte Schädellänge	*Meatus acusticus*	*Crista sagittalis*
$^1/_4$	71— 87	2— 4	1	$2^1/_2$—3	135—145	9—14	4—6
$^1/_2$	87—108	4— 6	2	3—4	146—154	12—15	5—6
$^1/_2$—1	108—110	7	2	4—5	154—158	15—17	6—7
1—$1^1/_2$	110—115	7— 8	2—3	5—6	158—161	15—17	7
$1^1/_2$—2	115—130	7— 9	2—4	6—7	161—164	16—17	7
2—$2^1/_2$	130—135	9—11	4	7—8	164—170	17—18	7

Wenn so abschließend gesagt werden muß, daß auch die stärksten der uns vorliegenden Schädel — und es dürften dies Grenzfälle sein, die durch andere Exemplare kaum noch nennenswert übertroffen werden — nur auf acht Jahre Alter bestimmt werden können, so darf dieses Alter doch nicht als Höchstmaß des Lebens des Bibers betrachtet werden. Für weitere Möglichkeiten der Altersdiagnose über unsere letzte Gruppe hinaus sind eben keine Unterschiede mehr zu erkennen, so daß diese Gruppe nur als Mindestfestsetzung gelten kann. Schon das verhältnismäßig langsame Heranwachsen läßt aber eine höhere Altersgrenze vermuten, als sie sonst bei Nagetieren vorkommen mag. So wird eine durchschnittliche Lebensdauer von 1—2 Jahrzehnten nicht unwahrscheinlich sein. Wiesel gibt etwa 15 Jahre an: „ein höheres Alter als dieses erreicht der Biber nach meinen Feststellungen und nach mündlichen Berichten von Förstern, Fischern und anderen Sachverständigen im allgemeinen nicht".

Weitere Stützen für derartige Annahmen bieten verschiedene Beobachtungen an in der Gefangenschaft gehaltenen Tieren, die bei aller Vorsicht gegenüber den als Schätzungen zu wertenden und meist zu hoch gegriffenen Angaben doch auch durch zuverlässige Feststellungen begründet sind. Nach Angabe von L. Heck wurde im Berliner Zoologischen Garten zu Anfang dieses Jahrhunderts ein Elbebiber über 25 Jahre gehalten, der als bereits erwachsenes Tier eingeliefert worden war. Zu berücksichtigen ist dabei allerdings die Tatsache, daß durch Darbietung optimaler Lebensbedingungen tiergärtnerisch gehegte und erst einmal eingewöhnte Tiere wohl länger lebensfähig sein mögen als ihre in der Freiheit mancherlei Gefahren ausgesetzten Artgenossen. Lenz berichtet: „Im Schloßgarten zu Nymphenburg bei München ist ein kleiner Teich mit festen Mauern, in deren Seiten sich trockene Hüttchen bilden, umgeben und wird von einigen gezähmten Bibern bewohnt. Als ich diese im Jahre 1837 besuchte, versicherte mir der Wärter, daß der eine schon seit 33, der andere seit 35 Jahren in Gefangenschaft wäre und daß man früher einen 50 Jahre lang gehabt hätte." Nach Mingaud wurde an der kleinen Rhone ein Einsiedlerbiber 20 Jahre hindurch beobachtet, und für den kanadischen Biber gibt Mills nach Warren eine gleiche Altersbegrenzung.

Nehmen wir eine Lebensdauer von 20 Jahren für den Biber an, so würde sie nach Korschelt ebenso hoch sein wie die des Rindes und doppelt so hoch wie die des Eichhörnchens. Eine direkte Abhängigkeit der Lebensdauer von der Körpermasse ist daraus nicht zu ersehen, denn gegenüber dem Rinde würde der Biber sonst sehr alt, anderseits im Vergleich mit dem ihm verwandtschaftlich doch wesentlich näher stehenden Eichhörnchen wiederum kurzlebig erscheinen. Auch die Trag- und Jugendzeiten der genannten Vergleichstiere weichen so stark voneinander ab (Rind 9 Monate, $1^1/_2$—2 Jahre; Biber 3 Monate, 2—3 Jahre; Eichhörnchen 4 Wochen, $^1/_2$ Jahr), daß sie eine Beziehung dieser Lebensstadien zu Größe und Gewicht des Körpers zwar nicht erkennen lassen, aber doch die Wahrscheinlichkeit der für den Biber angegebenen höheren Lebensdauer zu stützen vermögen.

Ob für die anderen eurasischen Subspezies sowie für die amerikanischen Arten dieselbe von mir hier angegebene Altersbestimmungsmöglichkeit besteht, muß einer besonderen Untersuchung an Hand umfangreichen Materials zugewiesen werden.

4. Rumpf- und Gliedmaßen-Skelett

Ein vergleichender Überblick über Skelettformen von Nagetieren zeigt in interessanter Weise, wie diese als Funktion der Bewegungsarten anzusehen sind, und hebt die Eigenart des Biberskelettes besonders heraus (Abb. 33).

Beim laufenden Nager — Lemming — sind Vorder- und Hinterbeine gleichmäßig kräftig gestaltet, die Wirbelsäule ist nur mäßig gekrümmt. Indem dann die Hinterbeine gegenüber den Vorderbeinen stärker und durch gut entwickelte Muskulatur sehr schnell werden, wird die Wirbelsäule in der hinteren Partie des Rückens emporgewölbt — Wanderratte. Beim galoppierenden und springenden Nager — Hase — ist der Körper sehr gestreckt und die Wirbelsäule daher wenig gekrümmt; die Lendengegend ist auffallend lang. Der Typus des springenden und kletternden Nagers — Eichhörnchen — zeitigt eine starke Entwicklung der Hinterextremität, Aufrichtung der Wirbelsäule bis zur Senkrechten, lange Ausbildung des Schwanzes.

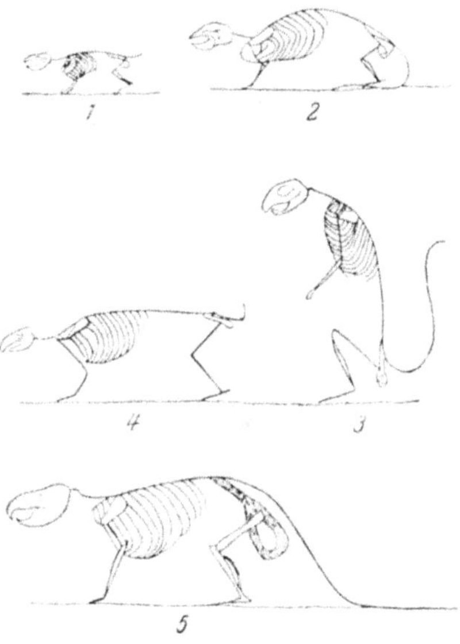

Abb. 33. Skelett-Typen von Nagetieren (schematisch). 1. Lemming 1 : 10. Nach Hesse-Doflein. 2. Wanderratte 1 : 10. Nach Brehm. 3. Eichhörnchen 1 : 10. Nach Brehm. 4. Hase 1 : 20. Nach Brehm. 5. Biber 1 : 20. Orig.

Die Krümmungen der Wirbelsäule sind dagegen beim Biber besonders markant. Auf die schwache konvexe Kopfhalskrümmung folgt eine schmale konkave Halsbrustkrümmung (in der Gegend der letzten Hals- und ersten Brustwirbel), und dann hebt sich die Brustlendenkrümmung als ein mächtiger konvexer Buckel bis zum Kreuzbein heraus, während die Schwanzkrümmung flach konkav zur Waagerechten ausläuft.

Diese Spezialisierung und Verlagerung der Antriebsmotoren sowie ihrer Stützpunkte in den hinteren Teil des Tieres entspricht der Notwendigkeit, den schweren Körper sowohl auf dem Lande vorwärts schieben zu müssen, wie namentlich ihn dem größeren Wasserwiderstande für ein schnelles und gewandtes Schwimmen anzupassen.

a) Die Wirbelsäule

Die Wirbelsäule des Bibers wird gebildet aus 7 Halswirbeln, 14 Brust- oder Rückenwirbeln, 5 Lendenwirbeln, 4 Kreuzwirbeln, 27 Schwanzwirbeln. Brandt und Ratzeburg zitieren aus der älteren Literatur verschiedene Abweichungen in der Zahl der Wirbel, die namentlich bei den Schwanzwirbeln stark divergiert. Soweit es sich nicht um Unvollständigkeiten bei der Präparation der untersuchten Skelette handelt, dürften diese Unterschiede zum Teil in der häufig auftretenden Verwachsung der letzten Schwanzwirbel ihre Erklärung finden; jedoch habe ich bei der Untersuchung von 30 zweifellos vollständigen Skeletten auch nur 26 (in 6 Fällen) oder gar 25 (in 3 Fällen), anderseits auch 28 (in 2 Fällen) Schwanzwirbel gezählt.

Der 1. Halswirbel (*Atlas*) hat breite Flügel, die in einem schwachen, kaudal gekrümmten Bogen abstehen. Am 2. Halswirbel (*Epistropheus*) fällt der beim jugendlichen Tier als sattelförmiger Kamm angelegte, mächtige, medial verbreiterte Dornfortsatz auf, der sogar den Dornfortsatz des 3. Halswirbels noch überdeckt. Durch diese Verbreiterungen werden wiederum Ansatzflächen für die Nackenmuskulatur geschaffen. Ferner haben mit Ausnahme der verhältnismäßig schwach entwickelten Halswirbel 3—7, welche den kurzen Hals mit bilden, auch alle übrigen Wirbel bis hinab zur Schwanzwurzel durchweg lange Dornfortsätze, die schwanzwärts immer breiter werden und bei den Lendenwirbeln ihr Maximum erreichen, während die vier Dornfortsätze der Kreuzwirbel beim älteren Tier durch eine mediale Knochenplatte verbunden sind. Von den Lendenwirbeln ab werden sodann die Querfortsätze der Wirbel immer breiter und länger, verschmelzen bei den Kreuzwirbeln ebenfalls zu einer Platte und überragen beim ersten Schwanzwirbel sogar die Breite des Wirbels (2 cm) um 1 cm (Abb. 34), während ihre Länge beim jugendlichen Biber erst $^2/_3$ der Breite des Wirbels ausmacht. Von hier ab verkürzen sie sich allmählich, sind beim 10. Schwanzwirbel so lang wie der Wirbelkörper, und nun tritt jederseits ein zweiter, schwächerer kaudaler Querfortsatz hinzu, der teilweise mit dem vorderen zusammenwächst und der Oberflächenvergrößerung dient. Mit der allmählichen Verschmälerung der Schwanzspitze werden diese Querfortsätze immer kleiner, die letzten Wirbel haben nur noch Andeutungen davon. Während die Dornfortsätze der ersten zehn Schwanzwirbel allmählich rückgebildet werden und mit den gleichfalls reduzierten Gelenkfortsätzen sich vereinigen, treten zwischen den Wirbeln eigenartige, aber leicht zu übersehende Hämalfortsätze auf, die auch Virchow in seiner sonst so minutiösen Darstellung der Wirbelsäule des Bibers nicht recht

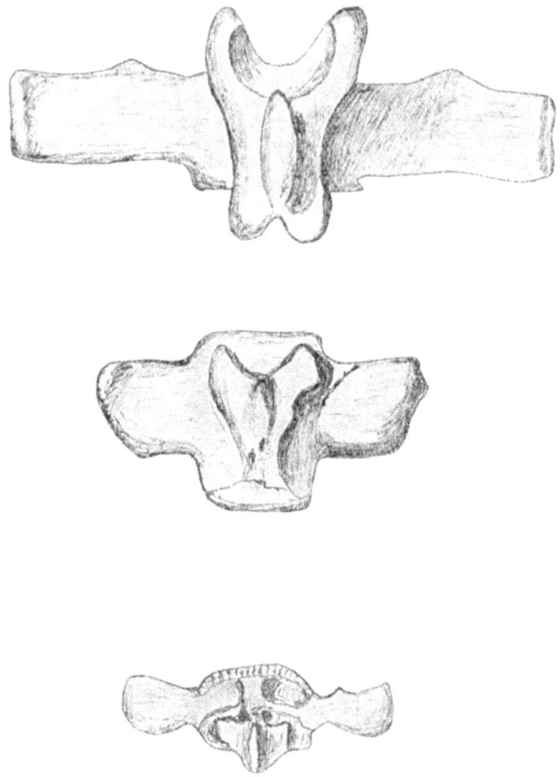

Abb. 34. Schwanzwirbel. Nat. Gr. Orig. Oben: 1. Wirbel eines 4½ jährigen Bibers. Mitte: 10. Wirbel eines 4½ jährigen Bibers. Unten: 1. Wirbel eines 1½ jährigen Bibers

erkannt hat. Sie sind ventral an die Zwischenwirbelscheiben angewachsen (s. Taf. 7), und zwar beginnen sie bei manchen Tieren bereits zwischen dem letzten Kreuzwirbel und dem 1. Schwanzwirbel, bei anderen zwischen dem 2. und 3. oder dem 3. und 4. Schwanzwirbel; schwankend ist auch ihre Zahl (bis zu 14). Der Fortsatz wird durch zwei seitliche Bögen gebildet, die anfangs (Wirbel 1—3) zusammenschließen, bei den folgenden (Wirbel 4—6) parallel zueinander nach oben gerichtet und bei den letzten nur noch andeutungsweise vorhanden sind.

b) Der Brustkorb

Der Brustkorb hat eine sehr weite Ausladung, was durch eine auffallende Schrägstellung der hinteren Rippen bedingt ist. Diese Herausarbeitung der Lendenpartie ist als eigentümliche Anpassung an das Wasserleben zu deuten, indem dadurch der Rumpf nach hinten zu keilförmig verbreitert wird. Es sind sieben echte und sieben falsche Rippen vorhanden. Die Längendifferenzen der 5.—13. Rippe sind sehr gering, dagegen ist die letzte Rippe nur halb so lang wie die dreizehnte. Das Brustbein besteht aus zwei schmalen, halbrunden, kranialen Stücken, an die sich zwei breite Platten anschließen; der knorpelige Schwertfortsatz ist halbkreisförmig und groß.

c) Die Schultergliedmaßen

Das ziemlich schmale Schulterblatt trägt eine vom dorsalen zum distalen Ende stark ansteigende Gräte (*Spina scapulae*), welche in die lange, nach außen konvexe Schulterhöhe (*Acromion*) ausläuft. Hier lenkt das nahezu gerade Schlüsselbein ein, dessen Vorhandensein, kräftige Entwicklung und Funktion durch die grabende Tätigkeit der Vordergliedmaßen erklärlich wird; sein medianes Ende artikuliert am ersten Brustbeinstück.

Das kurze, aber sehr kräftige Oberarmbein (*Humerus*) wird an seinem Mittelstück jederseits durch einen lappenartig umgeschlagenen Knochenkamm verbreitert (Abb. 35). An seiner distalen Hälfte trägt es (ebenfalls als Ansatzfläche für Muskulatur) eine bis an das laterale Ende der Gelenkrolle in spiraliger Drehung hinablaufende weitere Verbreiterung für den *musculus brachialis*. Die schwache Speiche (*Radius*) lenkt an der kranialen Rollfläche des Oberarms ein (Abb. 35), während die kräftige Elle (*Ulna*) dahinter liegt; sie trägt einen starken und langen Ellenbogenhöcker. Beide Knochen reichen bis zur Handwurzel hinab, die aus neun Knochen besteht. Von den fünf Fingern der Hand ist, im Gegensatz zu vielen Nagern, auch der Daumen wohlentwickelt.

d) Die Beckengliedmaßen

Abweichend von den vorderen Gliedmaßen zeigen die Hinterbeine eine ungemein kräftige Entwicklung, entsprechend ist auch das knöcherne Becken sehr stark ausgebildet. Es liegt mit seinem dorsalen Teile annähernd parallel der Wirbelsäule und ist sehr langgestreckt. Sein von der Gelenkpfanne aus gemessener kranialer Teil (Darmbein) ist nur wenig länger als der kaudal von ihr

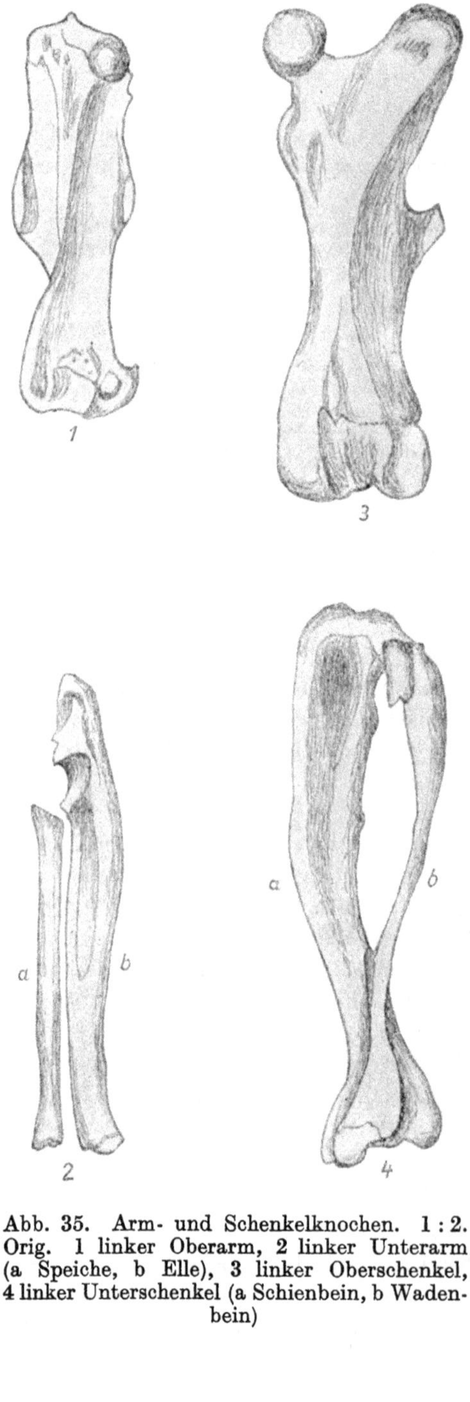

Abb. 35. Arm- und Schenkelknochen. 1 : 2. Orig. 1 linker Oberarm, 2 linker Unterarm (a Speiche, b Elle), 3 linker Oberschenkel, 4 linker Unterschenkel (a Schienbein, b Wadenbein)

gelegene (10 : 9 cm); das *Foramen obturatum* (Verstopfungsloch) ist hühnereigroß. Am breiten Oberschenkel (*Femur*, Abb. 35) setzt sich der Gelenkkopf mit einer Bandgrube vom *Trochanter major* (Umdreher) ab; der mediale *Trochanter minor* und der laterale *Trochanter tertius* laufen in flache Knochenleisten bis zum distalen Ende des Mittelstückes aus, was wiederum eine Oberflächenverbreiterung für Muskelansätze bedeutet. Wie bei der vorderen Extremität der Oberarm, ist auch bei den Hinterbeinen der Oberschenkel der weitaus kräftigste Knochen. Dies findet seine natürliche Erklärung darin, daß beide die Ansatzflächen für die wichtigsten Muskeln geben müssen. Das Mittelstück des Schienbeines (*Tibia*, Abb. 35) hat eine im proximalen Teil sehr breite Gräte und ist hier nach vorn gebogen, so daß die mit dem nur schwach geschwungenen Wadenbein (*Fibula*) gebildete Unterschenkelplatte auffallend groß erscheint. Das Wadenbein (Abb. 35), das unterhalb seiner Artikulation am Schienbein einen langen, hakenartigen Fortsatz trägt, verwächst in seinem distalen Drittel mit dem Schienbein, erreicht aber noch das Fußwurzelgelenk am Fersenbein. Entsprechend dem Handgelenk besteht die Fußwurzel aus neun Knochen. Von den fünf Zehen ist die vierte ein wenig länger als die dritte, die zweite ist ebenso lang wie die fünfte. Im Vergleich mit anderen Nagetieren ist aber die erste und fünfte Zehe verhältnismäßig sehr lang, was für die Umbildung des Fußes zum Schwimmwerkzeug zweckmäßig erscheint.

F. Innere Organe

1. Verdauungsorgane

Wie bei den meisten Nagetieren ist die Oberlippe des Bibers in ihrer unteren Hälfte gespalten, so daß die Enden der Schneidezähne frei herausragen; da auch die letzteren bei den unteren Schneidezähnen durch die kleine Unterlippe nicht bedeckt werden, erscheint dem Laien das Maul geöffnet. Die biologische Bedeutung einer derartigen Ausbildung des Lippenspaltes liegt aber in seinem Schutz gegen Verletzungen beim Nagen begründet. So ist fernerhin auch die vordere Mundhöhle gegen scharfkantige Holzspäne und Splitter allseitig gesichert. Ihr Dach wird vom harten Gaumen gebildet; er ist mit einer Hornhaut ausgekleidet, aus der sich beiderseits einer Mittelleiste vier derbe Gaumenstaffeln (*Rugae palatinae*) erheben (Abb. 36). Weiter nach vorn zu bis an die Nagezähne schließt sich median ein schmaler Wulst einer besonders dicken Hornhaut an, der grauschwarz gefärbt ist. Die Unterseite der vorderen Mundhöhle wird von der Zunge eingenommen, deren Oberhaut ebenfalls verhältnismäßig hart ist. Die Seitenwände werden begrenzt durch die Backen, die sich bei geschlossenem Maul zu einer Falte nach innen legen. An dieser Stelle befindet sich labial die eigenartige Lippenbürste (Mohr), eine nahezu quadratische Fläche, die mit dicht stehenden kurzen Haaren bewachsen ist; beim halbjährigen Biber ist sie 1 qcm groß, beim erwachsenen bis zu 4 qcm. Wenn das Maul geöffnet ist, sind diese Haare nach unten, wenn es geschlossen wird, nach hinten gerichtet. So wird die einzige weiche, und darum durch etwaige Splitter verletzbare Stelle der vorderen Mundhöhle durch die Lippenbürste abgedeckt.

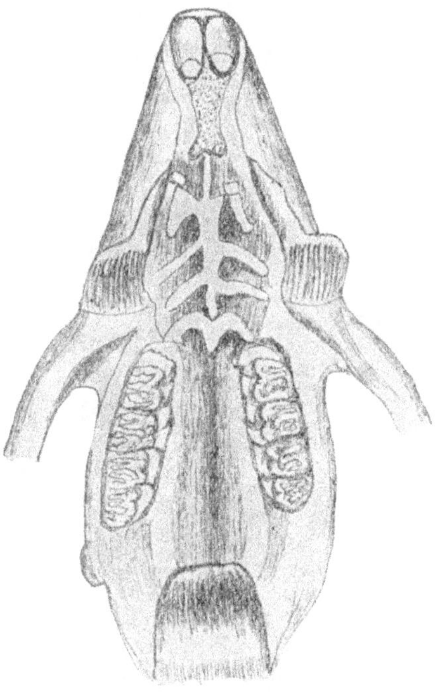

Abb. 36. Mundhöhle eines Jungbibers, von unten gesehen. Nat. Gr. Orig. Backen abgehoben, um die Lippenbürste, Zunge zurückgeschlagen, um die Gaumenstaffeln zu zeigen

In dem hinteren Teil der Mundhöhle, dem Bereich der Backenzähne, erfolgt durch deren reibende und mahlende Bewegung die bereits im Kapitel „Gebiß und Dentition" erörterte mechanische Zerkleinerung der Nahrung, wobei gleichzeitig die erste chemische Bearbeitung derselben durch das Sekret der Speicheldrüsen beginnt. Eine gründliche Einspeichelung ist bei derartig schwer verdaulicher Pflanzenkost, wie sie der Biber aufnimmt, besonders wichtig, und so sind die Speicheldrüsen stark entwickelt. Namentlich die Ohrspeicheldrüse (*Parotis*) ist sehr groß; sie bedeckt fast den ganzen Vorderteil und die Seiten des Halses.

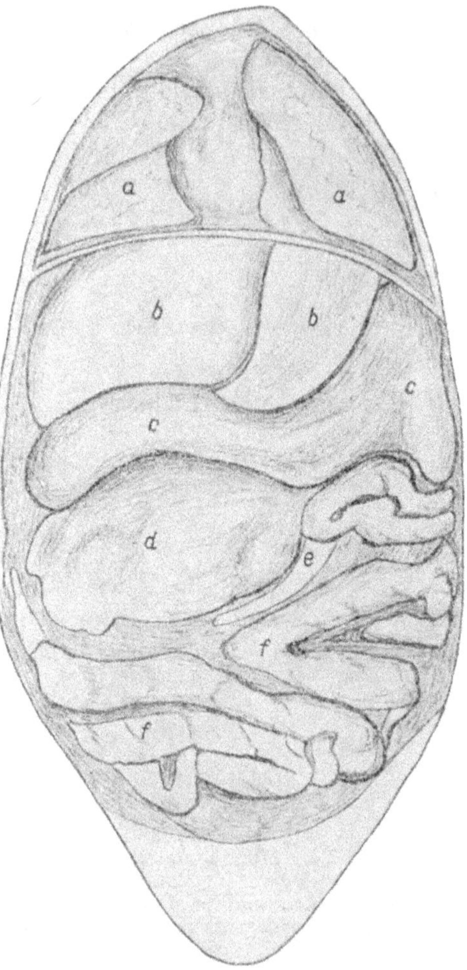

Abb. 37. *Situs viscerum* eines 6 Wochen alten Bibers. Nat. Gr. Orig. a) Lunge, b) Leber, c) Magen, d) Blinddarm, e) Milz, f) Darm

Am Eingang der Speiseröhre in den Magen (Abb. 38) liegt eine charakteristische, fast hühnereigroße Drüse, die Kardiakaldrüse, die „so rot ist, als wenn eine außerordentliche Entzündung vorhanden wäre“ (Gottwaldt). Ihr Sekret wird durch eine große Zahl von Ausführungsgängen dem vorderen Teil des Magens zugeführt und dient offenbar zu einer Vorverdauung seines Inhaltes. Der Magen (Abb. 38) ist im anatomischen Sinne zwar als einfacher Magen zu bezeichnen, wird aber durch eine tiefe Einschnürung an der kleinen Kurvatur in zwei ungleich große und wesentlich voneinander verschiedene Teile zerlegt, die im Innern durch eine ringförmige Öffnung miteinander verbunden sind. Eine ähnliche Zweiteilung ist auch bei der Nagetierfamilie der *Muriden* (Mäuseartige) festzustellen. Der größere Kardiateil des Magens ist drüsenlos, seine Wand hat verschiedene leistenartige, viereckförmige Blättchen. In diesem, dem Pansen der Wiederkäuer vergleichbaren Vormagen erfolgt nach Friedrich [9] bereits eine Aufschließung der zellulosereichen Nahrung durch die Wirkung von in der Körperwärme sich schnell entwickelnden Fäulnisbakterien, die bis zu Methan und Kohlendioxyd führe, anderseits resorbierbare niedere Fettsäuren liefere. Es erscheint aber auch die Vermutung von Brandt und Ratzeburg einleuchtend, daß der Inhalt des Kardiateiles „der auflösenden Kraft des Saftes der erwähnten Drüse ausgesetzt bleibe“; dafür spricht, daß der hier befindliche Nahrungsbrei dünnflüssiger ist als im zweiten Magenabschnitt. Letzterer (*Py-*

lorus) hat eine sammetartig weiche, runzelige Drüsenschleimhaut; der in ihm enthaltene Nahrungsbrei wird hier weiter verdaut und feiner verteilt.

Die Leber ist verhältnismäßig groß; bei einem erwachsenen Biber betrug ihre größte Breite 22 cm, ihre größte Höhe 18 cm. Von ihren sechs Lappen (Abb. 39) ist der rechte der größte; klein sind die medialen, auch der *lobus caudatus* ist relativ schwach entwickelt. Die birnenförmige Gallenblase war beim gleichen Tier 6 cm lang; ebenso lang war ihr Ausführungsgang (*ductus choledochus*), der in den Hals der an den *Pylorus* anschließenden kopfartigen Erweiterung des Zwölffingerdarmes mündet. In den Zwölffingerdarm ergießt sich auch durch einen besonderen Gang das Sekret der langgestreckten Bauchspeicheldrüse. Die 4 cm lange und 1 cm breite, dem Magen anliegende Milz ist sichelförmig gekrümmt.

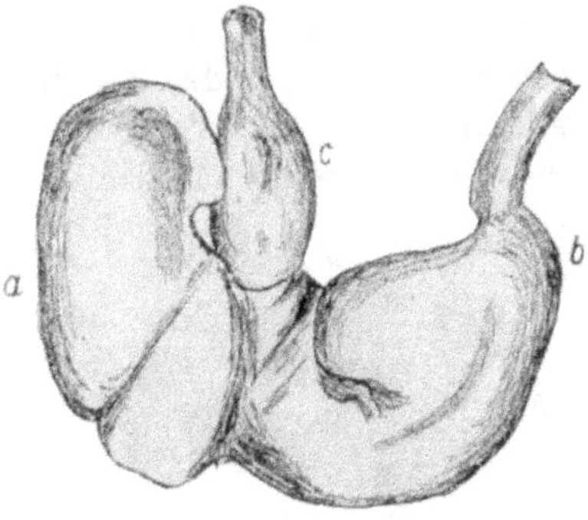

Abb. 38. Magen. 1 : 4. Orig. a) Kardiateil, b) Pylorusteil, c) Kardiacaldrüse

Der bei einem erwachsenen Biber (Nr. 5) 556 cm lange Dünndarm zeigt außer dieser für einen typischen Pflanzenfresser charakteristischen Länge (= sechsfache der Körperlänge) keine auffälligen Besonderheiten. Dagegen ist der Anfangsteil des Dickdarmes, der Blinddarm, außerordentlich entwickelt (Abb. 40). Seine Gesamtlänge von 62 cm bei einem ausgewachsenen Tier (Nr. 5) macht $^5/_7$ der Körperlänge aus; sein Rauminhalt ist etwa doppelt so groß wie der des Magens. Dicht unter dem Magen gelegen, beansprucht er einen beträchtlichen Teil der unteren Bauchhöhle. Namentlich sein Kopf und der anschließende Körper sind derart voluminös, daß man Gottwaldt fast zustimmen möchte, „er stellt mehr einen Magen als einen Darm vor"; ist er doch auch bis in seine Spitze mit Speisebrei erfüllt, dessen Zellulose wohl hier einer Nachverdauung unterzogen wird (Friedrich). Dabei werden wiederum Methan und Kohlendioxyd frei und zuweilen in solcher Menge ausgeschieden, daß einem schwedischen Beobachter ein Biber besonders auffiel, „quia tam vehementer pedebat — weil er so geräuschvoll die Gase abblies"!

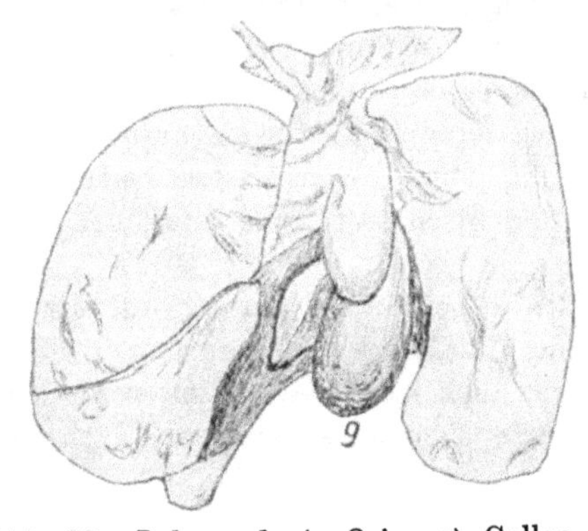

Abb. 39. Leber. 1 : 4. Orig. g) Gallenblase

Regelmäßig lebt im Blinddarm eine größere Zahl eines nur beim Biber vorkommenden Saugwurmes (*Amphistomum subtriquetrum* Rud.); nicht selten kann man bis zu 100 Exemplare heraussammeln. Die Jugendstadien macht dieser

Schmarotzer in Wasserschnecken durch. Indem der Biber diese gelegentlich mit seiner Nahrung aufnimmt, infiziert er sich damit, ohne daß allerdings Schädigungen durch ihn nachweisbar sind.

Die Aussaat in das Wasser, in dem die Larven von *Amphistonum* zunächst frei ausschwärmen, wird nach Friedrich dadurch gewährleistet, daß der Biber seine Losung fast stets im Wasser absetzt. Wenn man sie am Rande eines Gewässers gelegentlich findet, ist sie hier meist angeschwemmt. Mertens stellte sie allerdings in einem Falle auch landeinwärts fest, und Peters beobachtete sogar, wie der Biber auf dem Lande mit vorbereitenden und nachfolgenden Bewegungen nach Hundeart sich löste. Ein gefangener Jungbiber anderseits schied nach Friedrich den Kot nur in einer Badewanne aus, deren Boden morgens ganz damit bedeckt war. Aus dem Winckell berichtet, daß ein gezähmter Biber, wenn er eingesperrt wurde, nur im höchsten Notfalle, und zwar an der Tür die Faeces absetzte, sie aber sofort beim Öffnen der Tür über die Schwelle hinausstieß. Bei Gottwaldt (1782) findet sich gar die Anmerkung, „daß sie vor ihrem Unrat einen so großen Abscheu haben, daß, wenn etwa, indem sie sich mit der Wegbringung der Baumstämme beschäftigen, einer oder der andere sich ausleeren muß, alle Biber die Arbeit liegen lassen und den Baum nicht mehr berühren". Für diesen Reinlichkeitssinn spricht ferner, daß am Bau die etwa taubeneigroßen Kotballen (Abb. 41) niemals anzutreffen sind. Einen weiteren Beleg für ein ausgeprägtes Sauberkeitsbedürfnis liefert die Beobachtung von Revierförster Dedow in Randau, daß der Biber, wie dies auch für den Fischotter typisch ist, vor dem Einstieg in den Bau zu nässen pflegt.

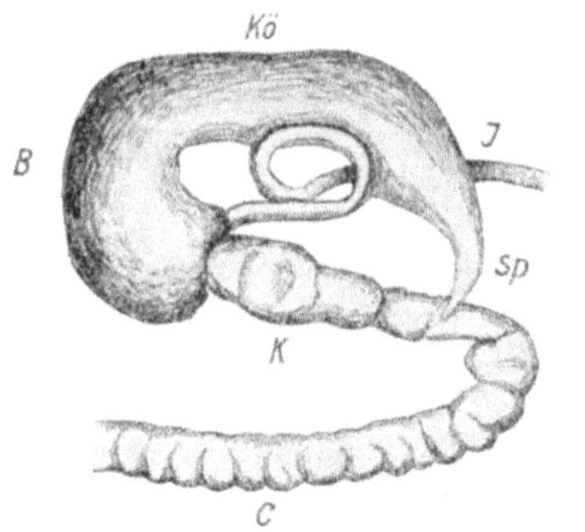

Abb. 40. Blinddarm und Dickdarm, etwas auseinandergelegt. 1 : 8. Orig. *B* Blinddarm, *K* Kopf, *Kö* Körper, *sp* Spitze, *C* Dickdarm, *J* Dünndarm

Wie gründlich die Verdauungsorgane des Bibers die Nahrung ausnutzen, zeigt außer einer mechanischen Zergliederung der Exkremente, in denen meist nur Holzspäne, unverdauliche Pflanzenfasern, auch hartschalige Pflanzensamen nachweisbar sind, die von Wiesel angeführte chemische Analyse. Nach ihr waren in der Trockensubstanz enthalten:

Stickstoff	0,67%
Mineralstoffe	4,30%
Rohfaser	50,28%
Sonstige Stoffe	44,75%.

Die auffällig geringe Menge des Stickstoffgehaltes ist allerdings vielleicht auch darauf zurückzuführen, daß durch das Wasser bereits Stickstoffsalze herausgelöst waren.

Bei einer Länge des Grimmdarmes (*Colon*) und des Mastdarmes (*Rectum*), die ohne scharfe Grenze ineinander übergehen, von 206 cm (= doppelte Körperlänge) ergibt sich für ein erwachsenes Tier (Nr. 5) eine Gesamtlänge des Darmes von 824 cm, das ist das Neunfache der Körperlänge. Damit gliedert sich der Biber durchaus entsprechend in die Reihe der Darmlänge bei anderen Pflanzenfressern ein, die z. B. beim Pferde das Zehnfache, beim Rinde das Zwanzigfache der Körperlänge beträgt.

Eine Besonderheit zeichnet ihn jedoch wieder aus, das ist die Mündung des Enddarmes nicht zu einem frei nach außen sich öffnenden After, sondern in einen kurzen Vorraum, der durch einen Ringmuskelwulst nach außen ver-

Abb. 41. Losung, auf dem Eise gesammelt. Nat. Gr. Orig.

schlossen wird (Taf. 6). Dieser Vorhof ist als Kloake zu bezeichnen, denn er nimmt auch den Ausführungsgang des Urogenitalapparates auf, der oberhalb des Afters liegt (Abb. 42). Die als Analdrüsen anzusprechenden Ölsäcke ergießen ebenfalls ihr Sekret in gesonderten Öffnungen in diese Kloake, während die über ihnen befindlichen Geilsäcke bereits in den Endteil des Vorhautkanals bzw. der Scheide sezernieren. Mit der dickflüssigen gelbgrauen Absonderung der Ölsäcke, deren genaue chemische Zusammensetzung nicht bekannt ist, wird das Haarkleid eingefettet, wie bereits im Kapitel „Haare und Nägel" angegeben wurde; die Geilsäcke stehen im Dienst der Anlockung der Geschlechter (s. das Kapitel „Geschlechtsorgane").

2. Geschlechtsorgane und Geschlechtsbestimmung

Infolge der eigenartigen Kloakenbildung sind die Geschlechtsorgane des Bibers äußerlich nicht sichtbar; da der Ringmuskel normalerweise die Kloake verschließt, ist es nicht möglich, das Geschlecht des Tieres ohne eingehende anato-

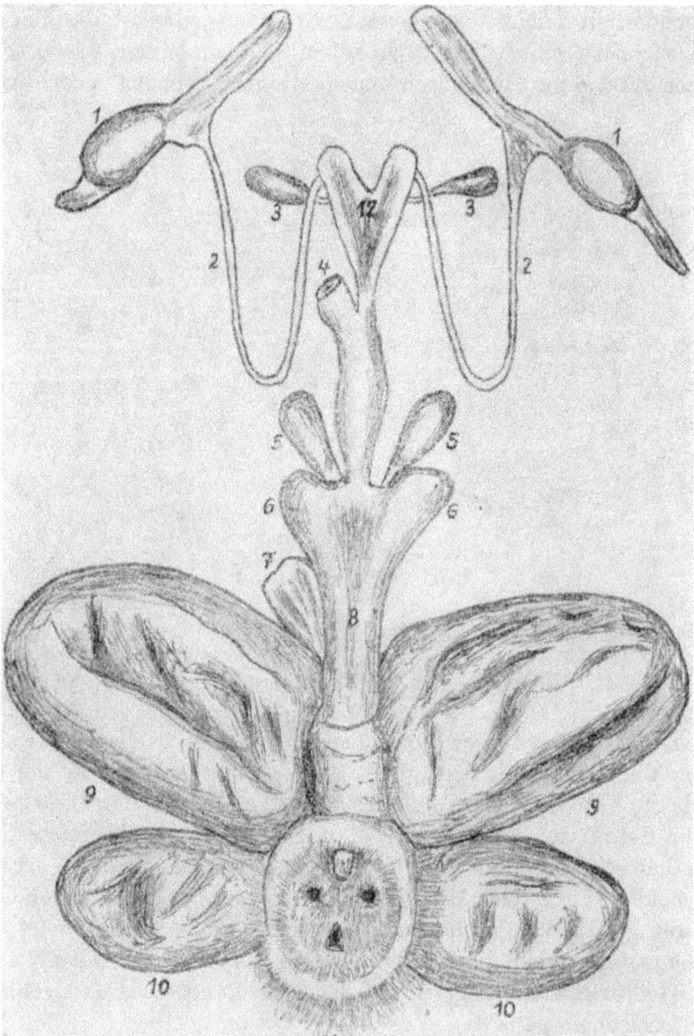

Abb. 42. ♂ Genitalapparat. 1 : 2. Orig. 1 Hoden, 2 Samenleiter, 3 Samenbläschen, 4 Ansatz der Harnblase, 5 Cowpersche Drüsen, 6 *Corpora cavernosa*, 7 Ansatz des Enddarmes, 8 Vorhautschlauch, 9 Geilsäcke, 10 Ölsäcke, 11 geöffnete Kloake (oben Penisspitze, seitlich Mündungen der Ölsäcke, unten After), 12 *Uterus masculinus*

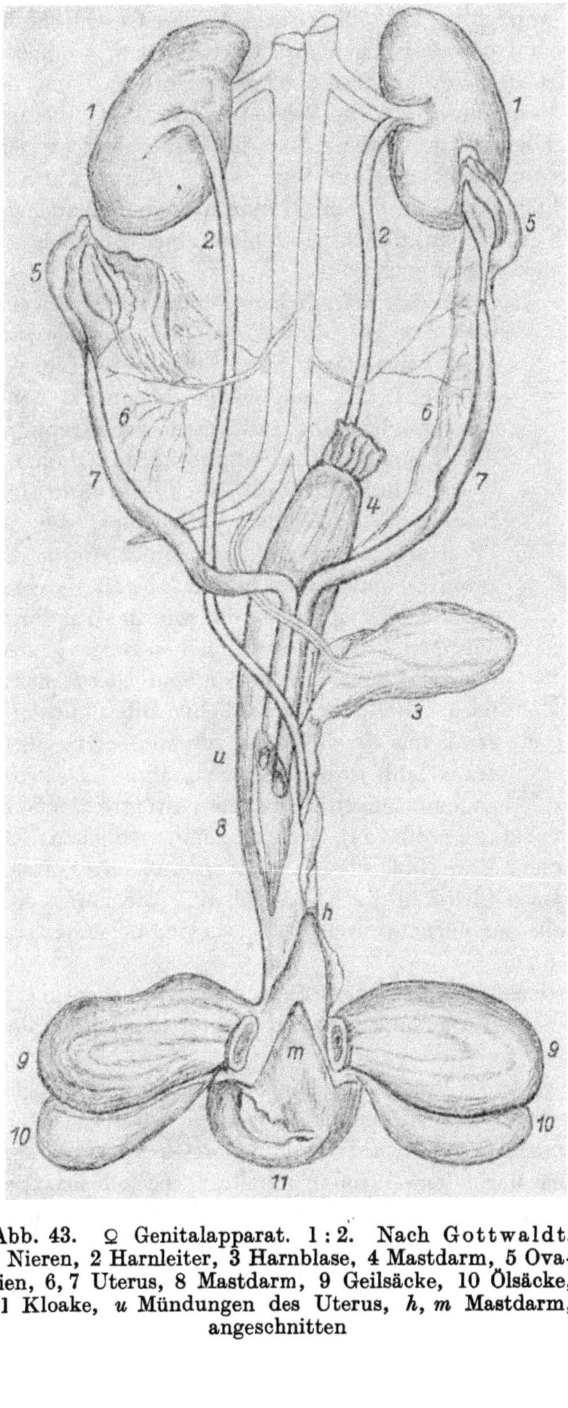

Abb. 43. ♀ Genitalapparat. 1 : 2. Nach Gottwaldt. 1 Nieren, 2 Harnleiter, 3 Harnblase, 4 Mastdarm, 5 Ovarien, 6, 7 Uterus, 8 Mastdarm, 9 Geilsäcke, 10 Ölsäcke, 11 Kloake, *u* Mündungen des Uterus, *h*, *m* Mastdarm, angeschnitten

mische Untersuchung zu erkennen. Selbst die vier Zitzen liegen an der vorderen Brust (Abb. 73) so versteckt im Pelz, daß sie nur bei säugenden Weibchen hervortreten. Daher verzichtet auch Kirner bei der Geschlechtsbestimmung des lebenden Tieres auf das Aufsuchen der Milchzitzen und empfiehlt eine andere Methode, bei der das Vorhandensein oder Fehlen des Penis festgestellt wird: „Ein kräftiger Mann unterfaßt die Schwanzwurzel des Bibers, möglichst auch gleichzeitig die Hinterbeine, und hebt so die Hinterhand desselben vom Boden ab, worauf der Untersuchende am Bauche des Tieres, kurz vor der Kloake, eine Hautfalte bildet, und an ihrem Grunde die innere Bauchwand tastend abfühlt. Ist es ein Männchen, findet man sofort einen zündholzlangen, verschiebbaren Körper, den Penisknochen."

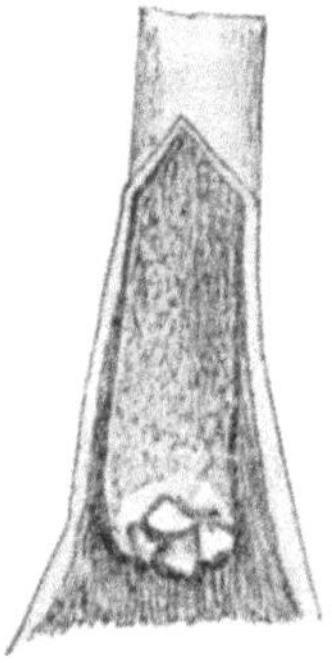

Abb. 44. Penis im geöffneten Vorhautschlauch. Nat. Gr. Nach Brandt und Ratzeburg

Bei den männlichen Genitalien ist besonders bemerkenswert das Auftreten eines *Uterus masculinus* (Abb. 42), der auch bei anderen Säugetieren vereinzelt vorkommt (Eber, Auerochs). Es handelt sich hier um den interessanten Fall einer Angleichung von Teilen der inneren Geschlechtswege des Männchens an entsprechende Organe des weiblichen Geschlechtsapparates. Nach Meisenheimer wächst ein Rudiment der Müllerschen Gänge, der *Sinus prostaticus (Vesicula prostatica)* „beim Biber *(Castor fiber)* in ein zweigeteiltes, mit seinen beiden lang ausgezogenen Zipfeln spitz endendes Gebilde aus, das nun in allem durchaus dem zweihörnigen *Uterus* des weiblichen Bibers gleicht, weshalb man ihm jetzt auch den Namen eines *Uterus masculinus* zu geben pflegt. Bei dem altweltlichen Biber *(Castor fiber)* erscheint er als das beschriebene voluminöse Organ, bei *Castor canadensis* fehlt jegliche Spur von ihm." Der von einem dünnen, keulenförmigen Knochen gestützte Penis hängt in einem langen Vorhautschlauch (Abb. 44), welcher der weiblichen Scheide vergleichbar ist; aus diesem Präputialschlauch ragt die äußerste Spitze der mit Längsrunzeln überzogenen Eichel in die Kloake hinein. Die Länge des Penis, von der Anwachsungsstelle der Vorhaut ab gemessen, betrug bei einem starken Männchen (Nr. 111) nur 3,5 cm.

Der für Nagetiere typische *Uterus duplex* der Weibchen hat beim Biber sehr lange, aber schmale Hörner, die bis an die unter den Nieren liegenden Ovarien reichen (Abb. 43).

In das distale Ende des Präputialschlauches mündet jederseits der Ausführungsgang eines Paares großer eiförmiger Drüsen, der Geilsäcke oder Castorbeutel *(Castoreum)*. Diese „Geilen" wurden von den alten Schriftstellern für die — tatsächlich viel höher liegenden — Hoden gehalten, wodurch sich ihre Namengebung erklärt. Morphologisch-physiologisch sind sie als Präputialdrüsen anzusprechen mit auffallend starker Sekretionstätigkeit. Sie sind bei beiden Geschlechtern vorhanden. Bei den Weibchen liegen sie analog. Ihre Ausführungsgänge führen hier in den unteren Teil der Scheide; nach Meisenheimer „lassen sie aber im Innern das sezernierende Drüsenepithel sehr bedeutend zurücktreten".

Größer und kompakter als die unter ihnen befindlichen Ölsäcke, differiert ihr Gewicht nach Alter und Geschlecht, wohl auch nach Jahreszeit, ziemlich erheblich. Die von Mertens und Fries angegebenen Höchstgewichte von 500 g bzw. 425 g für ein *Castoreum* dürften Ausnahmefälle sein, obwohl auch Brandt und Ratzeburg schreiben: „wir haben Säcke von 4″ (= 10,16 cm) Länge und darüber gesehen, die oft über 1 Pfund wogen, wie wir sie nirgends beschrieben finden“. Vielleicht handelt es sich in letzteren Fällen gar um Gewichtsfälschungen, die in damaliger Zeit von den Verfassern als nicht selten bezeichnet wurden. Mingaud fand als Höchstgewicht für frische Geilsäcke 230 g bei einem am 12. 11. 09 ihm eingelieferten Männchen von 44 Pfd. Gewicht und 1,15 m Gesamtlänge.

Beim Rhonebiber glaubt Gal eine interessante Beziehung zwischen dem Frischgewicht der Geilsäcke und dem Lebendgewicht des Tieres feststellen zu können. Ausgehend von der Erwägung, daß die Geilsäcke erst bei einem Lebendgewicht des Jungtieres von etwa 6 kg sich entwickeln und ein nennenswertes Gewicht besitzen, bestimmte er auf Grund eines Spezialfalles den Durchschnittszuwachs der Geilsäcke je kg Lebendgewicht (P^{kg}) mit 14 g und berechnet nun das Frischgewicht in g (p^{g}) nach der Formel: $p^{g} = (P^{kg} - 6) \cdot 14$. Mingaud bestätigt diese Formel. An Hand einiger Daten über eingelieferte Rhonebiber, die von ihm veröffentlicht sind, konnte ich mich ebenfalls von ihrer relativen Brauchbarkeit überzeugen. Für den Elbebiber trifft sie jedoch nicht zu; es scheint mir die Zahl 6 zu hoch gegriffen zu sein. Für drei Fälle (Nr. 36, 42, 84) würde sie abgewandelt werden müssen zu: $p^{g} = (P^{kg} - 5) \cdot 9$, während der Maximalfall (264 g) auch dann sich nicht einfügen will. Hier müßten erst noch genauere Untersuchungen über die Anfangszahl der Geilgewichte Klarheit schaffen.

Die beim erwachsenen Männchen von mir bestimmten Gewichte übersteigen nicht 264 g (Nr. 31), während sie bei Weibchen durchschnittlich geringer sind. Für unseren Elbebiber halte ich ein Schwanken um 200 g für das Normale.

Aus dem Winckell führt an, daß „das Bibergeil erfahrungsgemäß vom Eintritt der Vegetation und der Saftbewegung des Holzes bis Mitte Sommer am ausgebildetsten ist“. Seiner daraus gezogenen Folgerung, „daher sollte der Biber nur in den Sommermonaten (Mitte Mai bis Mitte August) erlegt werden“, stimmen wir allerdings keineswegs zu, schon weil dies die Zeit ist, wo die Weibchen die Jungen führen! In dieser Empfehlung scheint aber noch eine weitere Ursache des ungeheuren Raubbaues an den Bibern aufgedeckt zu sein.

Auffällig ist, daß bei im zeitigen Frühjahr (Januar bis März) eingelieferten Männchen die Geilsäcke nicht so voluminös und schwer wie sonst waren. Vielleicht ist dies durch ihre vermutliche Bedeutung zu erklären. Diese dürfte darin bestehen, daß ihr Sekret, ähnlich wie das der Zibetkatzen und der Bisamratten, zur Anlockung der Geschlechter dient, und die Männchen im Spätwinter zur Zeit der Brunst, als die aktiveren, reichlicher davon auf ihren Wechseln absetzen. Direkte Beobachtungen dieser Art liegen zwar für unsere europäischen Biber nicht vor, dagegen enthält hauptsächlich die amerikanische Literatur mancherlei Berichte, die dafür sprechen. Auf einer deutschen Farm mit kanadischen Bibern bemerkte Luchs das Absetzen von Bibergeil, „das sie, gedeckt im Schilf, mit einem hörbaren Geräusch, das wie ein Rülpsen klingt, von sich geben. Eigenartigerweise ist es immer dieselbe Stelle, die von verschiedenen Bibern dazu ausersehen wird.“ Man denkt hierbei unwillkürlich an die bekannte Hundegewohnheit des „Zeichnens“ durch Urinabsatz. So spricht Warren geradezu von Haufenzeichen (*sign heaps*), welche die Biber am Ufer oder im seichten Wasser an auffallender Stelle aus Schlamm bauen; sie haben einen Durchmesser von 1 Fuß und eine Höhe von 3 Zoll. Nach Morgan halten sich die Tiere in dieser so geschaffenen Castoreumatmosphäre stundenlang auf, spielend oder in der Sonne schlafend. Und erst als man in Amerika zu Ausgang des 18. Jahrhunderts erkannt hatte, daß man statt aller, sogar sorgsam geheimgehaltener Mixturrezepte mit Bibergeil fast mühelos anködern könne, setzte dort die Hochkonjunktur der Biberfänger ein. Dieses Sekret soll durch seinen durchdringenden Geruch eine derart starke Anziehungskraft ausüben, daß damit angelockte Tiere selbst kurze Zeit, nachdem sie sich aus einer tückischen Falle losgerissen hatten, wiederum dem Trapper in das Eisen gingen. Erschütternd in ihrer Schlichtheit wirkt hierzu die im Jahre 1794 von Thompson (bei Martin) aufgezeichnete Klage eines alten Indianers: „Die Biber sind wie besessen vor Gier nach dem Geil ihrer eigenen Art, noch mehr als wir auf den Branntwein. Wir töten jetzt die Biber völlig mühelos; so sind wir jetzt reich, werden aber bald arm sein, denn wenn die Biber vernichtet sind, haben wir nichts mehr zum Einhandeln für den Lebensbedarf unserer Familien.“

Bei der großen Bedeutung, die man früher dem Bibergeil zumaß, ist es nicht verwunderlich, wenn man die Castorbeutel mit großer Umständlichkeit beschrieb; von den festgestellten vier Häuten ist eine Muskelschicht hervorzuheben, durch deren Kontraktion das Bibergeil portionsweise nach dem Belieben des Tieres herausgepreßt werden könne. Der Inhalt der Geilbeutel ist beim lebenden Biber nach Gal eine milchige, dicke Flüssigkeit, die an der Luft bald salbenartige Konsistenz annimmt und sich gelblich verfärbt. Beim Trocknen wird sie rötlichbraun und verändert dabei auch ihre chemische Beschaffenheit. Der hierbei auftretende starke Geruch nach Phenol sei beim frischen Geil nicht vorhanden, vielmehr entstünde es erst bei einer postmortalen Zersetzung und verleihe ihm dadurch seine antiseptische Wirkung. Demgegenüber kann ich nur feststellen, daß bei allen, auch den frisch eingelieferten Tieren, die ich sezierte, sich der Phenolgeruch der Geilen stets aufdrängte. Gal gibt folgendes Analysenresultat:

Farbe: weißlichgelb	Verlust bei 100°	7,9	
Geschmack: süßlich, wie frische Butter	Extrakt durch Äther	88,4	
Geruch: charakteristisch, aber nicht stark	„ „ Alkohol	0,8	= 100
Gerinnung: bei 22°	„ „ Wasser	0,1	
Dichte: 0,85	„ „ Essigsäure	0,6	
Eiweißstoffe: 0,69 × 6,25 = 4,3%	Rückstand	2,2	
Aschenbestandteile: 0,25%			

Danach besteht das Bibergeil zu $^1/_{12}$ aus bei 100° flüchtigen und zu $^9/_{10}$ aus in Äther löslichen Substanzen sowie einem schwachen Rückstand; die Extrakte durch Alkohol, Wasser und Essigsäure sind nur geringfügig. Die von Gal zitierten

Analysen von Lehmann (Quelle nicht angegeben) unterscheiden sich wesentlich durch die in Alkohol und Äther löslichen Stoffe; er führt diese Differenz auf die Annahme zurück, daß es sich bei Lehmanns Untersuchungen um getrocknetes Bibergeil handele. Diese Analysen ergaben:

	Deutscher Biber	Russischer Biber	Kanadischer Biber
Extrakt durch Äther	7,4	2,5	8,2
,, ,, Alkohol . . .	67,7	64,3	41,3
,, ,, Wasser . . .	2,6	1,9	4,8
,, ,, Essigsäure . .	14,2	18,5	21,5
Rückstand	5,7	19,4	18,4
Eiweißstoffe	2,4	3,4	5,8
Insgesamt	100	100	100

Nach amerikanischen Analysen stimmen in ihrer qualitativen Zusammensetzung das europäische und kanadische Castoreum überein, differieren aber in der Menge des besonders charakteristischen Castoreum-Resinoid derart, daß man dies als Artunterscheidungsmittel ansehen zu können glaubt. Warren bringt folgende ausführliche Analysen[1]:

	Russischer Biber	Kanadischer Biber
Flüchtiges Öl	1,00	2,00
Castoreum resin.	13,85	58,60
Cholesterin	—	1,20
Castorin	0,33	2,50
Albumin	0,05	1,60
Leimsubstanz (Glutinous substance).	2,30	2,00
Extrakt löslich in Wasser und Alkohol . . .	0,20	2,40
Ammoniumkarbonat	0,82	0,80
Kalziumphosphat	1,44	1,40
Kalziumkarbonat	33,60	2,60
Sulfate von Pottasche, Kalzium, Magnesium	0,20	
Gallertige Substanz extrahiert durch Pottasche.	2,30	8,40
Gallertige Substanz extrahiert durch Pottasche in alkoholischer Lösung		1,60
Membranen, Schale usw.	20,03	3,30
Wasser und Verlust	22,83	11,70
Insgesamt	98,95	100,10

[1] Warren gibt an (1927), diese Analysen, die sich schon bei Martin (1892) finden, aus Watts Dictionary of Chemistry übernommen zu haben. Hagers Handbuch der Pharmazeutischen Praxis (1930) hat in einer mehr zusammenfassenden Angabe für die wesentlichen Bestandteile auch die gleichen Zahlen, sie lauten jedoch für das russische und kanadische Castoreum gerade umgekehrt. Da tatsächlich das russische (= europäische) Castoreum wegen seines reicheren Gehaltes an Castorin und Castoreum-Resinoid höher geschätzt und bewertet wurde, kann ich mir diese Unstimmigkeit nur dadurch erklären, daß die Kolumnenüberschriften bei Martin-Warren versehentlich vertauscht sind, die erste Spalte also für das kanadische, die zweite für das russische Castoreum gelten muß. Auch die ältere, bei Brandt und Ratzeburg (1829) verzeichnete Analyse des kanadischen Castoreum durch Brandes spricht für die Richtigkeit meiner Ansicht.

Die große Differenz in der Menge des Castoreum resinoid erklärt Mingaud (1895) dadurch, daß die amerikanischen Biber sich hauptsächlich von Hölzern nähren, die im Gegensatz zu der europäischen Hauptnahrung Weide (Rhonebiber) oder Birke (russischer Biber) reich sind an Balsamharzen; diese wirkten sich auf die Beschaffenheit des Geils aus[1]. Die bei Brandt und Ratzeburg zitierte Beobachtung von steinartigen Konkretionen in einem Geilsack durch Buchner kann ich bestätigen: bei einem alten, an Tuberkulose eingegangenen Weibchen (Nr. 54) fand ich, außer zahlreichen kleinen Verhärtungen in den Wänden beider Geilsäcke, drei freiliegende, bis taubeneigroße unregelmäßige Steine von sehr durchdringendem Castorgeruch und kastanienbrauner Färbung.

Gal veröffentlichte auch Analysen des Urins eines in der Gefangenschaft gehaltenen und mit Weidenzweigen gefütterten Bibers. Hierbei fällt am meisten die geringe Menge des ausgeschiedenen Harnstoffes auf, während die Zahlen für spezifisches Gewicht, Trockensubstanz und Aschenbestandteile recht hoch liegen. Seiner Tabelle entnehme ich zwei Beispiele:

	25. 11. 97	25. 5. 98
Gesammelte Menge	75	35
Harnstoff pro Liter	1,3	4,7
Stickstoff des Harnstoffes	0,61	2,28
Gesamtstickstoff	1,91 g	
Trockenextrakt	71,8 g	46,9
Aschenbestandteile	16,4 g	10,1
Spezifisches Gewicht	1034	1022
Schwefelsäure	1,3 g	
Kochsalz	1,6 g	

Über sonstige Unterschiede der Geschlechter enthält die Literatur meist nur die resignierende Angabe, daß sie nicht bestehen. Wiesel hat einige Hinweise positiver Art, die aber nach seinen eigenen Ausführungen, mangels ausreichender Untersuchungsobjekte, nicht überzeugen können. Da man sichere Geschlechtsbestimmungen auf Grund anatomischen Befundes nur bei einigermaßen frischen Tieren vornehmen kann, ist in der Tat das vorliegende Material immer noch verhältnismäßig spärlich. Während aber noch unter den 177 von Wiesel untersuchten Schädeln nur fünf als von Männchen und sechs als von Weibchen stammend nachzuweisen waren (!), konnte ich 27 Männchen und 26 Weibchen miteinander vergleichen.

Als sekundäre Geschlechtsmerkmale sind solche der Größe, des Schädels, des Beckens und der Kelle zu diskutieren.

Wie bereits im Kapitel: „Körperlänge und Gewicht" ausgeführt wurde, scheinen die Männchen im jugendlichen Alter etwas länger zu sein als die Weibchen, im höheren Alter hingegen umgekehrt die Weibchen die Männchen an Länge zu übertreffen. Diese Differenzen können indes auch lediglich auf individuellen Schwankungen beruhen.

[1] Dieser Erklärungsversuch, der sich offenbar auf Martin stützt, wird hinfällig durch die soeben nachgewiesene Vertauschung der beiden Analysenresultate.

Auf die gleiche Ursache möchte ich die von Wiesel beschriebenen Unterschiede zwischen größter Schädellänge und Basallänge, die in derselben Richtung verlaufen, zurückführen. Ebenfalls können minimale Differenzen in der Breite des knöchernen Gaumens nicht als Geschlechtsunterschiede angesprochen werden. Hingegen erfordert ein Vergleich der größten Schädelbreite — gemessen zwischen den Jochbögen — eine weitere Prüfung. Bei gleichalten Tieren ergeben sich hierbei nämlich etwas größere Plusdifferenzen zugunsten meist der Männchen auf mittleren Altersstufen (s. Tab.); es zeigt sich aber auch wieder die Erscheinung, daß in höherem Alter gerade bei den Weibchen ein Überwiegen dieses Maßes auftreten kann. Mithin dürfte die von Wiesel vermutete massigere Entwicklung des Schädels bei den Männchen noch nicht als einwandfrei erwiesen gelten können; es darf nämlich auch hierbei nicht außer acht gelassen werden, daß es sich doch durchgängig um geringfügigere Abweichungen unter einem Zentimeter handelt.

Größte Schädelbreite und Entwicklung der *Crista* bei Männchen und Weibchen gleichen Alters und gleicher Schädellänge

Nr.	Geschlecht	Alter	Größte Schädellänge	Größte Schädelbreite	Differenz für	Entwicklung der *Crista*
52 20	♂ ♀	$2^1/_4$ $2^1/_4$	130,6 130,6	86 90	♀ + 4,0	gleichmäßig
49 19	♂ ♀	3 3	143,4 142,3	101,4 93,0	♂ + 8,4	♂ stärker
77 92	♂ ♀	4 $4^1/_4$	151,7 151,8	100,0 102,9	♀ + 2,9	♀ stärker
72 33	♂ ♀	$4^1/_4$ 4	156,5 156,2	100,7 102,7	♀ + 2,0	♀ stärker
17 96	♂ ♀	$5^3/_4$ 6	159,8 159,1	107,0 102,4	♂ + 5,4	♀ stärker
108 69	♂ ♀	6 $5^3/_4$	160,4 161,0	105,5 105,0	♂ + 0,5	♂ stärker
85 41	♂ ♀	$6^3/_4$ $6^3/_4$	162,3 162,3	108,3 103,3	♂ + 5,0	♂ stärker
111 21	♂ ♀	7 $7^1/_2$	164,0 164,0	107,0 103,0	♂ + 4,0	♂ stärker
82 21	♂ ♀	$7^1/_2$ $7^1/_2$	164,8 164,0	110,2 103,0	♂ + 7,2	♂ stärker
78 54	♂ ♀	8 8	166,3 165,8	107,2 109,9	♀ + 2,7	gleichmäßig
86 54	♂ ♀	8 8	165,0 165,8	105,5 109,9	♀ + 4,4	gleichmäßig

Nach Jacobi ist beim männlichen Dachs die *Crista sagittalis* durchweg stärker entwickelt als beim weiblichen, was nach Schmidt ebenfalls in schwächerer

Ausbildung beim Marder angedeutet zu sein scheint. Dahingehende Nachprüfungen ergaben mir auch für den Biberschädel an allerdings nicht zahlreichem Vergleichsmaterial gewisse Unterschiede in der Ausbildung der *Crista* bei gleichalten Tieren ungleichen Geschlechts.

Bei drei Vergleichspaaren von eben erwachsenen Bibern im Alter von 4—6 Jahren (Nr. 77—92, 72—33, 17—96) war die *Crista* beim Weibchen stärker entwickelt als beim Männchen, während umgekehrt schon im Alter von 6 Jahren ab das Männchen eine stärkere *Criste* aufweist (Nr. 108—69, 85—41, 111—21, 82—21) und in hohem Alter (78—54, 86—54) wieder gleichstarke Ausbildung vorliegt. Eine Parallelität dieser Verschiedenheit der *Crista*stärke mit der größten Schädelbreite ist auf den einzelnen Altersstufen nicht durchgängig festzustellen. Nur so viel mag einem Vergleich zu entnehmen sein, daß beide Indikatoren beim männlichen Geschlecht im Alter von 6—8 Jahren konform gehen, während für das höhere und für das jugendliche Alter mit einem Überwiegen der größten Schädelbreite beim weiblichen Geschlecht höchstens eine gleichmäßige Entwicklung der *Crista* bei beiden Geschlechtern zu ersehen ist. Diese an bisher nur erst spärlichem Material gewonnenen Resultate können praktisch nicht als sichere Geschlechtsunterschiede in Frage kommen.

In Form und Größe des Beckens habe ich keine bemerkenswerten Unterschiede zwischen beiden Geschlechtern finden können. Die Angabe von Blasius, daß der Beckenausgang beim Männchen im Querschnitt vorn eckig, beim Weibchen dagegen fast ganz abgerundet sei — was er aber nur an je einem Skelett festgestellt haben kann —, vermag ich leider nicht mehr nachzuprüfen, da mein Skelettmaterial bereits der Vernichtung anheimgefallen war, ehe mir die Beschaffung der betreffenden Arbeit gelang.

Aus den in der Tabelle Kap. IV B ersichtlichen Maßen für die Länge der Kelle errechnet sich für darin bezeichnete erwachsene 9 Männchen eine Durchschnittslänge der Kelle von 31,5 cm, für 11 Weibchen dagegen von 32,9 cm. Ich möchte jedoch auch dieses Ergebnis lediglich als eine Andeutung eines Geschlechtsunterschiedes gelten lassen, da es noch zu unsicher und zu unbedeutend ist. Wenn aber Bailey besonders hervorhebt: „Die Form des Schwanzes und andere äußerliche Merkmale scheinen keine Beziehungen zum Geschlecht zu haben“, so ist er zwar der richtigen Spur nahegekommen, hat sie aber nicht gefunden. Denn tatsächlich bietet die Form der Kelle die einzige Möglichkeit, äußerlich Männchen von Weibchen zu unterscheiden, nicht mit Zentimetermaß und Prozentberechnung, sondern in unbefangener Gesamtbetrachtung.

Vergleicht man nämlich die Kellen von einwandfrei als Männchen und Weibchen bestimmten Tieren miteinander, so ergibt sich, daß die Kelle des Männchens an ihrer Wurzel am breitesten ist und von da aus sich meist gleichmäßig nach ihrer Spitze hin verjüngt; sie hat einen nahezu dreieckigen Umriß (Abb. 45). Dagegen ist die Kelle des Weibchens an ihrem proximalen Ansatz zunächst etwas eingezogen, verbreitert sich anschließend bis etwa zur Mitte oder zum ersten Drittel ihrer Länge und läuft dann allmählich bis zur Spitze wieder zusammen. Dadurch erscheint die weibliche Kelle eiförmig bis lanzettlich und durchweg schlanker als die männliche. Individuelle Abweichungen und Übergänge kommen auch bei diesem Merkmal vor; so ist bei jungen und sehr alten Tieren die Unterscheidung schwieriger, in manchen Fällen sogar unsicher. Hat man aber erst den Blick für diese Unterschiede geschärft, so wird man eine entsprechende Diagnose bei etwaiger Sektion des Tieres in den allermeisten Fällen bestätigt finden. Die praktische Bedeutung dieser Bestimmungsmöglichkeit liegt darin, daß man die Auswahl von Zuchttieren nun nicht mehr dem Zufall allein zu überlassen braucht und sich dabei unangenehmen Überraschungen ausgesetzt sieht. Mußte man doch einst in Potsdam um die Mitte des 19. Jahrhunderts, wo man einem gefangengehaltenen Bibermännchen ein Weibchen zugesellen wollte, zweimal nacheinander feststellen, daß die eingesetzten und jedesmal totgebissenen Partner Männchen waren!

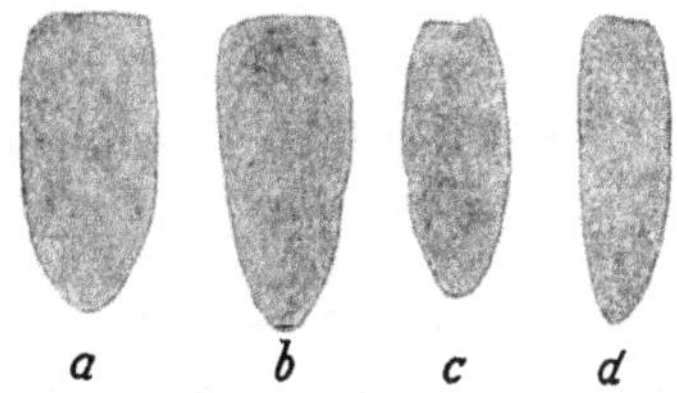

Abb. 45. Kellenformen. *a, b* Männchen, *c, d* Weibchen. Org.

Zwei Beispiele der Nutzanwendung meiner Bestimmungsmethode mögen ihre Brauchbarkeit weiter belegen. Das Museum A. König in Bonn bringt in einer Gegenüberstellung die Gipsabgüsse von Kellen des Elbe-, kanadischen und Breitschwanzbibers (Taf. 6); davon die erste und dritte von Weibchen, während das Geschlecht des mittleren Tieres unbekannt sei. Ohne das Begleitschreiben zu diesen Abbildungen, die ich der Liebenswürdigkeit der Museumsleitung verdanke, schon gelesen zu haben, sprach ich die beiden ersten sofort als Weibchen an, während mir für den Breitschwanzbiber leider kein Vergleichsmaterial zur Verfügung steht, um die anscheinend ganz abweichende Kellengröße und -form bei beiden Geschlechtern beurteilen zu können. — Die beste, in der Literatur mir bisher bekannt gewordene Abbildung, in welcher die Geschlechtsunterschiede in der Form der Kelle deutlich hervortreten, finde ich in Martins Castorologia. In der dort S. 186 reproduzierten, künstlerischen biologischen Gruppe hat der Präparator unbewußt im Vordergrunde ein Männchen mit der breiten Kelle und rechts davon ein schneidendes Weibchen mit schlanker Kelle richtig zur Darstellung gebracht.

V. BIOLOGIE

A. Der Biotop

Das mittlere Elbegebiet repräsentiert den Biotop (Typ des Lebensraumes), der unserem Biber zusagt, in mannigfachen Abwandlungen. Sie bildeten sich in jahrtausendelanger Entwicklung heraus, alljährlich fast mit neuen Modifikationen der an der Landschaft nagenden oder sie durch Ablagerungen aufbauenden Kraft des lebendigen Wassers, in historischer Zeit aber gehemmt und gebändigt durch Dämme, Buhnen und Uferbefestigungen der Stromregulierung. Was Menschenhand und Menschenkunst hier der Schiffahrt als sicheren Weg, der Landwirtschaft als ertragreiche Wiese, der Siedlung als Hochwasserschutz, der Industrie als günstiges Hafengelände schufen, änderte zwar das Gesicht der Landschaft in einzelnen Zügen ab, konnte aber zum Glück ihren Grundcharakter nicht auslöschen. Immer wieder setzt sich die schaffende Macht der Natur durch und gibt damit ihren Einzelformen Lebensraum und Wachstumsmöglichkeit, daß auch sie sich gegenüber dem Menschen behaupten können.

Der ursprüngliche Biotop, wie wir ihn noch fast allerwärts erkennen, ist bedingt durch die nacheiszeitliche Gestaltung der Landschaft. Ein breites Urstromtal ist durch die Schmelzwässer der Gletscher ausgewaschen und eingeebnet, die vielfach mehrere Kilometer breite Elbaue. In ihr erscheint der jetzige Strom im Vergleich zu den gewaltigen Ausmaßen damaliger Zeit fast als Rinnsal; in zahlreichen Windungen schlängelt er sich dahin, seine Schleifen umfließen die im Grün üppiger Wiesen prangenden Luche. Bald schmiegt er sich einem Steilrande so eng an, daß nur noch eine schmale Geröllbrücke ihn am weiteren Abnagen hindert, bald sind beide Ufer so flach, daß lediglich 1—2 m Höhenunterschied dem Wasser den Zutritt zum Wiesengelände zu wehren vermögen (Taf. 8). Buhnenköpfe ragen weit hinein, von Faschinen gefestigt oder mit Steinen abgepflastert; zwischen ihnen lagert der Strom weiche Sandbänke dem Ufer an. Der Zone des zunächst feuchten, dann trockenen feinkörnigen Sandes folgt ein üppiger Gras- und Simsenwuchs, begleitet von saftigen Kresserasen und anderen feuchtliebenden Kräutern. Das Gepräge aber erhält diese Flora durch die Weidenbüsche, die ehemals als dichte Werder, heute leider vielfach nur noch als kleinere Gruppen, die Ufer säumen. An ihnen winden sich der wilde Hopfen und die schmarotzenden „Seiden“ empor. Brennesselwiesen schieben sich ein, und wo sumpfiger Untergrund ist, recken sich Kolben-Schilfstengel und Rohrhalme empor.

Dieser Biotop des unmittelbaren Flußufers erfährt eine Variation an der schmaleren Mulde und Saale, wo nur flache Streifen einer Uferflora das langsamer dahinfließende Gewässer säumen (Taf. 8); aber auch hier sind Weidenheger die ursprünglichen und an der Mulde sogar noch die häufigen Begleiter. An den kleineren Bächen, wie etwa der Nuthe im Zerbster Gebiet (Taf. 8), kennzeichnen dann die aus den Weidenbüschen zurechtgestutzten Kopfweiden den sich windenden Verlauf des mit allerlei Kräutern und Gräsern bestandenen Ufers, das direkt in die benachbarten Wiesen oder Äcker übergeht.

An vielen Stellen der Elbe ist der flache Uferstreifen so breit und weist landwärts so geringe Steigung auf, daß er alljährlich durch das Hochwasser überflutet wird. Wenn dann die Wasser sich wieder verlaufen haben, hinterlassen sie in natürlichen Unebenheiten oder in durch Strudel ausgewaschenen Trichtern größeren Umfanges die „Kolke", die allmählich so vertieft werden, daß sie dauernd mit Wasser gefüllt sind. Diese gewissermaßen unter unseren Augen heute noch entstehenden Altwässer reihen sich verschiedentlich dicht aneinander; als Verbindungsbrücken benutzt sie der Biber gern bei seinen Wanderungen, wie die im weichen Schlick sich eindrückenden Spuren verraten (Taf. 9). Ihre Ränder sind kahl, aber zwischen ihnen begegnet uns wieder die üppige Flora des Stromufers (Taf. 9).

Landeinwärts schließt sich an diese Formation ein breiter Wiesengürtel, der seine Fruchtbarkeit den vom Hochwasser abgesetzten Sinkstoffen verdankt und dem Landmann einen doppelten Schnitt (Heu und Grummet) ermöglicht. Als Vorposten entsendet der Auenwald hierher einzelne Eichen, Wildbirnen oder Eschen, die ihre knorrige, buschige oder schlanke Eigenart des Wuchses nun besonders entfalten können und der Landschaft einen fast parkartigen Charakter verleihen, der sich auch weiter durch Gruppen von Bäumen in ungemeiner Mannigfaltigkeit und Schönheit ausprägt. Manche dieser Baumriesen sind jahrhundertelang von der Axt verschont und haben wegen ihrer bizarren Form oder ihres ehrwürdigen Alters im Volksmunde besondere Namen bekommen (Pfeifeneiche, Großmuttereiche). Zu allen Jahreszeiten liegt über der offenen Landschaft eine Feierlichkeit besonderer Art — diese Elbaue ist ein Naturpark ohnegleichen.

Kulissenartig wird die Wiesenformation vielfach abgeschlossen durch einen mehr oder weniger breiten Gürtel des Auenwaldes, der seine Üppigkeit ebenfalls durch das befruchtende Hochwasser der Elbe erhält, das ihm allerdings zuweilen in seinem Ungestüm manche Wunde an Stamm und Borke schlägt. Es ist ein typischer Mischwald mit hochaufragenden Eichen, Rüstern, Pappeln, Eschen, selbst mit einzelnen Roßkastanien und Linden, der unterbaut wird von einem Geschlinge von Hopfen und Brombeeren und einem Gewirr von Sträuchern, wie Haselnuß, Weißdorn, Hartriegel. Dem Lichte zustrebend, treiben Hartgräser meterhohe Stengel, klettern Labkräuter im Gesträuch empor, so daß der Wanderer sich nur mühsam einen Weg hindurchbahnen kann — ein Urwald im Mittelelberaum (Taf. 9)! Bis in diese Waldformation dringt auch der Biber vor; ihm bietet die Mannigfaltigkeit des Biotopes Lebensmöglichkeiten der verschiedensten Art, denen er sich geschickt einzufügen weiß.

Auch an stehenden Gewässern siedelt er sich an, wenn sie seinen Ansprüchen genügen und er sich hier ungestört fühlt. Besonders die Altwässer der Elbe werden von ihm bevorzugt, langgestreckte Schlenken oder schmale Seen, die im Urstromtal noch heute davon zeugen, wie einst der ungebändigte Strom bald hier, bald dort ein neues Bett suchte, wenn er sich selbst durch seine eigenen Ablagerungen den Weg verbaut hatte. In ihrer Abgeschiedenheit wirken diese „alten Elben“ besonders stimmungsvoll. Wo Pflanzenwuchs ihre Ufer säumt, ist ihm das leuchtende Rot der Blutweiderichähren (*Lythrum salicaria* L.) eingewebt, hebt sich der Goldfelberich (*Lysimachia vulgaris* L.) über seinen unten entlang kriechenden Vetter, das Pfennigkraut (*Lysimachia nummularia* L.), empor, und da und dort wiegen die schlanken Stiele des Wasserliesches (*Butomus umbellatus* L.) ihre keuschen Blütendolden. Hierhin haben sich auch allerlei Wasservögel zurückgezogen, denen wir an der Stromelbe mit ihrem lebhaften Verkehr nicht mehr begegnen; mancherlei gefiederte Durchzugsgäste finden da alljährlich ihren Rastplatz.

Vielfach verlanden diese Gewässer; sie bieten dann dem Naturfreund reiche Möglichkeiten zu interessanten Beobachtungen. So mag uns vom Steilrand des Urstromtales durch den dürren Kiefernwald ein Pfad hinab an den „Saarensee“ bei Klieken führen. Ein Erlenbruch umgrenzt sein schmales Ende; zwischen den Büschen der immer wieder sich verjüngenden Stöcke glitzern aus den Bülten die Lichter des Wassers heraus. Daran schließt sich ein dichter Wald von schlanken Rohrstengeln, aus dem das Schmatzen des Drosselrohrsängers herausklingt, und nun öffnet sich der Blick auf die freie Wasserfläche. Wie grüne Herzen liegen ihr hier und da die Blätter der Seerose auf, zwischen denen die weißen Blütenkelche herausschauen. Mittwärts bedeckt sie eine Wiese von Laichkrautblättern, und einzeln davor glänzen die rötlichgrünen Rosetten der Wassernuß (*Trapa natans* L.), eines eiszeitlichen Reliktes, das hier in dem Altwasser eine letzte Zufluchtsstätte gefunden hat. Am Ufer sehen wir dazu eine weitere Kostbarkeit, ebenfalls ein Relikt, den zierlichen Wasserfarn (*Salvinia natans* All.) mit seinen beiden Schwimmblättern. Ist es Zufall, daß sich diesen urtümlichen Pflanzen in urtümlicher Landschaft auch das urtümliche Tier, der Biber, zugesellt? v. Linstow weist darauf hin, daß die seltenen Standorte der Wassernuß, hier allgemein „Spitznuß“ genannt, vielfach im Bibergebiet liegen, was wir auch für unser Mittelelbegebiet bestätigen können; anderseits kann da, wo *Trapa* heute noch vorkommt, ohne daß Biber dort leben, auch für geschichtliche oder vorgeschichtliche Zeiten der Biber fundmäßig belegt werden. Daß er die Wassernuß, namentlich ihre Früchte, gelegentlich verspeist, ist sicher; ob sie aber in ihrer Verbreitung auf den Biber angewiesen ist, scheint mir zweifelhaft. — Der Baumbestand an unserem Saarensee beschränkt sich auf einen schmalen Uferstreifen unterhalb des Steilrandes. Es sind vorwiegend Stieleichen mittleren Alters, einige hohe Birken und Eschen, hier und da mischt sich eine Kiefer oder Weißbuche ein sowie Haselnußbüsche und durch Vögel hier angesiedelte Holundersträucher. Weiden hingegen fehlen gänzlich.

Selbst das flache Wiesengelände an Altwässern wird zuweilen vom Biber bewohnt, wo er dann allerdings zum Hochbau übergehen muß; die von ihm gebahnten Wechsel im unmittelbaren Vorfeld des Baues gleichen kleinen Wasserrinnen und machen ein Näherkommen für den Menschen nahezu unmöglich. Aber sie dienen dem Biber als Verbindungswege nach den Äsungsstellen am nahen Waldesrande; von hier aus schleppt er auch das Bauholz für seine „Burg" heran.

Durch hier sonst nicht gerade erwünschte Flußregulierungen können zuweilen sogar neue, dem Biber zusagende Wohngebiete erstehen. So wurde südöstlich von Magdeburg einer häufig drohenden Überschwemmungsgefahr durch Anlage eines Umflutkanals vorgebeugt, wodurch ein bis dahin von der Schiffahrt benutzter alter Elblauf totgelegt wurde. Ausgedehnte Weidenheger begleiteten hier die Ufer, die sanft ansteigen und in weite Laubwälder übergehen. Dieses Dorado nahmen nach kurzer Zeit die Biber an, während sie bis dahin der lebhafte Schiffsverkehr ferngehalten hatte — ein sprechender Beweis dafür, daß nicht allein der Biotop für die Wahl des Wohngebietes maßgebend ist, sondern auch noch andere Bedingungen hinzutreten müssen.

Unter diesen ist eine der wichtigsten die Ruhe des Geländes, genauer: der dortige Schutz vor dem Menschen, den der Biber als seinen fast einzigen Feind zu fürchten hat und instinktiv auch meidet. Namentlich gegen plötzliches und überraschendes Zusammentreffen mit ihm ist er sehr empfindlich, während er sich an regelmäßige und gleichmäßige Geräusche schnell gewöhnt. Beispielsweise hatte er sich bei Dessau unterhalb einer viel befahrenen Eisenbahnbrücke häuslich eingerichtet und ließ sich auch durch den lebhaften Straßenverkehr einer benachbarten Brücke nicht stören; pünktlich zur gewohnten Stunde erschien er zur Runde in seinem Kolk. Wenn einzelne Biber auch den Menschen nicht scheuen, so müssen wir dies oft auf eine durch Krankheit bedingte geringere Vitalität zurückführen.

Wie bereits beim Kapitel „Verbreitung" erwähnt wurde, ist nicht jedes Gewässer, auch wenn es bewachsene Ufer hat, für den Biber geeignet. So meidet er das starke Gefälle der Gebirgsbäche; der alte Konrad Geßner hat schon recht, wenn er in seiner prägnanten Ausdrucksweise (1551) schreibt: „an Thonaw/Reyn/Naecker/ und andern wassern, wo sy still laufen in lättigem grund / da findt man auch vil".

Aber auch das für den Biber unentbehrliche Lebenselement kann ihm verhängnisvoll werden, wenn Hochwässer einsetzen oder in harten Wintern die Eisschollen sich auftürmen. Zuweilen kommt namentlich im Frühjahr bei der Schneeschmelze das Hochwasser überraschend schnell und verwandelt das Urstromtal der Elbe in einen strömenden See, aus dem hier und da noch einzelne Erhebungen und die Köpfe der Weiden herausragen. Hierhin muß sich der Biber, aus seinem Uferbau vertrieben, flüchten.

Die Natur nachahmend, hat man nun ähnliche Vorsorge für solche schlimmen Zeiten getroffen durch Anlage von Biberrettungshügeln. Am zweckmäßigsten wird ein solcher in der Nähe eines befahrenen Baues errichtet und so hoch aufgeführt, daß er noch etwa zwei Meter über den Hochwasserstand hinausragt. Natürlich muß er so fest gebaut werden, daß auch starke Strömung ihn nicht hinwegreißen kann. Darum gibt man zunächst als Unterlage eine dicke Lehmschicht und führt in dieser, vom Wasser aus ansteigend, eine breite Rinne aufwärts, die seitlich und oben durch Holzknüppel und Pfähle befestigt wird. Sie mündet in den hoch liegenden Kessel, dessen Seitenwände und Decke ebenfalls faschinenartig durch Reisig ausgesteift werden. Auf diese künstliche Biberburg kommt dann eine starke Lage von Reisig und darüber eine Erddecke, so daß das Ganze wie ein riesiger Maulwurfshaufen aussieht (Taf. 31). Wie sehr man mit solchen Biberrettungshügeln den Ansprüchen des Bibers entgegenkommt, beweist die wiederholt gemachte Beobachtung, daß sie sogar schon in normalen Zeiten als Wohnung benutzt werden.

So gewandt der Biber im Wasser sich bewegt, ist doch seine Ausdauer dabei nicht unbegrenzt, und dies ist manchem zum Verhängnis geworden, der das rettende Ufer nicht mehr erreichte oder von unvernünftigen Menschen immer wieder in die Fluten zurückgetrieben wurde. Wenn gar dicke Eisschollen vom Wasser mitgeführt werden und diese sich auf- und übereinander schieben, erfordert es eine nicht von jedem Tier aufgebrachte besondere Geschicklichkeit, zwischen diesen hindurchzuschwimmen (Taf. 30). Selbst dichte Schneemassen bringen zuweilen Gefahren, indem der Biber, beim Suchen nach Äsung tief durch sie hindurchwatend, wohl vom Wege abkommt oder an die eisfreien Abwässergräben der Fabriken und damit in den Bereich der menschlichen Siedlungen gerät.

Eine vom Biber selbst bewirkte Veränderung und — im Bibersinne — Verbesserung seines Biotopes erfolgte ehemals oft genug durch seine Dammbauten, für die wir von seinem amerikanischen Vetter noch heute besonders anschauliche und auffällige Beispiele kennen (s. das Kapitel „Dämme"). In der Ökologie der Tiere bedeutet dies den wohl einzigartigen Fall, daß der Charakter einer Landschaft durch Eingriffe einer Tierart grundlegend umgestaltet wird.

B. Lebensgewohnheiten

Wer in einem Zoologischen Garten einen Biber beobachten will, wird im allgemeinen recht enttäuscht werden. Er sieht ein anscheinend stumpfsinniges Tier, das in einer Ecke vor dem versperrten Eingang zu seinem künstlichen Bau kauert oder in einer Vertiefung des Geheges schläft. Gegen Abend wird es etwas regsam, aber von seiner nächtlichen Betriebsamkeit vermittelt es damit auch nur einen schwachen Eindruck. Ähnlich ergeht es dem gelegentlichen Besucher unseres Gebietes, der so im Vorbeigehen sich mal einen Biber vorführen lassen möchte und schließlich damit zufrieden sein muß, wenigstens überzeugende Spuren seines Daseins und Wirkens feststellen zu können. Denn es erfordert mancherlei Entsagung, Zeit und Geduld, dazu noch etwas Glück, ihn in freier Wildbahn auszumachen und zu belauschen.

Der Biber ist ein nächtliches Tier, das sich tagsüber meist in seinem Bau aufhält. Nur wo er sich völlig ungestört fühlt, kehrt er morgens wohl später dorthin zurück und verläßt ihn gelegentlich auch bei Tage, um sich zu sonnen oder ein kühles Bad zu nehmen. Hierbei bleibt er aber in schnell erreichbarer Nähe seines Unterschlupfes. So kann man ihn wohl mal überraschen, wie er in einer Sasse liegt, wie ein Hund zusammengerollt, unter Umständen stundenlang und zuweilen so unbekümmert, daß man sich ziemlich nahe heranschleichen kann. An den Stillingen bei Dessau, einem Altwasser, fanden wir beiderseits eines befahrenen Uferbaues fünf bis sechs solcher sommerlichen Ruheplätze in kurzen Abständen voneinander; an einer anderen Stelle sahen wir einem schlafenden Biber am Rande eines schmalen Grabens von der gegenüberliegenden Seite aus längere Zeit zu, ohne daß er uns bemerkte.

Im allgemeinen kommt er aus seinem Bau erst mit sinkender Sonne, dann aber mit großer Pünktlichkeit. Vorsichtig windend schaut er heraus; erst nach wiederholter Sicherung wagt er den Ausstieg und watschelt gemächlich dem Wasser zu. Den Weg dorthin hält er mit gewohnter Regelmäßigkeit inne. Der so entstandene Wechsel, niedergetretene Ufergräser und durch seine Körperlast muldenartig eingedrückter Schlamm, ist eine auffallende Spur seiner Wirksamkeit (Taf. 10). Zuweilen zeugen aber fast strahlenartig vom Bau ausgehende Wechsel davon, daß er sein Wohngebiet genau kennt und nach verschiedenen Richtungen zu durchstreifen weiß. Am Ufer des Kolkes angekommen, sichert er nochmals und gleitet dann geräuschlos in sein nasses Element, das ihm müheIosere Bewegung gestattet als der Weg über Land. Um ihn hier beim sinkenden Abendlicht überhaupt noch zu erkennen, muß der Beobachter scharf auslugen, denn jetzt liegt der Biber ausgezeichnet in Deckung; das stimmungsvolle Photo auf Taf. 2 gibt diese Schwierigkeit des Erspähens wieder. Ein paar Runden werden nun geschwommen in langsamem Tempo, wobei der Kopf zur Hälfte herausschaut und die kurzen Ohren nach vorn aufgerichtet sind (Taf. 2). Am jenseitigen Ufer hat er seinen Ausstieg, in dem er vorsichtig und fast unbeholfen emporklettert. Das Erste ist beim Landen ein kräftiges Abschütteln des Wassers aus den zu Strähnen zusammengeklebten langen Grannenhaaren; in kürzester Zeit sind sie wieder seidigglänzend und trocken. Kleinschmidt beobachtete, wie er sogar, auf den Hinterbeinen sich aufrichtend, mit den Vorderpfoten das Wasser von der Bauchseite abstrich.

Der weiche Uferschlamm, durch den er nun wandert, hält ein getreues Abbild seiner Pfoten fest. Beim langsamen Gehen erreichen die Hinterpfoten nahezu die Tritte der stark einwärts gesetzten Vorderpfoten (Taf. 11) oder überdecken diese (Taf. 11); beim Traben dagegen überfliehen sie etwas die Vorderpfoten. Die Trittsiegel der Vorderbeine sind verhältnismäßig schmal, dafür die der Hinterfüße um so charakteristischer mit ihren breiten, schwanenfußartigen Flächen der abgezeichneten Schwimmhäute und den davorliegenden Krallenabdrücken (Taf. 11).

Nun wird zunächst einmal der Hunger gestillt: ein Weidenbusch bietet ihm leckere Nahrung. Meist aber werden die abgeschnittenen Zweige nach einer bequemeren Stelle am Wasser geschleppt und hier erst benagt; schon von weitem verraten die weißleuchtenden Knüppel derartige Fraßplätze, die auch Bibersitze genannt werden (Taf. 13). An der Stromelbe führen die abendlichen Ausflüge den Biber gewöhnlich weiter, häufiger stromab als aufwärts, vielfach auch nach dem gegenüberliegenden Ufer, denn in unmittelbarer Nähe seines Baues äst er nur in Zeiten der Not. Je abwechslungsreicher er im Sommer seinen Speisezettel zu gestalten sucht, um so mehr schweift er in seinem Äsungsgebiet umher; immer aber hält er sich in möglichster Nähe des ihn bei Gefahr rettenden Wassers.

Mit dem schnellen Anwachsen der Städte sind nun viele Biber mehr und mehr in Berührung mit dem Menschen gekommen und haben sich hier so an ihn gewöhnt, daß man sie als dreist bezeichnen muß; vielfach wird ihnen allerdings diese ihre Harmlosigkeit zum Verhängnis. So zog in einer Vorstadt von Dessau regelmäßig ein Biber bereits gegen Abend aus der Mulde in einen Hausgarten, um an Kohlköpfen zu äsen. Weder durch sich ansammelnde Zuschauer noch auch durch Verscheuchen ließ er sich wegjagen; nur als man ihm ein Fangnetz überstülpen wollte, wurde er ungemütlich und wußte seinen Angreifer abzuschrecken, kehrte jedoch am anderen Tage sorglos wieder ein, bis er zwangsweise umquartiert werden konnte. In einer Flußbadeanstalt mußte gar der Bademeister durch einen Warnungspfiff auf einen regelmäßig erscheinenden Biber aufmerksam machen, weil dieser sein Wohnwasser gegen die Schwimmer tatsächlich durch Beißen zu verteidigen versucht hatte. Dieses merkwürdige Gebaren möchte man fast Instinktdegeneration nennen; zum mindesten charakterisiert es ein erzwungenes oder unnatürliches Abweichen von dem normalen Verhalten in urtümlicher Wildbahn. Auch bei amerikanischen Bibern, die in dem Reservat des Yellowstone-Parkes leben, stellte Warren fest, daß einzelne Tiere, selbst wenn sie Junge führten, keine Scheu vor nahen Zuschauern zeigten.

Wie die meisten Nagetiere sind die Biber gesellige Wesen. In den weiten, urwaldartigen Fluß- und Seengebieten Nordamerikas finden sie heute noch dementsprechende, ausgedehnte Wohnplätze ohne gegenseitige Beengung und ohne Bedrängung durch den Menschen. Truppweis leben sie hier zusammen, und bei Neubegründung einer Familie machen sich die Jungtiere in der Nachbarschaft heimisch. Man darf sich indes, etwa verleitet durch die ehemalige Häufigkeit der Biber und dadurch erklärliche Übertreibungen in der Darstellung älterer Autoren, solche „Biberkolonien" nicht mit Dutzenden von Tieren besetzt vorstellen. Schon Morgan gibt an: „Für ganz Amerika gilt es als auf Beobachtung gegründete Trapperregel, daß die Zahl der Biber eines Teiches mit acht Stück pro Hütte nebst einer Zugabe für die Höhlenbewohner zu berechnen sei." Nach Fries würde ein beschränktes Wohngebiet für eine größere Kolonie in kurzer Zeit an Fraßholz derart erschöpft sein, daß sie sich umsiedeln müßte. Bradt spezialisiert dies dahin, daß 1 Acre (= 40,5 ar) Pappeln eine Biberkolonie ein bis zweieinhalb Jahre ernähren könne. Fries folgert kurzerhand, daß „eine Kolonie demnach in der Regel ganz einfach eine Familie ist". Auch nach Bradt besteht eine typische Biberkolonie aus einer geschlossenen Familie mit dem Elternpaar, den im vorigen Jahr geborenen Jährlingen und den Jungen des laufenden Jahres. Eine Verbindung der Ansichten dieser beiden Autoren dürfte, wenigstens für die amerikanischen Verhältnisse, zu einem wahrscheinlichen Durchschnittswert von acht bis zehn Tieren, je nach Größe der Gewässer, führen. Bradt gibt als Mittel von 57 genau untersuchten Kolonien sogar nur 5,1 an.

Für diesen Geselligkeitsbetrieb mag auch der Warnungsschlag der Kelle auf das Wasser bei drohender Gefahr von Bedeutung und Wirkung sein. Es wird in der amerikanischen Literatur sehr oft darauf hingewiesen, daß ein einziges Aufklatschen genüge, um die ganze Gesellschaft sofort untertauchen zu lassen. So würde dieses Geräusch dem Signal der Murmeltiere oder dem Schrecken der

Rehe entsprechen mangels einer anderen Verständigungsmöglichkeit unter den Bibern, namentlich bei Nacht.

Denn eine weithin vernehmbare Stimme bringt der zwar wohlentwickelte Kehlkopf nicht hervor; nur Bailey gibt an, daß eine Bibermutter ihre säugenden Jungen mit einem wie bei geschlossenen Lippen ausgestoßenen, langgezogenen o-o-o-Laut heranlockte. Vom bedrängten Einzeltier kann man höchstens ein Fauchen, Knurren oder Zähneknirschen als Ausdruck des Unwillens oder der Abwehr hören. Leighton allerdings unterscheidet bei seinen gefangenen Bibern sieben verschiedene Arten von Lauten: Zischen, Wimmern, Schreien, Locken, Zirpen, einen Nasal- und einen Kehllaut.

Unsere mitteleuropäischen Biber sind, im Gegensatz zu ihren neuweltlichen Vettern, unter dem Zwange der Kultivierung ihres Wohngebietes zum Einsiedlerleben übergegangen, das höchstens noch eine Familie zeitweis zusammenhält und manche Gewohnheiten einschlummern ließ. Dadurch erklärt es sich, daß man selten mehrere Biber auf engem Raume beobachten kann. Männchen und Weibchen wohnen zwar in einem Bau zusammen, aber im Frühjahr quartiert sich das Männchen in einen benachbarten Bau um und überläßt den bisherigen dem Weibchen als Wochenstube. Auch die vorjährigen Jungen werden zeitweise umlogiert. Sie sind dann schon einigermaßen selbständig, folgen jedoch noch den Eltern zu ihren gemeinsamen Ausflügen; unweit Dessau konnten wir von einer Brücke aus längere Zeit hindurch hierbei Zuschauer sein. Der amerikanische Biberforscher Morgan überraschte sogar „auf einer hellen, dem Wasser jedoch immerhin möglichst nahen Lichtung die ganze Gesellschaft in ausgelassenster Munterkeit, wobei sie ihre Castorbeutel unwillkürlich oder willkürlich zu entleeren scheinen; wenigstens duftet nachher der ganze Spielplatz derart nach Bibergeil, daß derselbe von den Trappern den Namen ‚Bisamsumpf' erhalten hat". Die ersten Exkursionen der diesjährigen Jungen in die nähere Umgebung werden von den Alten sorgsam geleitet; am Fraßplatz kann man an der Enge der Nagespuren junger Weidenzweige ihre Nageversuche erkennen. Im Sommer findet sich dann die ganze Familie wieder zusammen. Sie besteht jetzt aus den beiden Alten, den vorjährigen und den diesjährigen Jungen, mithin 6—8 Tieren. Vielleicht bindet sie der Familiensinn auch noch den Winter hindurch aneinander, soweit die Raumverhältnisse im Bau es zulassen; andere Vorjährige fühlen sich aber wohl schon im Herbst selbständig genug, um eine eigene Wohnung zu beziehen oder herzurichten.

Der Herbst ist für die Biber eine Zeit intensivster Arbeit, denn es müssen Vorbereitungen für den Winter getroffen werden. Mancherlei Schäden am Bau, die im Sommer kaum fühlbar waren, sind auszubessern, vor allem Undichtigkeiten zu beseitigen, durch die der Herbstwind hindurchfegen und die winterliche Kälte eindringen könnte. So wird allerlei Bauholz herangebracht, hauptsächlich vom Männchen, und vom Weibchen aufgeschichtet, auch werden Fugen und Löcher mit Grasbüscheln oder Schlamm verstopft. Dürres „Leseholz" wird dabei verschmäht; es muß frisches sein, und das gilt es zu beschaffen. Es setzt jetzt eine Periode des Holzfällens ein, die durch den größten Teil des Winters hindurchgeht, wie Frost und Schnee es gestatten (siehe Kapitel: „Nagen und Holzfällen").

Gleichzeitig liefert sie den Vorrat des für den Winter erforderlichen Fraßholzes. Die Menge des letzteren ist recht verschieden. Ich habe im Dezember befahrene Baue gefunden, vor denen keine nennenswerte Stapel aufgesammelt waren; vor anderen wieder lag in anderen Jahren ein 3—5 m langes Holzfloß verankert. Friedrich [5] sah eine schwimmende dichte Decke von ca. sechsjährigen geschnittenen Weiden 8 m weit in die Elbe hinausreichen, die in Verbindung mit einer nahen Biberburg stand; auch auf dieser war frisches Fraßholz aufgebracht. Ebenso war in einem Altwasser (untere Abbildung auf Tafel 12) eine solche Vorsorge für den Winter in sogar noch umfangreicherem Maße getroffen. Infolge der Strömung werden an Flüssen derartige Futtervorräte immer etwas im Wasser flottieren, und es kann vorkommen, daß eine plötzlich einsetzende Hochwasserwelle die ganze Reisigdecke wegführt. In stehenden Gewässern dagegen werden die auf dem Wasserwege herangeschleppten Knüppel und Zweige vom Grunde aus aufgeschichtet, und zwar so fest ineinander, daß eine beträchtliche Menge untergebracht wird. Das obere Photo der Tafel 12 gibt eine anschauliche Vorstellung davon, wie viele solcher Knüppel erst einmal zusammengetragen werden, ehe ihre Verstauung beginnt. „Im Bibergebiet der Rhone, wo man den Winter in der bei uns auftretenden Strenge nicht kennt, häuft der Biber niemals derartige Reisigmassen an“ (Friedrich [6]).

Bei der geselligen Lebensweise der amerikanischen Biber und den dortigen teilweise sehr strengen Wintern ist es nicht verwunderlich, wenn wir bei Warren lesen, daß er in Colorado einen Weidenstapel vor einem Bau fand, der 3—8 Fuß (= 0,9—2,4 m) lang, im Wasser vom Grunde bis zur Oberfläche 4 Fuß (= 1,2 m) tief war, und sich über 100 Fuß (= 30 m) weit an dem Ufer hinzog. Rills berechnet für einen 3 Fuß tiefen und 124 Fuß im Umfang messenden Vorratshaufen, daß dazu 732 junge Espen und einige Hundert Weidenzweige herangeschleppt wurden.

Daß diese Holzmengen in erster Linie für die Ernährung während des Winters bestimmt sind, geht daraus hervor, daß sie im Laufe desselben allmählich entrindet werden, wobei sich allerdings meist ergibt, daß die Vorsorge größer war als der Bedarf. Das hat aber den Vorteil der Möglichkeit einer Auswahl, denn die frischen Zweige, die unter Wasser lagen, munden dem Biber besser; überständige vom vorigen Jahre nimmt er schon gar nicht an. Auch abgeschälte Rinde allein wird niemals als Vorrat gespeichert; sie würde ja auch zu sehr zusammentrocknen.

Das Abnagen der Rinde geschieht, solange das Wetter noch milde ist, wohl draußen vor dem Bau. Bei gelindem Frost hält sich der Biber auch noch den Ausstieg durch Eindrücken des Eises offen (Taf. 30), schneidet sich das Fraßholz in kleinere Stücke und benagt es dann gemächlich in seiner Wohnung. Ist er aber durch harte Kälte in dieser eingeschlossen, so greift er hier nach den ihn umgebenden Zweigen. So hörte ich Ende Dezember aus einer Biberburg die leicht zu deutenden Töne herausdringen: ein scharfes Schaben an Holz, etwa 10—15 mal aufeinanderfolgend — die Nagezähne hatten ein Stück Rinde abgefräst, die dann durch die Backenzähne zermahlen wurde; dies wiederholte sich mehrmals. Dann ließ ein helles Knirpsen und ein kurzes Reißen an Holz annehmen, daß erst wieder ein Stück von einem Knüppel mundgerecht zugeschnitten werden mußte, das nun benagt wurde.

Wenn mithin der Biber im Winter zwangsweise sehr häuslich sein muß, so hält er doch nicht, wie manche Nagetiere, einen Winterschlaf, der ja mit einer bedeutenden Herabsetzung der Atmungstätigkeit verbunden sein müßte. Daß dies nicht der Fall ist, beweist die von Friedrich [5] hervorgehobene Tatsache, daß der auf den Bau fallende Schnee leicht durch die aus der porösen Kuppel ausstrahlende Atmungswärme weggeschmolzen wird. In den Biberfanggebieten Nordamerikas wirkt sich dies sehr zum Nachteil der Tiere aus, denn die Trapper erkennen an den über den Schnee hinausragenden Reisigdecken, daß der Bau bewohnt ist.

Die ersten Monate des Jahres mit ihrer meist starken Kälte sind harte Zeiten auch für den Biber. Namentlich wird aber die Eis- und Schneeschmelze ihm gefährlich, wenn sie schnell einsetzt. Zwar befreit sie ihn aus seinem eingefrorenen Gefängnis, aber die vom Flusse mitgeführten Eisschollen haben so manches Jungtier zermalmt. Auch die Alten sind der Wucht der andrängenden Hochwasserwellen nicht immer gewachsen. Sind die Röhren noch vereist und ist die Erde über dem Kessel noch gefroren, so ist ein Entrinnen aus dem Bau unmöglich, und sie gehen zugrunde. Können sie aber noch entfliehen (Taf. 30), dann werden sie leicht abgetrieben und verfallen, ermattend, dem nassen Tode, wenn sie nicht rechtzeitig einen Zufluchtsort erreichen können. Aus dem Wasser herausragende Kopfweiden werden hierbei als Notquartiere bezogen; auch auf den Dämmen und Rettungshügeln sind wiederholt in einer durch die gleiche Notlage erzwungenen Vergesellschaftung mit Rehen, Füchsen und allerlei Kleingetier Biber beobachtet worden. Bei derartigen Katastrophen muß der Biber auch weiter an Bäumen nagen. Die eigenartigen hohen Einkerbungen an ihnen oder die hohen Reststümpfe erklären sich dadurch. Auf Tafel 30 gibt eine ganze Serie verschiedener Espen-Schnittkegel, von über 2 m hohen bis zu nur wenig über den Erdboden emporragenden, ein anschauliches Bild von dieser Nagetätigkeit bei wechselnden Hochwasserständen. Auch im Frühjahr wird zur Ausbesserung etwaiger Beschädigungen des Baues und solange andere Frischnahrung nicht zur Verfügung steht, noch viel gehauen, namentlich in den Weidenhegern.

C. Ruhe und Bewegung

Den ruhenden Biber, wie er etwa am Ufer des Flusses hockt (Taf. 4), kennzeichnet schon von weitem der mächtige Buckel, der durch Anziehen der Hinterbeine emporgewölbt wird. Die Vorderbeine schauen dabei nur wenig vor der dem Erdboden angedrückten Bauchseite hervor, und der Kopf ist meist nach unten gesenkt. Beim Schlafen liegt er mit angezogenem Kopfe zusammengekauert auf der Seite, während er nach Blasius, der hier wohl einer Angabe von Bechstein oder Schreber folgt, die Bauch- oder Rückenlage bevorzugen soll. Säugende Junge läßt das Weibchen, bei gestrecktem Vorderkörper auf der Seite ruhend, zum Trinken ankriechen.

Wenn der Biber an Bäumen nagt, richtet er sich bis über deren Wurzelhals hoch (Abb. 53), legt die Vorderbeine an den Stamm und sitzt auf den Hinterbeinen. Indem hierbei die Schwanzwurzel gegen den Erdboden gestemmt wird, während die Kelle meist seitwärts geschlagen ist, lastet der Körper wie auf einem Dreifuß so fest, daß auch der Vorderrumpf hochgereckt werden kann. Daher erklärt es sich, daß zuweilen die Nagestellen an Bäumen auffallend hoch hinaufreichen.

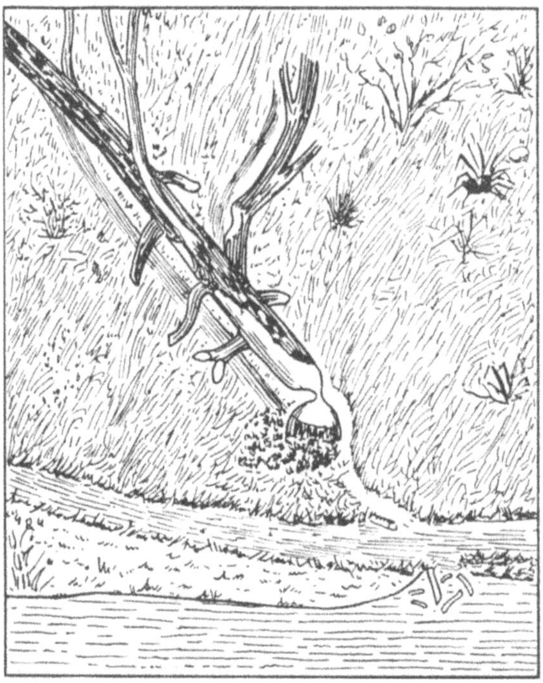

Abb. 46. Gefällte Eiche, deren Seitenzweige abgenagt sind. Am Einstieg zum See ein „Bibersitz". Orig.

Daß er unter Umständen sogar klettern kann, ist schon von Mertens beschrieben worden. Auch ich konnte nahezu den gleichen Fall beobachten. Eine angeschnittene Eiche am Saarensee bei Klieken war im ansteigenden Ufer schräg nach dem Lande so gefallen, daß verschiedene nun seitwärts und aufrecht gerichtete Zweige vom Erdboden aus nicht mehr erreichbar waren (Abb. 46). Nach einigen Tagen waren sie aber doch abgeschnitten; der Biber konnte nur, auf dem Stamm der Eiche von oben aus kletternd, an sie herangekommen sein. Weitere Schnittstellen an höher sitzenden Zweigen zeugten davon, daß er auch diese noch zu benagen wußte, wobei er sogar vom Hauptstamm aus nach ihnen hinübergegriffen haben mußte. An einem anderen Hauplatze war ein 30 cm starker Baum in das Nutheflüßchen hineingestürzt, aus dem er schräg herausragte. Neben ihm in 20 cm Entfernung stand in der Mitte des Gewässers senkrecht ein Weidenknüppel, der ca. 40 cm über der Wasseroberfläche angeschnitten war. Dies hatte der Biber nur in der Weise bewirken können, daß er vom Wasser aus den Baumstamm erstieg und, von ihm aus hinüberreichend, seine Nagezähne ansetzte, eine Stellung, die sicherlich nicht bequem und keineswegs durch Mangel an Schnittholz geboten war. Auch dieses Verhalten spricht für eine Anpassungsfähigkeit an nicht alltägliche Situationen.

Der Bewegungsmechanismus des Bibers ist eingestellt sowohl für die Bewegung auf dem Lande wie im Wasser, und zwar so zweckmäßig, daß Buffon davon sagen konnte: „Wenn wir die vorderen Teile betrachten, ist kein Tier vollkommener angepaßt für das Leben auf dem Lande; keines ist so trefflich eingerichtet für ein Wasserleben, wenn wir nur auf die hinteren Partien schauen." Allerdings müssen wir bei genauerer Abwägung dem Schwimmen den Vorrang zuerkennen vor dem Laufen; der Biber ist nun einmal mehr Wasser- als Landtier.

Aber seine kurzen Vorderbeine mit den scharfen Krallen geben ihm doch durch den starken Antrieb der muskulösen Hinterbeine eine gewisse Sicherheit des Ganges. Namentlich beim Ausstieg aus dem Wasser in das steilere Ufer sind die breiten und mit den scharfrandigen Nägeln bewehrten Hinterfüße kräftige Stützen auf dem glatten Gelände, auf dem der schwere Rumpf hochgeschoben werden muß. Im allgemeinen fördert der Gang nur mäßig. Auf ebenem Boden könnte man ihn direkt ein Watscheln nennen, indem die Last des Körpers bei jedem Schritt abwechselnd seitwärts verlagert wird. Namentlich wenn er Holz zum Bau

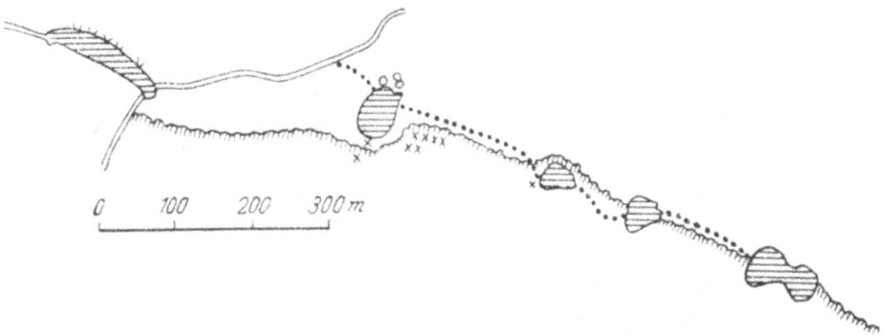

Abb. 47. Biberwechsel zwischen 5 Kolken im Forstrevier Wörlitz. ··· Wechsel, ooo Einstieg zum Bau, vvv verfallene Einstiege, ××× Fraßplätze. 1:10000. Nach Wuttky

schleppte, sieht man im Sande an der korkzieherartigen Schleifspur der Kelle, wie er sich so abgemüht hat (Taf. 10). Zweimal hat er in dem von der Kamera festgehaltenen Falle den Weg zurückgelegt; die Trittsiegel der Füße sind durch die Kelle zwar verwischt, aber deren pendelartige Ausschläge, denen auch die Holzlast folgen mußte, lassen erkennen, wie langsam es gegangen sein mag.

Das gewöhnliche Tempo, bei dem man gemächlich neben dem Biber hergehen könnte, vermag er notfalls auch zu steigern, indem er sich in Trab setzt; aber bald fällt er doch gern in den Schritt wieder zurück. In höchster Not macht er auch einige ungeschickte Galoppsprünge, die ihn in sein rettendes Element führen sollen, bis er es, vorsichtig hinabgleitend, erreicht hat. Im instinktiven Gefühl der geringeren Sicherheit auf dem Lande wagt er sich im allgemeinen ja nicht sehr weit vom Wasser weg, am Tage schon gar nicht, und in der Dunkelheit auch meist nur unter Benutzung dazwischen liegender Wasserbecken.

Maßstäblich wurde im November 1947 ein solcher Wechsel zwischen fünf hintereinander liegenden Kolken im Forstrevier Wörlitz durch Oberforstmeister Wuttky aufgenommen (Abb. 47). Von dem westlichen Wasserloche aus, wo der Erdbau mit drei Einstiegröhren liegt, erstreckt er sich, dem etwas ansteigenden, mit jungem Laubholz bestandenen Wiesenrande folgend, ostwärts in 450—500 m

Länge von Kolk zu Kolk. Der gleichartig und breit ausgetretene Wechsel beweist, daß der Biber regelmäßig denselben Weg zurücklegt, ohne daß ein besonderer Grund für den weiten Auslauf ersichtlich ist. Denn nur an den beiden westlichen Kolken befinden sich Fraßstellen; an seinem Wohnkolk hat er gar in kurzer Zeit 8 Eichen (15—25 cm stark) und 2 Eschen (25—35 cm stark) frisch gefällt. Auch westwärts dehnte der Biber seine Wanderung aus, hier aber unter Ausnutzung eines Grabens bis über einen langgestreckten Kolk hinaus, an dem verschiedene verfallene Röhren liegen.

Im Wasser hingegen zeigt sich der Biber als vorzüglicher Schwimmer. Es bedeutet schon eine Leistung für ihn, gegen die starke Strömung der Elbe anzukämpfen und sie zu überwinden; hierbei weiß er geschickt die auch für den Menschen gefährlichen Strudelwirkungen der Buhnenköpfe zu untertauchen. Sogar größere Entfernungen, zuweilen mehrere Kilometer, werden zurückgelegt, meist von den im Frühjahr wanderlustigeren Männchen. Im allgemeinen aber wird das Standrevier im Umkreise des Baues ohne Not nicht überschritten, denn der Biber zeigt eine, manchmal möchte man sagen, sture Zähigkeit und Beharrlichkeit in der Behauptung desselben.

Abb. 48. Im Wasser treibender Biber. Orig. nach Photo von Behr

Die Hinterbeine mit ihrer starken Muskulatur sind ausgezeichnete Ruder. Ihre Fläche wird durch die zwischen den fünf Zehen bis an die Krallen ausgespannten Schwimmhäute sehr verbreitert; die Wucht ihres Schlages wird noch durch ihre verhältnismäßig bedeutende Länge erhöht. Die schwächeren Vorderbeine treten beim Schwimmen nicht in Tätigkeit; sie werden an die Brust angedrückt gehalten.

Die Gewandtheit, mit der der Biber sich im Wasser bewegt, ist überraschend. Auch die Schnelligkeit, die er dabei entwickeln kann, ist wesentlich höher als die beim Laufen auf dem Lande. Der Einstieg in das Wasser erfolgt mühelos, flink und geräuschlos und stets unter völligem Untertauchen. Wenn er sich im Wasser sicher fühlt, läßt er sich wohl gern auch mal in der Nähe des Ufers treiben (Taf. 2). Hierbei sind noch der obere Teil des Kopfes und des Rückens über Wasser, auch die Kelle liegt dicht unter der Oberfläche (Abb. 48). Bei schnellerem Schwimmen taucht er tiefer ein, aber auch dann ragen noch die Nasenlöcher, die Augen und die aufgerollten Ohren heraus (Taf. 2). Es erscheint biologisch zweckmäßig, daß diese drei Gruppen derjenigen Sinnesorgane, welche die Außenwelt zu kontrollieren haben, in einer sehr hochliegenden Horizontalebene angeordnet sind (Abb. 5), so daß der Kopf nicht weit herausgesteckt zu werden braucht. Wenn dagegen der Biber auf Tiefe geht, werden die Ohren in der Längsrichtung des Körpers eingerollt, die Nasenlöcher durch Muskeln geschlossen und die Augen durch eine durchsichtige Nickhaut gegen Eindringen von Wasser geschützt — wiederum zweckmäßige Anpassungserscheinungen an das Wasserleben. Dann verraten höchstens noch in einem ruhigen Gewässer die keilförmig ausstrahlenden Stromlinien den gewandten Schwimmer. v. Meyerinck beschreibt eine merkwürdige, wiederholt von ihm gemachte Beobachtung, „daß sie ohne Veranlassung bisweilen ganz gerade aus dem Wasser in die Höhe sprangen, so daß der ganze Körper zum Vorschein kam, und ebenso gerade, mit dem Kopfe zuerst, fielen sie wieder ins Wasser zurück, wodurch ein Geplätscher oder dumpfer Knall entstand, als wenn man einen Stein hoch herab ins Wasser wirft". Wenn diese Beobachtung jahreszeitlich festläge, könnte man sie vielleicht als frühjährliches Brunstgebaren deuten.

Als Steuer wirkt die Kelle, die vermöge ihrer Breite bei jeweils verschiedener Stellung und Krümmung nicht nur die Richtung, sondern auch die Tiefe des Schwimmens bestimmt; so unmotiviert ihre Form bei dem auf dem Lande sich bewegenden Tiere erscheinen mag, um so wirksamer ist sie unter Wasser. Durch ihre jedem leichten Muskeldruck gehorchende Beweglichkeit ist es dem Biber selbst bei Hochwasser möglich, schwimmend an Bäumen zu nagen (s. Taf. 30), indem er sich in die Richtung des strömenden Wassers gegen den Stamm treiben läßt und die Kelle ihn gleichmäßig hoch hält. Nach Warren soll die Kelle gelegentlich, namentlich bei schreckhaftem Unterwasserschwimmen, zu eiligen Propellerschlägen benutzt werden, während andere amerikanische Autoren dies bestreiten. Auch Fries sagt: „Manchmal, wenn der Biber sacht vorwärtsgleitet und wenn er unter Wasser schwimmt, nimmt er auch seine Kelle zu Hilfe, um sich mit schlingernden Bewegungen vorwärts zu paddeln oder zu wricken."

Stets kehrt in der Literatur, wie bereits S. 108 erwähnt wurde, die Bemerkung wieder, daß beim schnellen Tauchen der Biber mit der Kelle laut auf das Wasser schlage und dies als Warnungssignal für andere Biber diene und auch als solches aufgefaßt werde. In dieser Verallgemeinerung trifft das sicher nicht zu. Denn auch wenn der Biber bei plötzlicher Gefahr schnell unter Wasser geht, ist dieses Aufklatschen nicht immer zu hören. Sheldon (zitiert bei Warren) vertritt daher die Ansicht, daß das Geräusch lediglich durch Muskelkontraktion beim Tauchen entstehe und auch von ungeschreckten Tieren zu hören sei, wie anderseits in der Nähe befindliche sich durch dasselbe nicht beeinflussen ließen. Die meisten amerikanischen Autoren sind jedoch der Meinung, daß immerhin wohl eine derartige Warnung erfolge, die vielfach sogar beantwortet und aufgenommen werde und ein plötzliches Verschwinden aller in der Hörweite befindlichen Tiere zur Folge hätte. Behr hatte das Glück, einen schwimmenden Biber gerade in dem Augenblick photographieren zu können, als er die Kelle zum Aufschlag aus dem Wasser erhob (Taf. 17 bei Hinze [6]). Bei unseren einzeln lebenden Elbebibern habe ich nicht immer das Aufklatschen eines beim Schwimmen untertauchenden Tieres hören können. Es vollzog sich meist nahezu geräuschlos in dreitaktigem Tempo: 1. der Kopf taucht unter, 2. der Rücken wölbt sich nach oben, so daß er herausragt, 3. der Biber taucht völlig unter durch Vermittelung der Schwanzsteuerung, sichtbar an dem Wasserwirbel. Selbst in tieferem Wasser geht der Biber, besonders bei Gefahr, bis auf den Grund. Er bewegt sich hier auch auf allen vier Läufen, was namentlich beim Abnagen der Rhizome von Wasserpflanzen nötig ist.

Über die Tauchdauer gehen ebenfalls die Nachrichten weit auseinander. Dies erklärt sich schon leichter durch die sie tatsächlich bedingenden Ursachen. Ein Tier, das nicht geängstigt ist und etwa nur nach Wurzelstöcken der Seerose sucht, wird schnell wieder emporsteigen. In diesem Zusammenhange kann man also der Angabe von Brehms Tierleben zustimmen: „er kann an zwei Minuten im Wasser verweilen, bevor ihn die Atemnot zum Auftauchen zwingt.“ Dagegen vermag er bei Gefahr ungleich länger unter Wasser zu bleiben. Im allgemeinen wird in letzterem Falle eine Tauchdauer von 10 Minuten, wie sie neuerdings von Berndt genau verfolgt wurde, als eine schon recht beachtliche physiologische Leistung bezeichnet werden müssen. Die längste von Behr einwandfrei festgestellte Tauchdauer betrug 14 Minuten; ein Förster berichtete ihm aber, daß er sogar 20 Minuten beobachtet habe. In der amerikanischen Literatur wird als längste Tauchdauer 17 Minuten angegeben (Bailey). Indem sich hierbei das Tier ruhig auf dem Grunde des klaren Gewässers hockend aufhält, ist sein Sauerstoffverbrauch geringer; die langsamer aufperlenden Bläschen der ausgeatmeten Luft verraten die Herabminderung des Respirationsvorganges.

Nach Knox soll die große Tauchfähigkeit anatomisch ermöglicht werden durch Erweiterungen im venösen Blutgefäßsystem, insbesondere durch einen ausgedehnten Sinus über der Leber im Bereich der *Vena cava inferior*. Hier sammle sich ein gewisser Blutvorrat, aus dem „ein beträchtliches Vermögen zu unterbrochener Atmung“ erwachse. Wenn man weiter berücksichtigt, daß die großen Lungen eine bedeutende Luftmenge zu fassen vermögen, so mag eine lange Tauchdauer immerhin erklärlich erscheinen. Es dürfte eine lohnende Aufgabe sein, diese anatomischen Grundlagen der Atmung in Zusammenhang mit denen des Blutkreislaufes einer besonderen Untersuchung zu unterziehen. Hier sei nur auf die zwei Besonderheiten hingewiesen, daß die Aussteifung der Luftröhre nicht durch Knorpelspangen, sondern durch geschlossene Ringe erfolgt, und daß im Herzen noch das eiförmige Loch (*foramen ovale*) vorhanden zu sein scheint (Brandt und Ratzeburg).

D. Nahrung

Wie schon ein kurzer Blick auf das Gebiß des Bibers erkennen läßt, ist er ein typischer Pflanzenfresser. Entgegen vielen Angaben in der älteren Literatur, die sich in popularisierende Ausführungen sogar bis auf unsere Tage noch gelegentlich eindrängen, frißt er weder Fische noch Krebse oder anderes Getier. Auch der Mechanismus seines Verdauungstraktus beweist, daß er ausschließlich auf Pflanzenkost eingestellt ist.

Sein Biotop, die bewachsenen Ufer von Flüssen und Bächen, Seen und kleineren stehenden Gewässern, bietet ihm genügend Nahrung, die auch seiner Vorliebe für Abwechselung gerecht wird. Saftige Kräuter, wie Wasserkresse (*Nasturtium amphibium*) und Binsen (*Scirpus*), junge Schößlinge des Schilfrohres (*Phragmites*) und Rohrkolbens (*Typha*), Rhizome des Kalmus (*Acorus*) und Schachtelhalmes (*Equisetum*), an vereinzelten Gewässern auch Blattrosetten der

Wassernuß (*Trapa*), liefert die Uferregion während des ganzen Sommers. Weiter landwärts findet er in üppigem Wuchs eine reiche Grasflora, von der er gleich ganze Büschel abweidet, indem er die Halme nach der Beobachtung von Peters mit den Vorderläufen zusammenfaßt und unter einer leichten Drehung mit den Nagezähnen abschneidet; bei dieser Art der Äsung erhalten die Zähne den zu ihrer Wirkung erforderlichen Widerstand. Eine große Vorliebe hat der Biber für alle Teile der weißen Seerose (*Nymphaea alba*) und der gelben Teichrose (*Nuphar luteum*). Ihre langen und saftigen Blattstiele, die großen derben Blattflächen lassen sich ebenso wie die Blüten und reifenden Fruchtkapseln leicht aufnehmen; zur Zeit der Fruchtreife enthält die Losung die unverdauten Samenschalen in großer Zahl. Wiederholt ist beobachtet worden, wie ein Biber mit einem Strauß weißer Nymphaeenblüten im Fange seinem heimatlichen Baue zuschwamm. Besonders gut munden ihm jedoch ihre im Grunde der Gewässer verankerten langen und zuweilen fast armstarken Wurzelstöcke. Untertauchend beißt er sie von ihrem Substrat ab, so daß sie an die Oberfläche emporsteigen. Ein Teil wird gleich am Uferfraßplatz verzehrt, andere zum Bau gebracht, wobei er nicht besonders sparsam mit seinem Futter verfährt, denn oft sieht man, wie am Rande des Gewässers benagte Stücke davon durch den Wind zusammengetrieben wurden. Eine Verbreitung der Nymphaeen wird zwar durch diese Abfallwirtschaft nicht erfolgen, ist aber durch die Samenausstreuung von Kolk zu Kolk vermittels der Losung wohl denkbar. Außer floristisch entsprechender Kräuternahrung gibt Mills für den amerikanischen Biber auch noch an, daß Beeren und Pilze verspeist werden; bei uns liegen keine Nachrichten dieser Art vor.

Die Dauer der Äsung ist im allgemeinen verschieden. Meist hält es den Biber wohl nur etwa eine Viertelstunde an einer Stelle, dann geht er zu Wasser und setzt seine Mahlzeit an einem anderen Platze fort. Bei dem durch seine Größe bedingten ausgedehnten Bedarf an der durchschnittlich ja nicht sehr nährstoffreichen Kost muß er schon einen beträchtlichen Teil seiner abendlichen und nächtlichen Wanderungszeit darauf verwenden. Und wenn er morgens zum Bau zurückkehrt, nimmt er sich vielfach noch einen Vorrat mit heim. Obendrein muß ja im Interesse einer guten Aufschlußmöglichkeit die Nahrung sorgsam und gleichmäßig zerkleinert werden, da sie, im Gegensatz zu den Wiederkäuern, nur einmal durchgekaut wird.

Die Hauptnahrung zu allen Jahreszeiten und während des Winters die alleinige ist jedoch die lebende Rinde von Sträuchern und Bäumen; auf sie ist vor allem die Beschaffenheit des Gebisses eingestellt, das derbe Kost verlangt. In erster Linie kommen Weichhölzer in Frage, wie Weide und Espe, Pappel, Birke, Erle; in dieser Reihenfolge trifft der Biber seine Wahl, wo er die Möglichkeit dazu findet. Nebenher werden Haselnuß, Weiß- und Schwarzdorn, Hartriegel, Wildobstbäume angenommen. Auch Harthölzer, wie Eiche, Rüster, Weißbuche, Ahorn werden benagt, sogar gelegentlich Nadelhölzer. Man kann sagen, daß keine Holzart vor seinen Schneidezähnen sicher ist, und wird daher verstehen, daß sein gelegentliches Eindringen in Gärten und Parks sehr lästig empfunden wird.

Aus einem Weidenbusch schneidet sich der Biber gern diesjährige Triebe heraus und verzehrt sie ganz samt den Blättern. Dickere Ruten, etwa von Bleistiftstärke ab, werden nur entrindet, wobei er sie mit den Vorderpfoten festhält und sich, auf den Hinterbeinen sitzend, aufrichtet. Selbst die vom Wasser der Mulde freigespülten dicken Polster der Faserwurzeln einer Weide schienen im Winter einem Biber besser zu schmecken als die doch reichlich vorhandenen Zweige. Am Strauche selbst nagt er niemals an den aufrecht stehenden Trieben, wie dies etwa Hase und Kaninchen im Winter tun, sondern stets schneidet er sie erst ab und schleppt sie nach dem „Bibersitz“ am Wasser. Hier werden mit großer Gewandtheit, Schnelligkeit und Gründlichkeit Rinde, Bast und Kambium der Zweige abgefräst, wobei sich die Nagefurchen deutlich an den zu Boden fallenden Reststücken abzeichnen. Während der Zeit des Saftsteigens wird dem Biber diese Arbeit erleichtert, indem die Rinde gleich in längeren Bahnen sich vom Holze lösen läßt.

Zwischendurch trinkt der Biber häufig. Durch dieses Bedürfnis erklärt sich die Wahl des Fraßplatzes am oder im seichten Wasser.

Starke Zweige gefällter Bäume dienen ebenfalls zum Fraß. Von ihnen wird zunächst die tote Borke in kurzen Spänen abgerissen und zu Boden geworfen, um an die darunter liegenden Rindenschichten zu gelangen. Bei der Birke wird die weiße Ringelborke in zuweilen großen Fetzen abgerollt. Im Gegensatz zu verschiedenen Literaturangaben habe ich wiederholt festgestellt, daß auch von ihr die so freigelegte Rinde verspeist wird. Für die skandinavischen Biber ist die Birke sogar einer der wichtigsten Fraßbäume. In gleicher Weise wird die Eiche behandelt. Bei ihr habe ich ebenfalls oft geschälte Stammstücke und Zweige gesehen, von denen offenbar die Rinde gefressen war. Ob auch das Splintholz angenommen wird, ist zweifelhaft; ich habe tiefergreifende Nagespuren an solchen Fraßstücken nicht beobachtet, es müßte denn sein, daß gleich beim Schneiden Teile der Späne mit verzehrt werden. Morgan glaubt es annehmen zu müssen, da oft kürzere, vom Biber zurechtgeschnittene Rollen gefunden wurden, an denen er tiefe Kerben in das Holz genagt hatte. Wenn er hier nicht Streu für die Lagerstätte gehobelt hätte, so bliebe nur die Erklärung, daß er das Holz verspeist habe; dafür spreche auch, daß der Magen von im Februar und März sezierten Tieren mit Holzspänen angefüllt war. Derartige Nagestücke sind auch bei uns nicht selten anzutreffen; besonders auffallend sind kurze mit noch einmal dazwischen liegender, völlig unmotivierter tiefer Einkerbung, wie sie Warren ebenfalls abbildet. Einen solchen kurzen Doppelkreisel aus Weidenholz fand ich im Winter in der Eingangsröhre eines Baues; er roch auffallend stark nach Bibergeil. Es ist in der Tat nicht unwahrscheinlich, daß bei winterlichem Futtermangel Holz als Ersatz dienen muß.

Die Rinde von Nadelhölzern wird wohl auch nur in Fällen der Not verzehrt. Auf einem hauptsächlich mit Fichten bewachsenen Rettungshügel konnte ich im April bei Hochwasser feststellen, daß sie bei einem Stamm von 94 cm Umfang bis zu 75 cm Höhe und an den oberirdischen Wurzeln abgenagt war. Bei einer anderen Fichte waren nur die freien Teile des Wurzelhalses angegangen. Hierbei hatte der Biber infolge des in dieser Jahreszeit besonders starken Harzflusses mancherlei Haare lassen müssen, die angeklebt waren. Merkwürdigerweise aber hatte er zwei benachbarte junge Ahornbäume unberührt gelassen. Warren neigt sogar zu der Ansicht, daß der amerikanische Biber viel häufiger Koniferenrinde fresse als man glaube. Er fügt hinzu, daß nach Erzählungen der Trapper und Indianer die trächtigen Biberweibchen ein Verlangen nach Nadelholzrinde hätten und diese von medizinischer Bedeutung wäre; demnach hätte es sich in unserem eben erwähnten Falle um ein solches Weibchen gehandelt! Collett dagegen sagt vom norwegischen Biber: „Nadelholz scheint er bei uns nie zu benutzen, nicht einmal als Baumaterial."

Eigenartige Geschmacksabwandlungen entwickeln die Biber, wenn sie an die Gehöfte herankommen. Sehr zum Verdruß der Besitzer steigen sie in die auf der Wasserseite meist nicht eingefriedigten Gärten ein und laben sich an Fallobst, nagen aber vielfach im Herbst auch an wertvollen Obstbäumen und legen sie um, wenn sie nicht durch Draht oder sonst geschützt sind. Andere wieder spezialisieren sich auf Gemüse und Kartoffeln, die sie ausscharren; von den Kohlpflanzen bevorzugen sie die Strünke, deren Härte ihnen mehr zuzusagen scheint als die weichen Blätter.

Auch auf den Feldern haben Biber gelegentlich schon Schaden angerichtet, indem sie von Getreidehalmen die Ähren und vom Mais die halbreifen Kolben abbissen oder Zuckerrüben verschleppten. Eine schmale Spur, die von der Elbe nach einem zum Verladen am Ufer gelagerten Rübenstapel führte, erwies sich als ein Biberwechsel! Diese immerhin doch seltenen Fälle sind weitere Belege für die an anderer Stelle als Instinktdegeneration bezeichnete Gewöhnung an den Menschen, bei der die natürliche Scheu gänzlich abgelegt wird. Für den amerikanischen Biber führt Warren eine Parallele aus dem Staate Alabama an, wo ein Bauer einen in einem Kornfelde aufgerichtet stehenden Biber überraschte, wie er Ähren abschnitt. Ein im Zoologischen Garten zu Halle/Saale gehaltener Elbebiber verschmähte Kohl und Rüben, gewöhnte sich aber an Hafer, Mais und Weißbrot; an den ihm gereichten frischen Zweigen von Weiden schnitt er zwar noch, fraß aber nur wenig davon.

E. Nagen und Holzfällen

Von jeher hat die Eigentümlichkeit des Bibers, große Bäume zu fällen, besonderes Interesse erweckt; scheint dies doch eine spezifisch menschliche Tätigkeit zu sein, die wir in dem Maße bei keinem anderen Tier wiederfinden. Es sind in der Tat mancherlei Vergleichspunkte vorhanden und so viele Besonderheiten, daß eine eingehende Würdigung erforderlich sein dürfte, die ungeachtet der zahlreich vorliegenden, aber meist sehr oberflächlichen Einzelbeschreibungen eine Zusammenfassung und Kritik durchaus lohnt.

Im Kapitel „Nahrung" ist zunächst angegeben worden, was für Holzarten der Biber „umhaut", wie die Waidmannssprache sagen würde. Schon hierbei zeigen sich Unterschiede in der Darstellung der Autoren, nicht nur der europäischen, sondern auch der amerikanischen. Übereinstimmung herrscht zunächst in der allgemeinen Feststellung, daß Weichhölzer bevorzugt werden und von diesen, namentlich für den neuweltlichen Biber, die Espe an erster Stelle steht, während ich für unsere Elbebiber sie auf die gleiche Stufe mit der Weide stellen möchte, die infolge ihres oft buschigen Wuchses das Schneiden noch leichter macht. Nach Collett soll der norwegische Biber nur gesunde Bäume angreifen. Ich habe indes im Innern völlig ausgefaulte Kopfweiden gesehen, deren Borke und Splint stark benagt waren, ohne daß ein Mangel an anderen Weiden bestand.

Erlen und Eschen werden häufig geschnitten, aber seltener geschält; die Rinde scheint dem Biber nicht sonderlich zu behagen. So hat er sich auch bei dem Erlenknüppel der Abb. 49 mit einer kleinen Kostprobe begnügt; er hat an dem langen Stück nur auf 25 cm Länge die dünne Rinde abgenagt. Als Bauholz aber werden die Zweige der Erle und Esche oft verwendet.

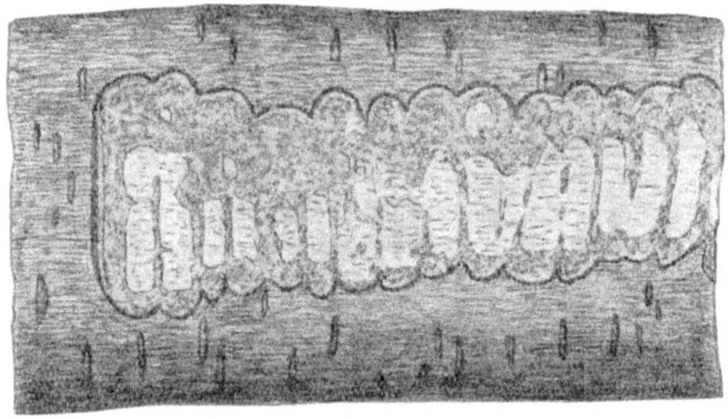

Abb. 49. Beginn des Nagens an einem Erlenknüppel. Nat. Gr. Orig.

Von der Birke sagt Friedrich, daß sie wohl gelegentlich umgelegt, aber nicht als Nahrung aufgenommen werde; auch Mertens sind in langen Jahren nur zwei derartige Fälle bekanntgeworden. Wo überhaupt Birken in der Nähe seines Wohngewässers stehen, geht sie der Biber nach meinen Beobachtungen gar nicht selten an. Bei Calenberge, unweit Magdeburg, hatte er im Winter 1934/35 sogar eine regelrechte Lichtung in einen Bestand von Birken geschlagen, deren Seitenzweige abgearbeitet und weggeschleppt (Taf. 14). Nach Fries bevorzugt er in Schweden im Herbst die Espe, im Spätwinter aber die Birke.

Zu einem aufschlußreichen Beobachtungsobjekt wurde mir am Saarensee bei Klieken eine starke Birke mit einem Doppelstamm von 26 und 36 cm unterem Durchmesser. Am 3. November 1944 war der dem Wasser zunächst stehende dünnere Zwiesel gefällt, die Spitze seiner Krone lag im See. Der Zwillingsstamm wurde alsbald am Wurzelhalse von der Landseite her ebenfalls in Arbeit genommen; am 21. November war er umgelegt, und zwar in derselben Richtung. Von der Krone des erstgeschnittenen Stammes hatte der Biber bis 1 m lange Knüppel abgetrennt und am Ausstieg entrindet. Am Reststück war auf 3 m Länge die Rinde auch schon abgeäst und weitere Einkerbungen für die Zerlegung vorbereitet. Nach zehn Tagen waren alle Seitenzweige des oberen Stammstückes abgeschnitten; neben zwei über 1 m langen Spitzenteilen lagen am Bibersitz auch schwächere abgenagte Zweige. Dünnere Nagefurchen an fingerstarken Ruten sprachen dafür, daß an diesen wiederholten Mahlzeiten auch diesjährige Jungtiere teilgenommen hatten. Zwei Wochen später waren von beiden Stämmen sämtliche Seitenzweige und die Kronen abgeschleppt, der zuerst gefällte Stamm zu $^3/_4$, der andere zu $^1/_4$ seiner oberen Restlänge völlig geschält — eine systematisch durchgeführte Nutzung!

Im gleichen Revier, jedoch in etwa 200 m Entfernung von dieser Stelle, hatte zu derselben Zeit ein anderer Biber, vermutlich das Männchen zu jener Familie, eine 30 cm starke Stieleiche gefällt, die landwärts auf das ansteigende Ufer umgebrochen war; sie stand 4,50 m entfernt vom See (Abb. 46). Oberhalb der Schnittstelle wurde die Borke des Stammes mehr und mehr abgenagt; da nur verhältnismäßig wenige Späne davon am Boden lagen, muß sie verzehrt worden sein. Von den Seitenzweigen dieser Eiche wurden vorerst die nach unten liegenden abgetrennt. Die nach den Seiten gerichteten waren deswegen schwer zugänglich, weil der Stamm, auf der Krone ruhend, über $^1/_2$ m oberhalb des ansteigenden Ufers in der Luft schwebte. So mußte der Biber sich hoch aufrichten, um an sie heranzukommen. Auf diese Weise gewann er ebenfalls einen Teil der Äste, den letzten erreichbaren jedoch nur durch Klettern auf dem Stamm und Benagen von oben her (s. das Kapitel „Ruhe und Bewegung"). So war innerhalb von drei Wochen auch diese Eiche zerlegt bis auf einen nach oben ragenden Zweig; das meiste hierbei zugerichtete Holz war auf dem Wasserwege abgeschleppt worden. Im Ausstieg (Bibersitz) lagen noch verschiedene völlig entrindete Zweigstücke, weitere Belege für das Verzehren von Eichenrinde, obwohl erst neuerdings wieder behauptet wurde (Voß), „daß er Eichen zwar benagt, aber nie die gerbsäurereiche Rinde frißt".

Dicke cm	Länge cm	Anzahl der Stücke
1	50	1
$1^1/_2$	60	1
2	35	1
2	22—25	3
3	80	3

Verhältnis von Länge zu Dicke der von einer Eiche geschnittenen Fraßstücke.

Dicke	Länge
5″ = 12 cm	1′ = 30 cm
4″ = 10 cm	18″ = 45 cm
3″ = $7^1/_2$ cm	2′ = 60 cm

Verhältnis von Länge zu Dicke der geschnittenen Hölzer nach Morgan.

Wie die vorstehende Tabelle zeigt, waren diese Stücke verschieden lang und dick. Eine bestimmte Länge jedoch, auf die sie der Biber bei entsprechender Dicke gestutzt hätte, ist nicht ersichtlich; es geht nur daraus hervor, daß die dickeren Stücke am längsten, die mittelstarken ganz kurz, dünnere wieder etwas länger geschnitten wurden. Natürlich werden stärkere und dementsprechend schwerere Rollen kürzer gehalten sein. Ich möchte aber mit Warren die von Morgan dafür angegebenen Normen (bei 5 Zoll Durchmesser auf 1 Fuß Länge geschnitten usw.,

s. Tabelle) bezweifeln und mit ihm glauben, daß in erster Linie die Leichtigkeit des Transportes zum Wasser bestimmend, sonst aber der Zufall ausschlaggebend ist.

Diese Biber am Saarensee waren infolge hier fehlender Weichhölzer auf härtere Hölzer spezialisiert. Die Gruppe an der Birke hatte noch vier benachbarte mittelstarke Eschen (Abb. 50) zu Fall gebracht, sie aber nur wenig abgeholzt. Ganz in der Nähe der gefällten Eiche dagegen waren gleichzeitig noch fünf andere Eichen von annähernd gleicher Dicke in Arbeit, die bei zweien zu Beginn des strengen Frostes schon recht weit gediehen war. Daraus ist ersichtlich, daß diese Holzart durchaus nicht vom Biber verschmäht wird.

Abb. 50. Umgelegte Eschen am Saarensee. Orig.

Daß auch Nadelhölzer gelegentlich angegangen werden, wurde bereits hervorgehoben. Dies geschieht aber nicht, wie Dahms annehmen möchte, weil sie hindernd im Wege seien, sondern aus nicht erkennbarem Grunde wahllos. In einem Laubwald bei Dornburg an der Elbe, der reichlich Abwechslung bot, war eine 10 cm dicke Fichte mit Kegelschnitt gefällt, aber dann nicht weiter bearbeitet worden. Und für die Benagung der mittelstarken Fichte auf Taf. 17 lag selbst bei damaliger Hochwassernot (März/April 1947) ein ersichtlicher Anreiz nicht vor, denn ein unmittelbar daneben stehender glatterer Stamm dieser Art sowie verschiedene Laubhölzer wären ihm noch bequemere und verlockendere Objekte gewesen. Ebenso überflüssig mag es erscheinen, daß ein Biber im Wörlitzer Park aus abwechslungsreichen Mischbeständen sich ca. 7 cm starke Stämme von Sadebaum, Eibe und Zeder herausschnitt und dann liegen ließ. Mertens fand auch eine krüppelige Kiefer sanduhrartig bearbeitet, jedoch nicht geschält; ich sah auf einem Biberbau bei Dornburg einen frisch entrindeten jungen Kiefernzweig. Auch Collett, der für die norwegischen Biber das Benagen von Nadelhölzern ablehnt, muß einen Fall zugeben, wo eine junge Tanne sogar geschält und in mehrere Stücke zerlegt war.

Diese Beispiele sprechen dafür, daß Geschmack, Laune und Angebot auch beim Biber die Nachfrage mit regeln. Das trifft besonders zu für die Wahl eines zu schneidenden Baumes. Wir kennen Fälle, wo er reihenweis junge Pappel-, Erlen-, sogar auch Eichenpflanzungen (Taf. 15) schonungslos umlegte, aber auch solche, wo er völlig unmotiviert aus reicher Menge sich nur einen Stamm heraussuchte, bei dem nach menschlichen Begriffen die Bedingungen der Bearbeitung gar nicht einmal günstig lagen. Selbst die ungewöhnliche Tatsache, daß er ganze Reihen von Jungeichen schnitt, aber ein dazwischen stehendes Weichholz (Linde) unberührt ließ, ist festgestellt worden. Zuweilen wiederum kappt er mit zäher Gründlichkeit eine ganze geschlossene Gruppe von Bäumen. So hat er von dem Weidenbusch der Taf. 18 bereits sechs gefällt und von dem Pappelkomplex der gleichen Tafel ebenfalls in kurzer Zeit drei mittelstarke Stämme erledigt; der dickste wurde nun angegriffen.

Die Stärke der angenommenen Bäume ist recht verschieden. In jungen Pflanzungen richtet, wie erwähnt, der Biber zuweilen durch Serienarbeit recht erheblichen Schaden an; fingerdicke bis armstarke Weiden werden häufig ebenfalls schnell nacheinander umgelegt und Espen von zehn bis zwanzig Jahren werden gar bevorzugt. Man mag Warren zustimmen, der etwa 20 cm Durchmesser als Baumstärke bezeichnet, die als Durchschnitt gelten kann, wenn man lediglich die Zahl der gefällten Bäume berücksichtigt. Collett gibt für den norwegischen Biber an: „Wo er dickere und dünnere Bäume zur Auswahl hat, scheint er die letzteren vorzuziehen.“ Darüber hinaus aber findet man doch auch eine erhebliche Anzahl von stärkeren Stämmen bis zu 40 cm Durchmesser, vor denen er nicht zurückschreckt, auch wenn es harte Eichen oder Rüstern sind. Am auffälligsten sind natürlich jene Bäume, die in ihrer Dicke Rekorde darstellen. Es ist immerhin schon eine Leistung, eine Silberpappel von 64 cm Durchmesser zu Fall zu bringen (Revier Wörlitz) oder eine Schwarzpappel von 72 cm (Pretziener Wehr). Als stärksten Baum, der benagt war, notierte Friedrich im Jahre 1907, ebenfalls im Revier Wörlitz, eine Pappel von 6,55 m Umfang an der Schnittstelle, also mit einem Durchmesser von über 2 m. Ähnlich starke Eichen haben wir im Elbegebiet ebenfalls, an sie hat sich jedoch ein Biber noch nicht herangewagt. Mertens sah aber in der Kreuzhorst bei Magdeburg „eine hohe Eiche von mehr als $^1/_2$ m Durchmesser, die zum großen Teile angeschnitten, dann aber verlassen ist“. In der amerikanischen Literatur verzeichnet Warren einen von Bailey mit 117 cm Durchmesser bestimmten Cottonwood-Stamm (Balsampappel) in Montana als Höchstleistung.

Der Zeitraum, innerhalb dessen derartig starke Bäume, wenn überhaupt, zu Fall gebracht werden, zieht sich lange hin, zuweilen über Monate oder gar mehrere Hauperioden; offensichtlich haben sie nicht die Bedeutung wie die mittelstarken und schwächeren Stämme. Bei der 2,10 m über der Schnittstelle im Umfang messenden starken Pappel, von der wir auf Taf. 16 eine Serie von Aufnahmen finden, nahm sich der Biber Zeit vom 19. Oktober bis zum 1. Dezember 1946, ohne daß er wesentliche Fortschritte seiner Arbeit erzielte. Wenn ein einzelnes Tier fleißig ist, wird es bei allnächtlichem kurzen Ansitzen eine etwa 40 cm starke Eiche in 14 Tagen zu erledigen in der Lage sein. Die auf Taf. 17 wiedergegebene 22 cm dicke Esche legte ein Biber im November innerhalb von zehn Tagen um; man beachte die am Erdboden sich anhäufenden Späne. Bei Weichhölzern geht es wesentlich schneller. Eine 20 cm starke Espe kann in einer Nacht gefällt werden, eine halb so starke in etwa einer Stunde. Heck stellte im Zoologischen Garten fest, daß zum Abnagen einer 8 cm dicken Weide oder Birke nur fünf Minuten erforderlich sind. Hierbei handelt es sich bei unseren Elbebibern um ausschließlich in Frage kommende Einzelleistungen. Nach Morgan schaffen drei gleichzeitig arbeitende Biber einen 30 cm starken Baum in spätestens zwei Nächten und nach Bailey vermag „ein alter Biber in einer Nacht eine Pappel von 8—10 cm zu fällen, in Abschnitte von je 1,20—2,40 m Länge zu zerlegen und zum Wasser zu transportieren". Von der Gemeinschaftsarbeit kanadischer Biber vermittelt die Angabe von Morgan einen erstaunlichen Begriff, wonach „in einer einzigen Nacht und nur in den Stunden von 7—12 Uhr der krachende Sturz von nicht weniger als 19 starken Bäumen zu hören war". Nach Shiras (zitiert bei Warren) hatte gar eine Kolonie von schätzungsweise acht Bibern 25—30 Bäume gleichzeitig in Arbeit, von denen sie in durchschnittlich 10—15 Tagen je einen zu Fall brachten.

Das Abschleppen des zurechtgeschnittenen Holzes über Land bereitet dem Biber Mühe bei der Schwerfälligkeit seines Ganges. Daher fällt er nach Collett die meisten Bäume in weniger als 50 Schritt Abstand vom Ufer. Auch von unseren Elbebibern werden Stämme in unmittelbarer Nähe des Ufers bevorzugt, unter gleich weiten oder gleich starken ist aber auch hierbei nicht immer eine Zweckmäßigkeit bei der Auswahl erkennbar. Die größte Entfernung, die Warren fand, waren 400 Fuß (= 122 m) vom Wasser, wohin die Zweige geschafft werden mußten. Dieser Transport erfolgt je nach der Stärke des Holzes in verschiedener Weise. Dünnere Zweige, auch wenn sie sperrig sind, werden zwischen den Zähnen festgehalten und, schräg seitlich oder nach rückwärts gerichtet, mitgezerrt; verfangen sie sich unterwegs im Gestrüpp, so werden sie freigebissen oder gekürzt. Ein solches Geschleif wurde bereits im Kapitel „Ruhe und Bewegung" diskutiert. Größere und dickere Rollen, in die ein gefällter Baum zerlegt wird, schiebt der Biber am meist etwas abschüssigen Ufer mit seinen Vorderbeinen vor sich her. Die Grenze ihrer Transportmöglichkeit ist durch ihr Gewicht gesetzt; zuweilen mutete er sich aber dabei mehr zu, als er leisten konnte und mußte dann auf weiteres Schleppen verzichten oder den Stamm noch einmal zerschneiden. Im Wasser dagegen macht ihm das Befördern zum Bau weniger Schwierigkeiten. Auch hier zieht er dünnere Zweige mit dem Maule fort, dickere Äste schiebt er, ähnlich wie auf dem Lande, vor sich her, indem er sie mit den beim Schwimmen ja nicht in Anspruch genommenen Vorderbeinen hält oder stößt.

Hat der Biber sich einen bestimmten Baum zum Fällen ausgesucht, so trifft er dazu die ersten Vorbereitungen, indem er die Borke abnagt und zwar meist gleich ringsherum am ganzen Stamm in einer etwa 30—60 cm breiten Zone (Abb. 51, 3). Deren Ausdehnung richtet sich nach der Dicke des Baumes; je stärker er ist, um so breiter das Band. An einer Eiche mittleren Umfanges störten ihn offenbar einzelne, über die Borke hinausragende, überwallte senkrechte Frostleisten, die er erst abarbeitete, ehe er die Borke benagte (Abb. 51, 1). An einer anderen Eiche wiederum ließ er eine vorjährige Nagestelle, wo nur die

Borke entfernt worden war, unberührt und setzte seine Meißel lediglich an der frischen Borke und dem darunter liegendem Splint an (Abb. 51, 2).

In welcher Höhe der Baum angegangen wird, hängt von seinem Wuchs und von der Beschaffenheit des Geländes ab. Ist der Wurzelhals verhältnismäßig hoch und breit, so beginnt der Biber seine Arbeit erst oberhalb desselben und muß sie in aufgerichteter Haltung, auf den Hinterfüßen und der Schwanzwurzel hockend, durchführen. Wenn aber ein eigentlicher Wurzelhals kaum vorhanden ist oder sonst das Gelände es zuläßt, macht er es sich bequemer und nagt aus der sitzenden Stellung tief unten den Baum an. So sind im ebenen Grasboden die vier in Abb. 50 wiedergegebenen 55 bis 90 cm im Umfang messenden, schlanken Eschen wie nach Vorschrift der Holzhauer fast unmittelbar über der Erde gefällt; die Stümpfe sind nur 25—30 cm hoch (Abb. 52). Es kommt indessen auch vor, daß starke Wurzelanläufe zuerst angenagt werden; bei einer dicken Schwarzpappel hatte der Biber diesen Versuch aber bald aufgegeben und lieber oberhalb den glatten Stamm angenommen.

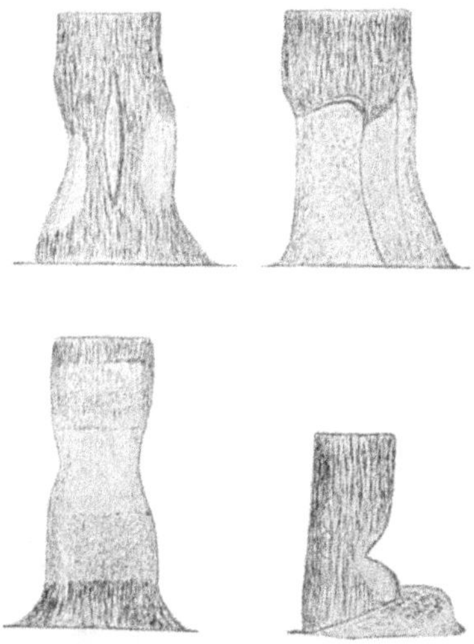

Abb. 51. Beginn des Nagens an mittelstarken Eichen. Orig. Obere Reihe: 1. Die Frostleisten werden zuerst abgenagt. 2. Von links nach rechts: vorjährige Nagestelle, benagtes Holz, benagte Borke. Untere Reihe: 1. Mitte: benagtes Holz, oberhalb und unterhalb davon benagte Borke. 2. Parabolschnitt als Beginn des Nagens

Ist dagegen das Ufer, wie es gewöhnlich der Fall sein wird, etwas ansteigend oder gar schräg, so richtet sich die Wahl und Höhe der Schnittstelle in erster Linie nach der Bequemlichkeit des Ansitzes. Dieser wird im allgemeinen von der Landseite aus erfolgen, denn da kann sich der Biber dem Baume dicht anlehnen und sich an ihm mit seinen Vorderbeinen halten. Stören ihn aber hier Gestrüpp oder Seitenzweige, so entfernt er sie nicht, sondern wählt die Wasserseite. So wurden an einem Altwasser der Elbe unweit Dessau nacheinander verschiedene 15—20 cm starke Weidenstämme sämtlich vom ansteigenden Ufer aus angeschnitten; wenn sie nicht alle in derselben Richtung umbrachen, lag dies daran, daß der Biber hier und da schräg von der Seite her besser herangekommen war.

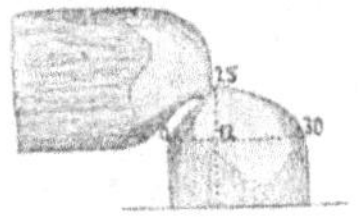

Abb. 52. Doppelkegelschnitt an Esche. Maße in cm. Orig.

Diese durch die Mannigfaltigkeit der Wuchs- und Geländebedingungen, aber auch durch die Größe und Gewohnheit der einzelnen Biber erklärliche Variation in der Höhe der Schnittstellen möchte Bailey in eine Beziehung zur Dicke des Baumes bringen. Durch drei Blitzlichtaufnahmen (Abb. 53), die interessante Nagestellungen zeigen, will er den Satz belegen: Je schlanker der Stamm, um so höher der

Abb. 53. Schneidende Biber. Schematisch nach Blitzlichtaufnahmen bei Bailey

Stumpf; mir scheinen sie aber lediglich dafür zu sprechen, daß nur der Wurzelhals für die Höhe des Anbisses maßgebend ist.

Man hat oft geglaubt, daß der Biber mit einer gewissen Berechnung die Bäume von der Landseite her stärker benage, so daß sie nach dem Wasser hin umbrechen müßten und er dadurch eine leichtere Möglichkeit des Abtransportes hätte. Dies trifft sicher nicht zu. Denn abgesehen davon, daß tatsächlich nicht alle Bäume nach dem Wasser hin umstürzen, ist die Erklärung viel einleuchtender, daß ihre Krone nach der freien, lichtspendenden Wasserseite kräftiger entwickelt und infolgedessen wesentlich schwerer ist. Es ist also eine natürliche Folge dieser ungleichen Lastenverteilung, die meist auch noch durch etwas nach der Wasserseite gerichtete Schrägstellung des Stammes begünstigt wird, wenn ein Baum ins Wasser hinein umfällt. Warren geht sogar so weit, daß er es für gleichgültig hält, ob ein an einem hügeligen Ufer stehender Baum einseitig oder allseitig benagt würde, er müsse immer infolge der unregelmäßigen Kronenausbildung wasserwärts fallen; einen maßgebenden Einfluß schreibt er ferner mit Recht der gerade herrschenden Windrichtung zu. Anderseits sah ich auch ein Beispiel einer nahe am ansteigenden Ufer stehenden starken Eiche, die trotz seeseitig überhängender Krone nach dem Lande umfallen mußte, weil der Biber sie hier viel stärker eingekerbt hatte. Ich möchte aber auch in diesem Falle ihm nicht die Absicht unterstellen, daß er so besser die Seitenzweige abholzen könne, als wenn sie größtenteils in oder unter Wasser gelegen hätten, sondern wiederum auf die Bequemlichkeit des Ansitzes hinweisen.

Im Bibergelände schneereicher Landschaften Nordeuropas und Kanadas fallen Baumstümpfe auf, die bis weit über einen Meter, zuweilen sogar über zwei Meter hoch abgeschnitten wurden. Dies erklärt sich durch die verharschten hohen Schneeflächen, von denen aus der Biber im Spätwinter noch nach frischer Äsung trachtete. Mit Abschmelzen des Schnees mußte er wohl zuweilen auch einen zweiten oder dritten Schnitt tiefer ansetzen, ehe er den Baum zu Fall brachte (Abb. 54). Hierbei ergeben sich gelegentlich höchst bizarr anmutende, übereinanderliegende Einschnitte von verschiedenen Seiten aus, wie Warren eine solche „spiralige Einkerbung einer Fichte" abbildet. Sie sind gleichzeitig wiederum ein Beweis dafür, daß nicht eine Überlegung den Biber leitet, von welcher Seite her er am zweckmäßigsten einen Baum angehen muß, sondern daß nur jeweils sich bietende günstige Angriffsmöglichkeiten ausgenutzt werden. Bei unseren Elbebibern finden wir, wie bereits auf S. 111 erwähnt wurde, analoge Erscheinungen, wenn in Zeiten von Frühjahrshochwasser aus Futtermangel Bäume angenommen werden müssen in einer Höhe, die sonst der Biber nicht erreichen kann. Auch dabei kommen übereinander liegende Doppelschnitte vor. Zu einem künstlichen Doppelschnitt zwangen wir einen an einer stärkeren Weide nagenden Biber, indem wir die Schnittstelle mit Rutengestrüpp umhüllten; am anderen Tage hatte er seine Arbeit entsprechend höher begonnen (Abb. 54).

Wenn der Biber an einem Baume nagt, hält er den Kopf seitlich und reißt quer zur Längsrichtung des Stammes die Späne ab, bald von links, bald von rechts her. Er verfährt hierbei genau so wie der Drechsler, der seinen Hobel ebenfalls quer ansetzen würde; in Richtung des Stammes würde das Holz zu sehr fasern und dann nicht mehr wunschgemäß zu trennen sein. Dabei sammeln sich unten zahlreiche Späne an, deren leuchtende Frische schon von weitem die fleißige Arbeit verrät. Harte Hölzer ergeben im allgemeinen kürzere und schmälere Späne als weiche, unter denen man Absplisse bis zu 10 cm Länge und 3 cm Breite findet (Taf. 17); aber auch unter einer Eiche liegen oft recht verschieden lange Abfälle. Entsprechend zeichnen sich in den Stamm die Nagefurchen der Schneidezähne ein; da aber die Bisse in verschiedener Richtung und Stärke erfolgen, überschneiden sich meistens diese Schnittspuren mannigfach.

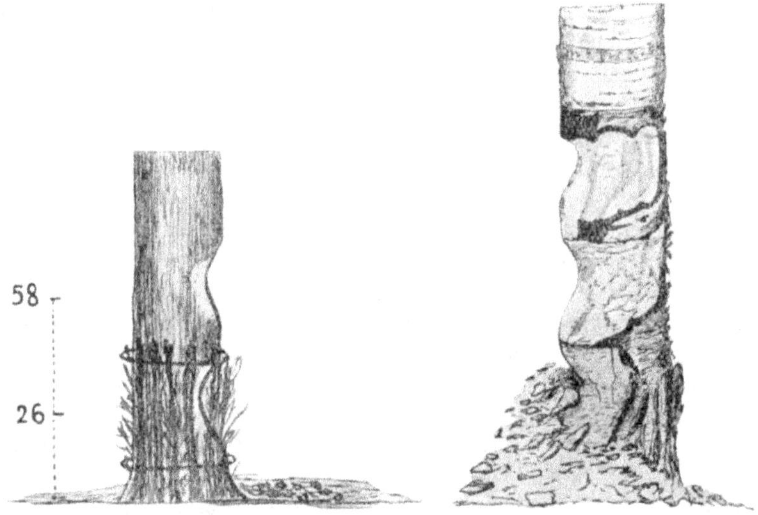

Abb. 54. Links: Doppelschnitt an Weide, durch Umhüllen der unteren Nagestelle erzwungen. Orig. Rechts: Dreifacher Schnitt an Birke bei verschiedener Schneehöhe. Nach Fries

Je nach der Holzart und der Stärke des zu bearbeitenden Stückes ist die Technik des Nagens verschieden und läßt jeweils eine zweckmäßige Anpassung an das Objekt erkennen, wenn man, was bisher noch nicht geschehen ist, den Einzelheiten nachspürt.

Beim Benagen eines dünneren Zweiges zur Gewinnung der Rinde als Nahrung faßt ihn der Biber mit den Vorderfüßen und steckt ihn quer in das etwas geöffnete Maul, so daß er zwischen den Nagezähnen eingeklemmt ist; ein leichter Druck des Unterkiefers genügt, um die Rinde vom Holze abzuheben.

Hierbei bleibt zwischen den beiden Nagezähnen ein schmaler Rindengrat stehen; mithin geben zwei Nagefurchen einen zusammengehörigen Biß an. Aus ihrer Breite kann man auf die Stärke der Nagezähne und damit auf die Größe des Tieres schließen. Besonders deutlich sind diese Nagefurchen an Hartholz und im Herbst, wenn das Kambium nicht mehr saftreich ist. So ist der in Abb. 55 wiedergegebene Eschenzweig von einem halbjährigen Biber benagt worden und der Hartriegelzweig der Tafel 13 (gesammelt 18. 10. 47) zeugt von einer sehr sorgfältigen Arbeit eines gleichalten Tieres.

Die regelmäßige Benutzung desselben Bibersitzes durch eine Biberfamilie ermöglichte es Herberg-Steckby, im Sommer 1946 viele benagte Pappelzweige zu sammeln, an denen das schnelle Wachstum der Schneidezähne eines Jungtieres von den ersten Anfängen im Juni bis zum Beginn des Winters augenfältig abgezeichnet ist (Abb. 56). Die ersten beiden Hiebe in das Holz eines Weidenknüppels der Abb. 57 stammen von einem Alttiere, auch die Erlenrolle der Abb. 49 ist von einem solchen abgenagt worden.

Abb. 55. Nagefurchen eines halbjährigen Jungbibers an Esche. Nat. Gr. Orig.

Ist der Zweig dicker, so daß er mit einem Biß rund herum nicht abgeschält werden kann, wird er flugs um seine Längsachse ein weiteres oder mehrere Male gedreht und entrindet. Die oberen Nagezähne schaben bei einmaligem Zubeißen an einem dünneren Zweige etwa ein Drittel, dagegen die unteren zwei Drittel der Rinde ab. Der abgeringelte Span haftet zunächst noch am Holze, weil ein schmaler Verbindungsstreifen in der Längsrichtung des Zweiges ihn hält. Das ist zweckmäßig, indem dadurch gleich größere Rindenstücke abgerissen und nicht nur schmale Ringel der Kautätigkeit zugeführt werden können. Zu dieser Drehung des Zweiges kommt darauf eine zweite Bewegung, durch die er in seiner Längsrichtung ein wenig weitergeschoben wird, um von neuem benagt zu werden. Dies geschieht mit solcher Gleichmäßigkeit und Schnelligkeit, wie es eine Fräsmaschine auch nicht besser machen könnte. Bei noch dickerem Holze ist das Abringeln der Rinde nicht mehr möglich; es müssen einzelne Späne von ihr abgenagt werden, die nun allerdings auch größer ausfallen und damit die fortschreitende Serienfolge doch lohnen. Hierbei arbeiten vor allem die unteren Schneidezähne, während die oberen als Widerlager dienen. Bei der Pappelrolle der Abb. 58 erkennt man deutlich die bis in den Splint eingehauenen Nagefurchen; die obere Reihe der kurzen Abdrücke stammt von den fest angepreßten oberen, der darunter befindliche Streifen von den schabenden unteren Schneidezähnen.

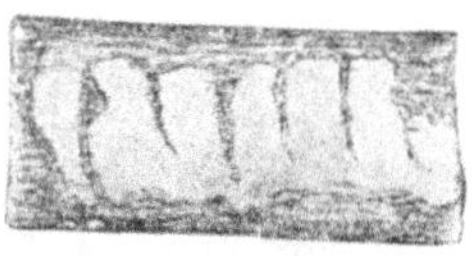

Abb. 56. Nagefurchen-Serie eines Jungbibers an Pappel, Juni bis November. Nat. Gr. Orig.

Ganz anders ist die Technik, wenn es sich um das Abnagen und Fällen zur Holzgewinnung handelt.

Dünne, 1—2jährige Ruten bis zu Fingerstärke biegt der Biber mit den Vorderpfoten an sich heran und schneidet sie mit 1—2 schnellen Bissen des Unterkiefers, der gegen den Oberkiefer gedrückt wird, schräg nach oben ab (Abb. 59). An der glatten Schnittfläche, die wie mit einem scharfen Messer gesetzt erscheint, sind parallel verlaufende Zahnspuren mit einem Mittelgrat sichtbar.

Dickere Zweige bereits gefällter Bäume erfordern intensivere Bearbeitung. Bei einem ca. 3 cm starken Weidenknüppel werden die oberen Schneidezähne quer zur Längsachse des Zweiges, jedoch nicht senkrecht dazu, sondern etwas schräg angesetzt und mit einem Ruck nach unten gezogen. Schon beim ersten Biß fasert das Holz in seiner Längsrichtung als breiter Span, der aber noch in Verbindung mit der darunterliegenden Schicht bleibt (Abb. 60). Nun wird mit dem zweiten Biß daneben etwas tiefer eingeschnitten: wieder wird ein langer

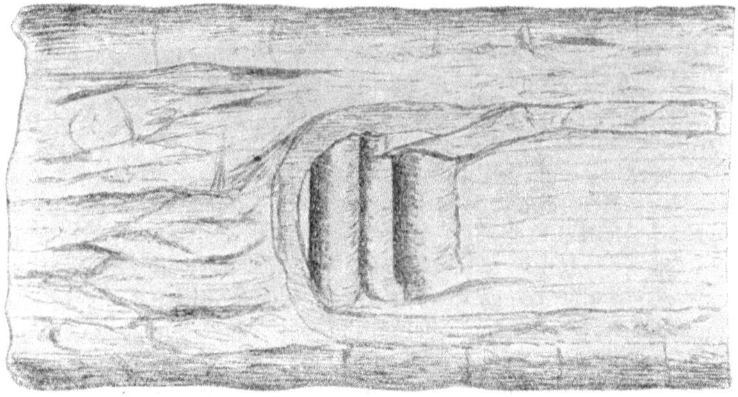

Abb. 57. Beginn des Nagens (2 Bisse) an liegendem Weidenknüppel. Die Späne sind noch nicht abgerissen. Nat. Gr. Orig.

Abb. 58. Pappelknüppel, an dem die Rinde abgenagt ist. Im Splint Bißspuren der Schneidezähne. Nat. Gr. Orig.

Abb. 59. Schnitt an junger Weidenrute. Nat. Gr. Orig.

und breiter Span abgehoben. In 5—6 solcher Bisse (Abb. 61) wird eine schräge Schnittfläche durch den Zweig gelegt und die Lagen der Späne entweder in einem ganzen oder in einzelnen Stücken abgerissen, so daß zuletzt nur noch ein dünner Rindenspan überhängt. An der schrägen Schnittfläche sind nun die scharfen Einkerbungen der Nagezähne als flache Rillen deutlich zu erkennen, die nicht immer genau parallel zueinander liegen, sondern sich teilweise überdecken. Das eine stammwärts gerichtete Ende der Schnittfläche, von dem aus begonnen wurde, ist immer scharf konturiert, am anderen bleibt vom letzten Span bzw. dessen Rinde ein mehr oder weniger langer faseriger Rest stehen.

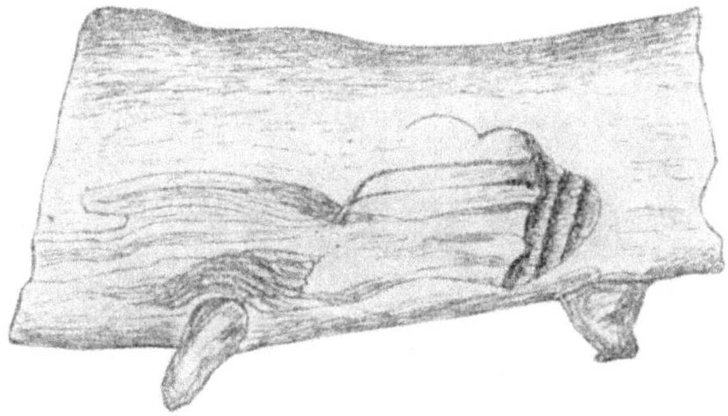

Abb. 60. Beginn des Nagens an geschältem Weidenholz. Die Ansatzstelle der oberen Schneidezähne ist deutlich sichtbar. Nach links sind die mit 2 Bissen abgehobenen Späne abgerissen, ein dritter Span wird eben abgehoben. Nat. Gr. Orig.

Abb. 61. Späteres Stadium des Nagens an anderer Stelle desselben Zweiges wie in Abb. 60. Nach links sind einige Späne abgerissen; weitere, bereits angehobene Späne werden beim nächsten Biß abgehoben werden. Nat. Gr. Orig.

Abb. 62. Ein $2\frac{1}{2}$ cm dicker Eschenzweig ist geschnitten worden; ein Rindenspan steht über. Nat. Gr. Orig.

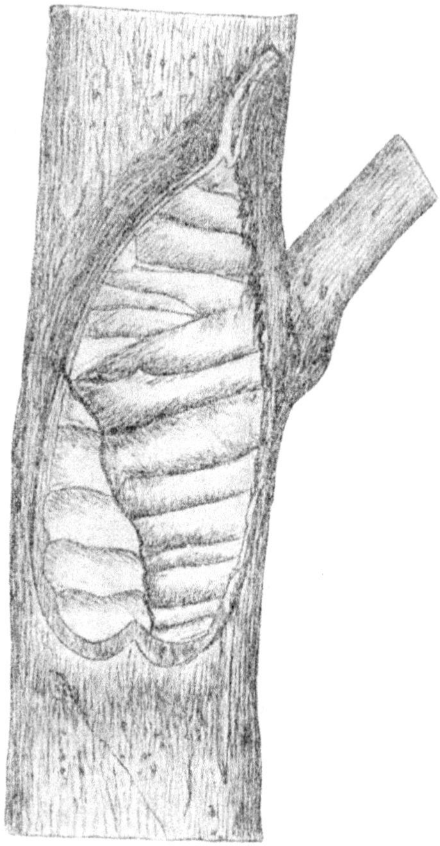

Abb. 63. Ein 3 cm dicker Seitenzweig einer Weide ist abgeschnitten. Beginn der Gratbildung an der Schnittfläche. Nat. Gr. Orig.

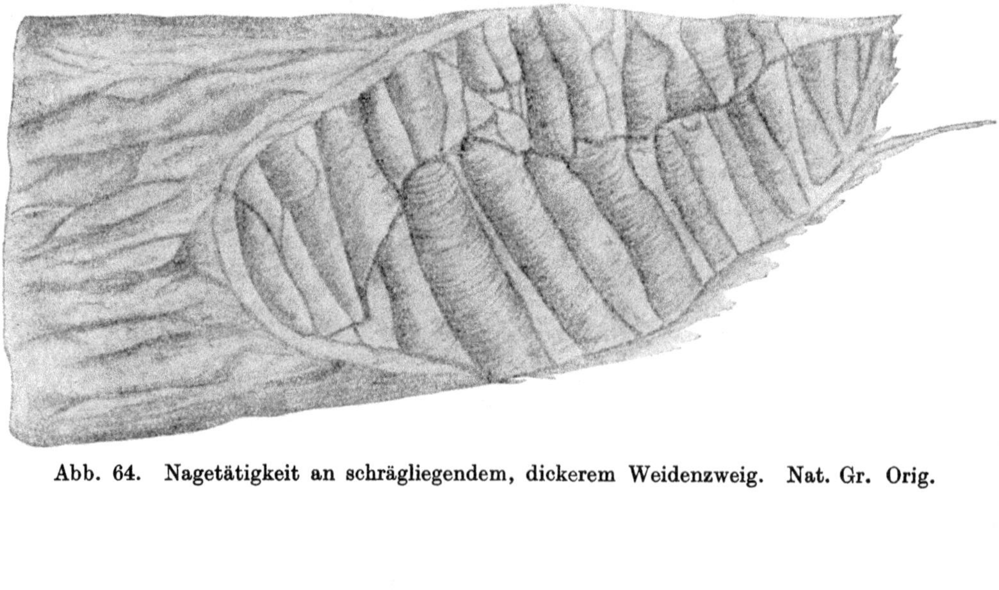

Abb. 64. Nagetätigkeit an schrägliegendem, dickerem Weidenzweig. Nat. Gr. Orig.

Diese Art des Schneidens, bei der nur die oberen Nagezähne in Tätigkeit treten, findet man auch an noch stehenden Stämmen oder Seitenzweigen bis zur Dicke von ca. 3 cm. In sehr schräg abfallender Ebene werden diese glatt durchschnitten. Stets erfolgt das Abarbeiten eines Seitenzweiges in der Richtung von unten nach oben, wie das auch der Holzhauer tut. Die Seite, wo die Schneidezähne ansetzten, ist scharf umgrenzt, während die gegenüberliegende, nach der hingehauen wurde, faserige Rindenränder hat (Abb. 62); gewöhnlich steht ein mehr oder weniger langer Rindenspan von der Unterseite her über. Selbst bei Stämmen oder Zweigen von 3 cm Dicke und darüber wird gelegentlich auch noch in gleicher Weise verfahren, aber mit weniger Glück, indem ein stehenbleibendes Reststück ein nochmaliges Nacharbeiten verlangt (Abb. 63).

So wird denn bei derartigen stärkeren Zweigen gleich von vornherein eine „zweiseitige Nagetechnik" angewandt, bei der die oberen und unteren Schneidezähne nacheinander an derselben Stelle wirken. Durch Senken des Kopfes reißen zunächst die oberen Schneidezähne ihre wiederum etwas schrägen Bahnen in das Holz durch die dünne Rinde hinein bis knapp zur Mittelachse des Zweiges. Dann drücken die Kaumuskeln den Unterkiefer gegen die nun als Widerlager dienenden oberen Schneidezähne, und seine Meißel furchen sich von unten nach oben in das Holz ein. Indem diese Bisse durch langsames Weiterrücken systematisch nebeneinander und absteigend tiefer gesetzt werden, entsteht auf schräger Schnittfläche ein mittlerer Grat. Bei schwächeren Zweigen und Stücken ist nur ein solcher Grat mit unregelmäßig zickzackartig verlaufender Bahn vorhanden (Abb. 64); bei stärkeren Stämmen zeigen mehrere die verschiedenen Ansätze des nagenden Bibers, der bald etwas von oben, bald von unten, immer aber schräg zur Längsachse des Stammes, seine Kehlhobel zur Wirkung bringt.

Je dicker der zu benagende Zweig, um so länger werden die abzuhebenden Späne, die schließlich am oberen Ende hängen bleiben und weiteres Arbeiten erschweren würden. Dies zwingt zu einer anderen Technik. Die Späne werden nun auch am anderen Ende abgebissen und fallen zu Boden (Abb. 65). Ihre Länge richtet sich nach der Holzart (Taf. 17). Bei weichem Holze, das wie Weide und Pappel lang fasert, sind sie meist wesentlich größer als etwa bei der Eiche; auch ihre Dicke schwankt innerhalb weiter Grenzen. Je tiefer der Schnitt wird und je härter das Holz ist, um so kleiner werden die Späne. So wird der Zweig zunächst muldenartig ausgearbeitet mit zwei schräg nach innen abfallenden Schmalseiten (Abb. 65), die immer mehr aneinanderrücken, bis sie schließlich nur noch durch eine dünne Brücke verbunden sind, die dann unter der Last des darauf drückenden Astwerkes durchbricht. Die so entstandene Schnittform erinnert an ein Paraboloid, sie sei daher als Parabolschnitt bezeichnet (Abb. 66). Auch an stärkeren Zweigen bereits gefällter Bäume kann man derartige Schnitte häufig finden; durch

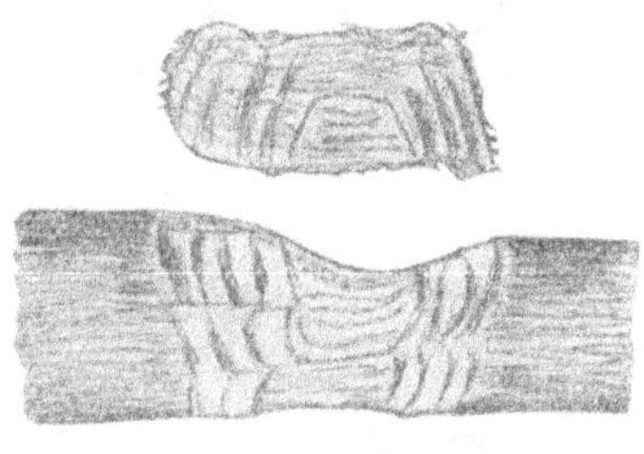

Abb. 65. Dickerer Eichenzweig mit zweiseitiger Ausnagung; darüber der abgenagte Span. Stark verkl. Orig.

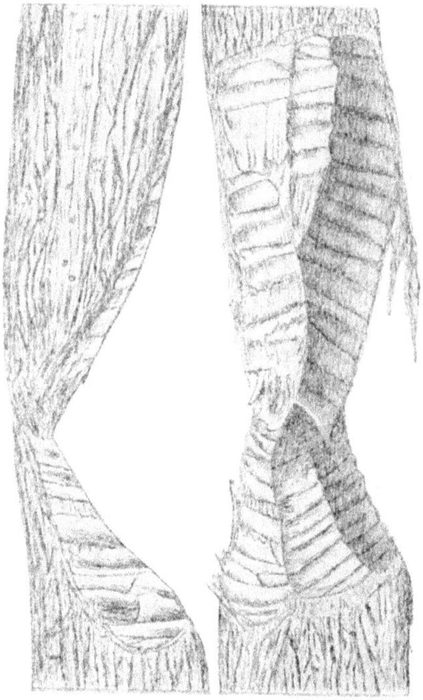

Abb. 66. Parabolschnitt an Weide; links seitlich, rechts von vorn gesehen. 1 : 2. Orig.

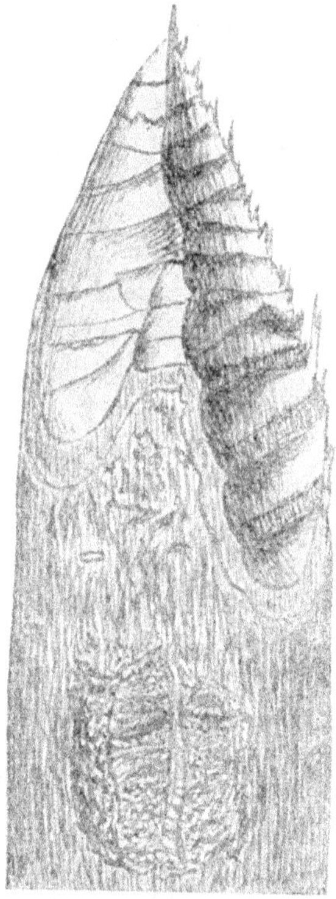

Abb. 67. Jungerle, mit 2 schrägen Schnittflächen abgehauen. Nat. Gr. Orig.

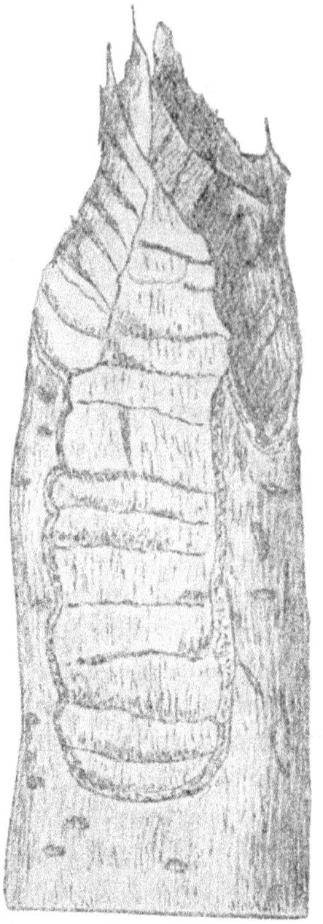

Abb. 68. Jungerle, in schrägen Schnittflächen abgehauen. Nagefurchen an der Rinde. Nat. Gr. Orig.

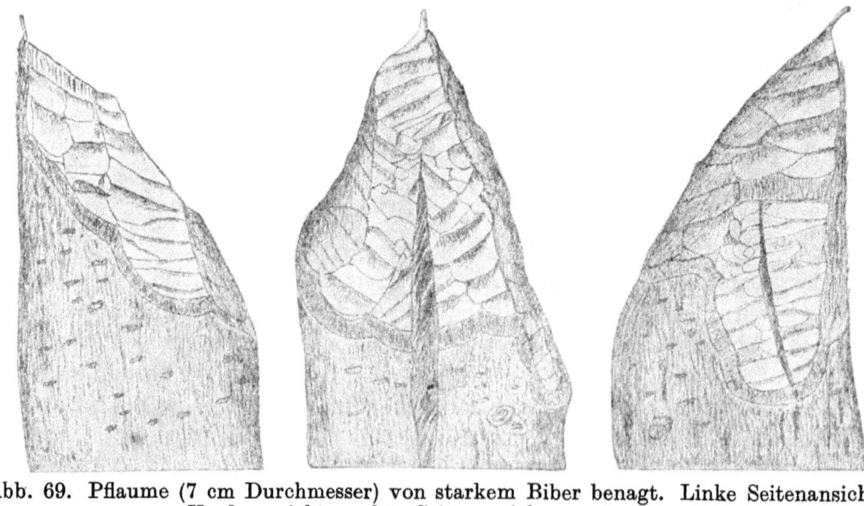

Abb. 69. Pflaume (7 cm Durchmesser) von starkem Biber benagt. Linke Seitenansicht, Vorderansicht, rechte Seitensanicht. 1 : 2. Orig.

sie werden Stücke zurechtgemacht, die zum Abtransport nach dem Bau bestimmt sind.

Beim Fällen ganzer Bäume wird die zweiseitige Nagetechnik mit dem Parabolschnitt kombiniert. Auch hier ist die Art des Schneidens jeweils nach der Dicke des Baumes verschieden. Jüngere Stämme bringt der Biber, wie der Stumpf der in Abb. 67 wiedergegebenen Esche zeigt, durch zwei aufeinander zulaufende Parabolschnitte zu Fall: zuerst durch einen auf der linken Seite, was die hier völlig glatte Rinde ausweist; sodann ist nach der entgegengesetzten Seite heruntergehauen worden (Außenrand gefasert!). An einer ebenso starken Erle (Abb. 68) ist zunächst zu Beginn der Arbeit eine gerade Ansatzfläche geschaffen und von dieser aus der Stamm in Angriff genommen worden, wiederum mit zwei seitlichen Parabolschnitten, die zuletzt durch zwei noch wesentlich kürzere abgeschrägt wurden. Als nächstes Stadium würde hieran die Weide der Abb. 66 anzuschließen sein, bei der aber die mittlere Schnittfläche als erste angelegt wurde.

An dem 7 cm dicken Pflaumenbaum der Abb. 69 hat ein sehr starkes Tier durch seine breiten Nagefurchen seine Arbeitsweise in hartem Holze besonders anschaulich gemacht. Drei Parabolschnitte, zwei seitliche und dann ein dritter, senkrecht zu ihnen gerichteter, legten den Baum um, was bei der Gleichmäßigkeit derselben darauf hindeutet, daß dies die Arbeit eines einzigen Ansitzes in einer Nacht gewesen ist.

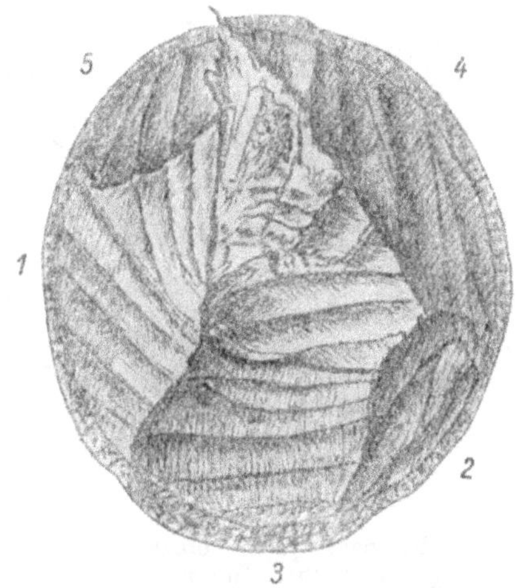

Abb. 70. Linde. Aufsicht auf Schnittkegel, der aus 5 Schnittflächen entstand. Nat. Gr. Orig.

Ist der zum Fällen ausgewählte Stamm noch stärker, so geht die Arbeit natürlich langsamer, aber auch dann läßt sich bei genauer Analyse eine Zweckmäßigkeit wohl erkennen. Wenn auch nun mehrere Parabolschnitte, schräg aufeinander zulaufend, erforderlich sind und diese sich dadurch überschneiden, so zeigen doch an besonders günstigen Objekten derartige Gruppen von Bißspuren, wie der so allmählich entstehende Doppelkegel sich aus einer größeren Zahl derselben aufbaut. Um den Lindenzweig der Abb. 70 abzutrennen, wurden, vermutlich in der Reihenfolge der Numerierung, fünf solcher Schnittflächen angelegt, die sich zum Kegel runden, wie dieses Aufsichtsbild zeigt; die bei Nummer 3 stehengebliebene dünne Verbindungsbrücke der beiden Kegel brach durch die Last des Laubwerkes um, als sie durch die beiden Flächen 4 und 5 weiter unterhöhlt war.

Bei ganz starken Bäumen zerlegt sich die Oberfläche des Schnittkegels in eine große Zahl von kleinen Nageflächen, die systematisch nebeneinandergefügt sind (Abb. 71). Bald bestehen sie nur aus wenigen Kerben, bald sind sie umfangreicher, je nach der Holzart und der schon vorhandenen Wölbung der Gesamtoberfläche.

Im allgemeinen vollzieht sich dann der Vorgang des Fällens dickerer Bäume in folgender Weise. Nach sorgfältiger Abfräsung der Borke werden etwa in der Mitte der so vorbereiteten Fläche die Nagezähne wiederum quer zur Längsachse des Baumes angesetzt und Späne abgerissen. Bei einer mittelstarken Eiche war diese ursprüngliche Arbeitszone 15 cm breit. Sie wurde aber nun bald nach oben und unten ausgedehnt, und zwar mehr nach unten als nach oben, so daß eine etwas ungleichartige Aushöhlung entstand. Da aber immer wieder von der Mitte der Bißfläche aus weitergenagt wird, kommt die bereits beschriebene parabole Aushöhlung zustande.

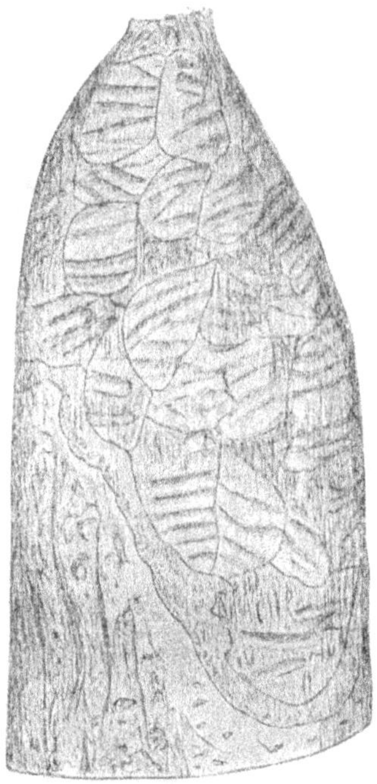

Abb. 71. Erlenstumpf mit einzelnen Nageflächen. Durchm. 16 cm. 1 : 4. Orig.

Je härter das Holz ist, um so länger dauert die Arbeit, um so glatter aber erscheint die abgehobelte Fläche mit ihrer konvexen Wölbung. Die Verlängerung der Parabeläste nach oben und unten wird durch die Raumverhältnisse am Schnitt selbst geboten; andernfalls würde der Biber mit seinem schräg gehaltenen dicken Kopf und bei seinen ruckartigen Bewegungen nicht genügend freies Arbeitsfeld haben. So gingen die Äste dieser Parabel bei einer an der Schnittfläche 90 cm im Umfang messenden Eiche (Abb. 72) 35 cm auseinander, während ihre Achse 10 cm tief eingriff. Als er dann bis etwas über die Mitte der Längsachse des Stammes vorgedrungen war, begann der Biber nun auf der entgegengesetzten Seite zu nagen und trieb von hier aus wieder einen Parabolschnitt vor. Dadurch, daß diese beiden Schnitte ungleich tief in den Stamm eingreifen, bricht dieser nach der stärker ausgehöhlten Seite um. Hierbei ist für die Fallrichtung allerdings entscheidend, daß der Baum senkrecht gewachsen und die Krone gleichmäßig ausgebildet ist. Durch die Bearbeitung von zwei gegenüberliegenden Seiten aus wird zugleich ein „Spellern“ des Holzes beim Fällen des Baumes verhütet, das heißt ein verfrühtes Umknicken bis auf einen übermäßig großen und eine nochmalige Behandlung erheischenden Restspan.

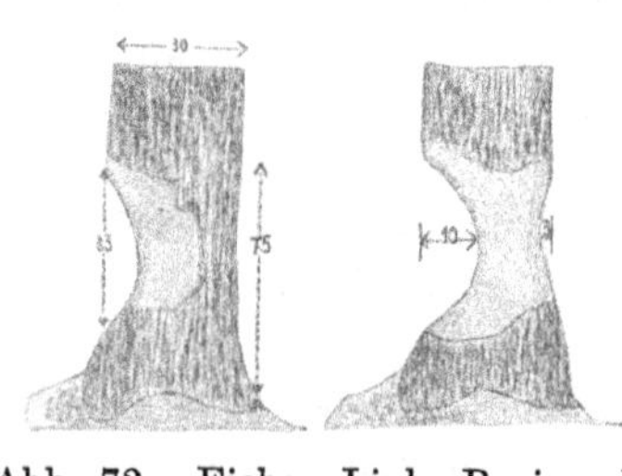

Abb. 72. Eiche. Links Beginn des Schneidens, rechts nach 4 Wochen. Orig.

Steht der zu schneidende Baum allseitig frei, so daß der Biber ringsherum bequem herankommen kann, so wendet er die Schnittform an, die man als Kegelschnitt bezeichnet, genauer Doppelkegelschnitt nennen müßte. Auch der oft gebrauchte Vergleich mit einer Sanduhr, einem Stundenglas oder mit zwei Bleistiften, die mit den Spitzen gegeneinandergestellt sind, ist durchaus anschaulich. Bei dieser Schnittform greift die Nagefläche um den ganzen Stamm nahezu gleichmäßig herum, der Biber muß mithin seinen Ansitz oft wechseln und seitwärts weiterschieben. Dies wird nicht immer systematisch geschehen, sondern dem Zufall bei verschiedenen nächtlichen Ansitzen überlassen bleiben, jedoch mit dem beabsichtigten Enderfolg. Der untere Kegelstumpf ist im allgemeinen länger als der obere und erscheint daher massiger (Abb. 72). Meistens wird auch bei diesem Kegelschnitt von der einen Seite aus stärker eingenagt als von der entgegengesetzten, so daß die Achse der beiden Kegel nicht mit der Mittelachse des Baumes zusammenfällt (Taf. 18).

Es ist oft bemerkt worden, daß der Biber, je weiter seine einschneidende Arbeit fortschreitet, um so häufiger für einen Augenblick dabei aussetzt und, etwas zurückgehend, nach oben ausschaut, als wolle er das baldige Umstürzen des Baumes taxieren. Jedenfalls ist er dabei recht vorsichtig und weiß sich im gegebenen Augenblick durch schnelles Seitwärtshüpfen, sogar durch fluchtartiges Davonlaufen, in Sicherheit zu bringen. Daher konnte durch die Literatur der Satz hindurchgeschleppt werden, es sei noch nie ein Biber gefunden worden, der durch einen von ihm gefällten Baum getötet worden sei. Friedrich stellte dagegen fest, daß „im Gebiet der Oberförsterei Lödderitz im Jahre 1891 ein Biber durch eine ins Wasser stürzende Pappel erschlagen wurde, sein Kadaver wurde zwischen den Zweigen schwimmend aufgefunden". Martin und Collett zitieren ferner je einen Fall, wo ein Biber unter einem von ihm umgelegten Baum eingeklemmt und verendet war. Und im Revier Großkühnau bei Dessau wurde im August 1940 ein noch lebender, aber stark ermatteter Biber angetroffen, dessen rechter Hinterlauf an der Fußwurzel von der oberen Kegelspitze einer von ihm gefällten, 20 cm dicken Espe festgequetscht war (Taf. 29). Dieser Baum war infolge des Verfangens seiner Krone an benachbarten Bäumen hängengeblieben und zur natürlichen Falle des Bibers geworden. Leider ging das Tier an der erlittenen Verletzung, die eine schwere Vereiterung zur Folge hatte, nach einigen Tagen ein.

Bei geschlossenem Bestande kommt es gar nicht selten vor, daß ein geschnittener Baum nicht umfällt, weil seine Krone vom Astwerk der Nachbarbäume gehalten wird (Taf. 14). In solchen Fällen versucht der Biber an dem unteren, nun frei hängenden Stamm oberhalb seiner ersten Angriffsstelle sein Glück von neuem, ohne viel dabei erreichen zu können. Ich sah aber auch eine ihm gelungene Lösung dieser Situation. Am ansteigenden Ufer war eine Espe von 25 cm Durchmesser mit Parabolschnitt tief angenagt, dann aber eine andere aufwärts davor stehende angenommen. Als letztere nicht zu Fall kam, weil sie sich in der ersteren verfangen hatte, ging der Biber wieder die erste alte Nagestelle an. Durch den Druck der auf ihm lastenden Krone erhielt dieser Stamm jetzt eine seitliche Drehung, wodurch auch der zweite Baum umstürzen konnte; er wurde dann in der üblichen Technik zerlegt. In genau der gleichen Weise bringen die Holzhauer einen „Aufhänger" durch Abdrehen am einfachsten zu Fall.

Das Baumfällen ist für den Biber eine Saisonarbeit. Sie beginnt im Herbst und wird fortgesetzt, bis der Frost ihn in seinen Bau zwingt; in milden Wintern habe ich bis zur Jahreswende frisch gefällte Bäume gesehen. Auch im zeitigen Frühjahr, wenn schon etwas wärmeres Wetter herrscht, wird gelegentlich weiter geschnitten, vor allem bei Hochwasser, das ja meist die Dispositionen auch des Bibers umstößt. Während der übrigen Jahreszeit dagegen wird nur hier und da einmal ein Baum angegangen, aber selten völlig umgelegt. Schon diese Feststellungen geben eine andeutende Antwort auf die Frage nach dem Warum dieser eigentlichen Nagetätigkeit unseres Bibers.

In erster Linie handelt es sich um Vorbereitungen für den nahenden Winter, um die Beschaffung von Fraßholz, das eingetragen werden muß, und, wenigstens für die Hochbaue, auch um Bauholz zum Abdichten und Ausbessern der Burgen. Die Sortenwahl der zu fällenden Bäume richtet sich daher naturgemäß nach dem Fraßholz. Im Frühjahr kann ferner nach einem harten Winter auch die Rindennahrung der eingetragenen Zweige knapp geworden oder durch Hochwasser beides, Nahrung und Wohnung, verlorengegangen sein; dann muß von neuem, und zwar intensiv, geschnitten werden. Ist aber erst wieder die Auswahl an saftigen Kräutern größer, dann liefern diese den größten Teil des Futters, das durch Weidenruten oder Espenzweige seine Ergänzung findet.

Aber auch im Sommer muß gelegentlich an Holz genagt werden, und das hängt mit der Natur der Schneidezähne zusammen. Wie bei allen Nagetieren haben diese zeitlebens ein ununterbrochenes Wachstum, müssen daher auch an ihrer Usurfläche ständig abgenutzt werden. Im Herbst, Winter und Frühjahr erfolgt dies zur Genüge; im Sommer dagegen ist ein gelegentliches Schärfen an einem als Wetzstein dienenden Baumstamm erforderlich. So schnitt auch, wie im Kapitel „Nahrung“ erwähnt wurde, ein im Zoologischen Garten auf ganz andere Ernährung umgestellter Biber weiter an den ihm gereichten Weidenzweigen, deren Rinde nicht mehr verspeist wurde; er hatte das instinktive Verlangen nach stärkerer Inanspruchnahme seiner Schneidezähne.

Bei einer Rückschau drängt sich nun fast von selbst ein Vergleich der Nagetätigkeit des Bibers mit der Arbeit des Holzfällers auf; nicht nur in der jahreszeitlichen Durchführung besteht Übereinstimmung, sondern auch in vielen Einzelheiten der angewandten Technik. Dünne Ruten schneidet der Biber mit einem Ruck von unten nach oben genau so, wie es der Gärtner mit seiner Hippe (Sichelmesser) tun würde; dickere Triebe werden von beiden Holzbearbeitern in einseitiger Einkerbung abgetrennt. Stärkere Zweige gewinnt der Biber durch den Parabolschnitt mit seinen Nagezähnen so wie der Holzhauer durch die Beilhiebe, wobei beide ihre Werkzeuge quer zur Längsachse ansetzen; die letzten Schläge von der entgegengesetzten Seite her bewirken das Umbrechen. Beim Kegelschnitt des Bibers endlich ist die Analogie mit der die Richtung des Falles bestimmenden einseitig tieferen Holzfällerarbeit in gleicher Weise gegeben. Selbst die bei solcher Tätigkeit vorkommenden Unfälle zeigen Parallelen: das Einklemmen des Bibers von dem verfangenen pendelnden Baumstamm entspricht den bei Waldarbeitern am häufigsten eintretenden Beinverletzungen und ihrer Ursache durch zur Seite federnde Stammenden!

F. Vermehrung

Über verschiedene mit der Vermehrung des Bibers zusammenhängende Fragen herrscht noch ziemliche Unklarheit, was bei der Schwierigkeit der Beobachtung gerade dieser biologischen Vorgänge immerhin verständlich ist. Nun scheinen wir zwar in der günstigen Lage zu sein, Lücken in unserem Wissen auf diesem Gebiet aus amerikanischen Quellen auffüllen zu können. Denn diese fließen reichlicher, was sich einerseits erklärt durch das noch häufigere Vorkommen der neuweltlichen Biber, anderseits durch die dort vielfach schon mit Erfolg durchgeführten Zuchten in Farmen oder in Gehegen. Es ist jedoch geboten, nicht alle diese Berichte oder Beobachtungsergebnisse als auch für unsere europäischen Biber gültig anzusehen, da, wie im einzelnen noch hervorgehoben werden wird, bei der Vermehrung doch wohl wesentliche Unterschiede bestehen, die eben auch zu der Annahme führen, daß beide Formen verschiedene Arten sind.

Schon die Beantwortung der ersten Frage, in welchem Alter der Biber zur Fortpflanzung schreitet, ergibt eine solche Differenz. Nach Bailey „beginnt die Vermehrung, wenn die Biber ein Jahr alt sind, da ein oder zwei Embryonen oft in Weibchen von 25—30 Pfund gefunden wurden, aber manche mögen sich im ersten Jahr noch nicht vermehren. Zwei Jahre alt, wenn sie 40—45 Pfund wiegen, haben sie gewöhnlich vier Junge." Die von Warren gegen die erste Altersangabe allgemein geäußerten Zweifel möchte ich mit der besonderen Begründung unterstützen, daß im Vergleich zu unseren durchschnittlich sogar größeren europäischen Bibern die amerikanischen im Alter von einem Jahre kaum schon 25—30 Pfund (= 23—27 deutsche Pfund) schwer sein werden, dieses Gewicht vielmehr für ein zweijähriges Tier schon hoch erscheint — wenn man nicht annehmen muß, daß sie schneller heranreifen als ihre europäischen Vettern, worauf beim Kapitel: „Körperlänge und Gewicht" hingewiesen wurde. Martin sagt sogar: „das elterliche Nest wird verlassen, wenn die Jungen ihr drittes Jahr vollenden"; so wachse jedes dritte Jahr eine neue Biberfamilie heran, ein Turnus, den auch die Hudsonbay-Company bei der Gewinnung der Biberfelle aus ihren Reservaten respektiere. Die gleiche Angabe über die Trennung der Jungtiere von den alten finden wir für den europäischen Biber bei Altum (nach Dahms). Auch nach Fries sind die Jungtiere noch im zweiten Jahre bei der Alten und machen sich erst im Verlauf desselben selbständig, um im nächsten Frühjahr Junge zu setzen. Wenn auch bisher zuverlässige, auf sicherer Altersbestimmung der Muttertiere beruhende Angaben in unserer europäischen Biberliteratur noch nicht vorlagen, mag dies doch möglich sein. Ich neige jedoch zu der Ansicht, daß das normale Alter für die Vermehrung wohl erst das vierte Lebensjahr ist, in dem mit Abschluß der Dentition die Tiere als erwachsen bezeichnet werden können.

Man wird ferner annehmen dürfen, daß ein Biberweibchen unter normalen Verhältnissen alljährlich Junge bringen kann. Ramsey gibt für die amerikanischen Biber an: „Die weiblichen Biber sind am besten vom dritten bis zum 15. Jahre für die Zucht geeignet." Nach Benson waren von 34 erwachsenen Waldbiberweibchen (*C. canadensis michiganensis*), die in der Zeit vom 16. März bis 15. April gepelzt wurden, 61,7% trächtig; die Durchschnittszahl der Embryonen betrug 3,9. Von 38 einjährigen Weibchen dagegen war nicht ein einziges trächtig.

Auch mit der Behauptung, der Biber sei polygam wie alle Nagetiere, steht Bailey allein da; andere amerikanische Autoren halten ihn für monogam das ganze Leben hindurch. Ein polygames Männchen würde auch, wie das wiederholt bei uns festgestellt ist, kaum zu seinem Weibchen zurückkehren, nachdem dieses seine Jungen so weit aufgezogen hat, daß sie ihm ins Wasser folgen. Weiterhin spricht die annähernd gleich große Zahl von Männchen (48,2%) und Weibchen (51,8%) innerhalb einer Population, wie sie aus der Statistik von Benson hervorgeht, ebenfalls für Monogamie.

Die Brunstzeit möchten aus dem Winckell und ein amerikanischer Gewährsmann (nach Warren) in die Wintermonate verlegen, was schon infolge der zu dieser Zeit meist noch vereisten Wohngewässer unwahrscheinlich klingt. Ende Februar, Anfang März (v. Meyerinck) dürften wohl die zutreffenden Termine sein. Während aber unter allen Autoren dahingehend Übereinstimmung besteht, daß die Brunst- und Wurfzeit in die erste Hälfte des Jahres falle, verschieben Marius und Frank (1685) die erstere in den Anfang des Sommers und lassen die 2—3 Jungtiere um den Nikolaustag (6. Dezember) geboren werden.

Leider sind auch in der neueren Literatur genaue Angaben über die Beobachtungsdaten zu vermissen, deren Bedeutung, wie schon bei der Altersbestimmung betont wurde, nicht hoch genug geschätzt werden kann. Sie würden uns z. B. sofort von der unbekannten Brunstzeit bis zur besser bestimmten Wurfzeit die Trächtigkeitsdauer verraten. Denn auch über diese gehen die Nachrichten noch weit auseinander: von vier Monaten (aus dem Winckell und v. Meyerinck für den europäischen, Martin für den amerikanischen Biber) auf drei bis eineinhalb, sogar nur einen Monat. Bei Böhmerle findet sich folgende Zusammenstellung: „1840 Behlen vier Wochen; 1864 Exinger und 1877 Hartig sechs Wochen; 1884 R. v. Dombrowski und Chadt neun Wochen; 1892 Volkmann acht bis neun Wochen; 1882 O. v. Riesenthal 16 Wochen; 1878 Winckell-Tschudi vier Monate. Ich akzeptiere die Angabe Exingers, der die zuverlässigsten Beobachtungen an seinen gehegten Bibern anstellen konnte.“ Mingaud fand am 29. März 1910 in einem Rhonebiber einen kleinen Embryo von 11 cm Länge und 43 g Gewicht, dessen Alter er auf einen Monat schätzte. Er berechnet danach die Brunstzeit auf Ende Februar oder Anfang März und die Wurfzeit auf Mai, mithin die Trächtigkeitsdauer auf etwa drei Monate. Nach Ognev ist es Lawroff (1938) gelungen, im Gehege die genaue Trächtigkeitsdauer von 105 bis 107 Tagen festzustellen.

Der Vorgang der Paarung ist wiederholt beschrieben worden, aber auch mit verschiedenen Varianten. Abgesehen von einer Nachricht, wonach in einer Farm kanadischer Biber das Männchen nach Hundeart das Weibchen zu begatten versuchte (David), stimmen die Beobachtungen an europäischen Bibern darin überein, was man nach der eigenartigen Lage der Kloake vor der Schwanzwurzel auch erwarten muß, daß die Kopulation Bauchseite an Bauchseite erfolgt. Selten geschieht dies wohl auf dem Lande (Hitzinger bei Müller, Tiere der

Heimat) und hier noch seltener in liegender Stellung (Krumbiegel), sondern meist im Wasser. Einleitend durch ein spielendes Verfolgungsschwimmen, legen sich die Partner etwas seitlich nebeneinander, wobei die Kellen hin und her schlagen (Mertens, Riesenthal), oder richten sich plötzlich hoch, was durch entsprechende Bewegungen der Hinterfüße und Kellen reguliert wird. Hierbei muß in enger Berührung der Penis in die weibliche Kloake eingeführt werden, wofür die anatomischen Bedingungen bei seiner geringen Länge und seiner auffallend tiefen Lage in dem Präputialschlauch nicht besonders günstig erscheinen; es erfolgen aber mehrfache Wiederholungen. Nach den auch mir zuverlässig erscheinenden Angaben von Exinger (veröffentlicht von Fitzinger), der in der Mitte des 19. Jahrhunderts sechs Jahre lang eine Biberzucht in Mödling bei Wien unterhielt, geben die Biber während der sechs bis zehn Tage dauernden Brunstzeit häufig kurze grunzende oder leise schnalzende Töne von sich. „Bei Beginn der Begattung treibt das Männchen das Weibchen im Wasser, beide erheben sich aufgerichtet bis halb über den Wasserspiegel unter Wassertreten und Liebkosungen. Dann tauchen sie wieder unter und schwimmen an Land. Kaum befinden sie sich am Rande des flachen Ufers, so wirft sich das Weibchen sogleich auf den Rücken, worauf das Männchen sich so über dasselbe hinlegt, daß die Unterseiten beider Tiere sich gegenseitig decken. Nachdem die Begattung in dieser Stellung, wobei sie sich auch mit den Vorderbeinen umschlingen, unter den zärtlichsten Liebkosungen vor sich gegangen ist, welcher Akt einen Zeitraum von 12—18 Sekunden in Anspruch nimmt, gleiten beide wieder unverweilt ins Wasser, tauchen auch allsogleich unter und schwimmen am entgegengesetzten Ufer ans Land.“ Dieser Beschreibung entspricht der im Rotterdamer Zoologischen Garten von van den Brink beobachtete Koitus kanadischer Biber: „Das Männchen legt sich fast gänzlich auf eine Seite auf dem Wasser, das Weibchen geht platt schwimmend darunter und hebt den Schwanz auf, was sie sehr anzustrengen scheint. Nur eine kurze Weile dauert der Koitus.“

Die Wurfzeit ist vielfach klimatisch bedingt und daher verschieden. In dem milderen Klima Kaliforniens z. B. werden nach Warren die Jungen meist schon in der ersten Hälfte des April, einige bereits im März geboren, in anderen Staaten dagegen erst im Mai. Bei uns sind die zeitlichen Differenzen wohl auch auf das frühere oder spätere Einsetzen des Frühlings und damit der Brunstzeit zurückzuführen. Sie schwanken von Ende April bis Anfang Juni. Über einen besonders frühen Termin berichtet Kraft, der schon Anfang April aus dem Bau durch Hochwasser vertriebene Jungtiere fand. Die Hauptzeit dürfte im Mai liegen. Wanckel-Schönebeck erhielt ein totes Weibchen mit vier nahezu ausgetragenen Embryonen am 14. Mai 1932, ich das gleiche am 22. Mai 1939, Mingaud einen Rhonebiber mit nur einem ausgetragenen Fötus am 11. Mai 1905. Dagegen waren die drei Embryonen eines am 16. April 1950 angefallenen starken Weibchens in ihrer Entwicklung noch so weit zurück, daß sie wohl frühestens Ende Mai reif gewesen wären.

Es erfolgt lediglich ein Wurf im Jahre. Zwei von Warren für den Yellowstone-Park erwähnte Fälle eines zweiten Satzes im August dürften seltene Ausnahmen sein, wie auch Bailey für den amerikanischen Biber durchweg nur mit einmaliger Vermehrung im Jahre rechnet und bei uns ebenfalls keine abweichenden Beobachtungen vorliegen. Wenn amerikanische Trapper häufig behaupten, daß ein Weibchen zweimal im Jahre Junge würfe, so sieht Bailey eine Erklärung für diese irrtümliche Annahme darin, daß einjährige Tiere, soweit sie überhaupt schon trächtig werden, erst viel später als ältere, nämlich um den Anfang Juli herum, zum Wurf kommen.

Die Zahl der Tiere eines Wurfes hängt wohl zunächst vom Alter der Mutter ab, indem der erste Satz nur ein bis zwei Jungtiere bringt. Während aber Bailey für später eine Durchschnittszahl von vier Jungen als normal bezeichnet und, wie auch Warren, mancherlei Rekorde von sechs, in einzelnen Fällen sogar bis acht anzuführen weiß, ist bei unseren europäischen Bibern der Durchschnitt zwei bis drei Junge; vier sind schon als Ausnahme zu betrachten, über den seltenen Fall von fünf lebenden Jungtieren einer acht Jahre alten Mutter werde ich noch ausführlicher berichten. Jedenfalls scheint mir die größere Fruchtbarkeit, und, wenn die oben zitierten Angaben von Bailey zutreffen, auch die früher eintretende Geschlechtsreife der amerikanischen Biber einen beachtlichen artbestimmenden Unterschied gegen die europäischen darzustellen. Hearne (zitiert bei Martin), der als zuverlässiger älterer Beobachter gilt, behauptet aus eigener Untersuchung den Indianerglauben bestätigen zu können, wonach die Zahl der Jungen des letzten Wurfes einer Biberin bestimmt werden könne: so viele harte Ringe an der Gebärmutter, so viele Junge seien gesetzt worden[1]! Den Geburtsakt selbst beobachtete Lawroff (zitiert bei Ognev) in einem Bibergehege. Er begann um 12 Uhr und dauerte mit Unterbrechungen bis 20,30 und 21 Uhr. Das Stöhnen der kreißenden Tiere konnte man noch in einiger Entfernung wahrnehmen.

Die Frage, ob die Jungen blind oder sehend geboren werden, ist viel umstritten, und man hat bei Durchsicht namentlich der älteren Literatur den Eindruck, daß sie weniger auf Grund von Beobachtungen als von Analogieschlüssen mit anderen Nagetieren oder gar nur in gewohnheitsmäßiger Weitergabe von einem Autor zum anderen beantwortet wurde. Nach Brandt und Ratzeburg sind die neugeborenen Tiere zunächst blind, nach aus dem Winckell neun Tage, nach Friedrich und Mertens acht Tage, nach v. Meyerinck zehn bis zwölf Tage lang. Warren läßt für amerikanische Biber die Antwort offen; nach Martin sind sie nur zwei bis fünf Tage blind. Die Entscheidung führen wir herbei durch drei positive, zeitlich aneinander schließende Tatsachenfälle, die wir bedenkenlos als für beide Biberarten gültig ansehen dürfen. Wanckel-Schönebeck fand nach mündlicher Mitteilung bei den erwähnten vier ausgetragenen Biberembryonen die Augenschlitze bereits geöffnet, „Shark beobachtete bei der Geburt eines vierköpfigen Wurfes des amerikanischen Bibers, daß die Jungen mit offenen Augen zur Welt kamen“ (Mohr), und nach Bailey waren bei einem sechsköpfigen Wurf einen Tag nach der Geburt die Augen weit geöffnet.

[1] Diese Geschichte findet sich wieder aufgenommen bei Ingstock („Mein Leben in der Wildnis“, 1943).

Über Größe und Gewicht der neugeborenen europäischen Biber liegen aus leicht verständlichem Grunde nur zwei Angaben von den bereits besprochenen ausgetragenen Embryonen vor: der Fötus des Rhonebibers Mingauds war 35 cm lang (Gewicht 725 g), ein von mir gemessener des vierköpfigen Wurfes vom Elbebiber 33 cm. Erst für das Alter von etwa einem Monat ab können wir dann Zahlenreihen bringen (vgl. das Kapitel „Körperlänge und Gewicht"), aus denen für die ersten drei Lebensjahre ein schnelles und gleichmäßiges Wachstum bis jährlich durchschnittlich 10 Pfund ersichtlich ist. Nach Warren waren amerikanische Biber im Alter von einer Woche 355 mm lang. Bailey gibt für einen Wurf von sechs Tieren, die in einem Gehege Zentral-Pennsylvaniens laufend beobachtet wurden, folgende Gewichte an:

3 Tage alt: der kleinste 396 g, der größte 481 g, die anderen 453 g (= 1 amer. Pfund)

23 Tage alt: zwei Durchschnittsexemplare je 670 g (= 1½ amer. Pfund)

6 Wochen alt: durchschnittlich etwas mehr als 2½ Pfund, schwankend zwischen 905 und 1358 g.

In den ersten Lebenswochen werden die Jungtiere ausschließlich mit der Muttermilch ernährt. Die vier Zitzen stehen, trapezförmig angeordnet, auf der Brust etwas unterhalb der Verbindungslinie beider Vorderfüße (Abb. 73) und ragen nur beim stillenden Biber ca. 2 cm über das Fell heraus, während sie sonst schwer zu finden sind. Die Milch wird jederseits in einer bohnenförmigen Brustdrüse erzeugt, die unmittelbar unter der Haut liegt und die beiden zugehörigen Brustwarzen speist; bei einem 49 Pfund schweren Weibchen war sie 23 cm lang, am vorderen Ende 8 cm, am hinteren 7 cm breit und, am 30. Juni nicht mehr sezernierend, nur 5 mm hoch.

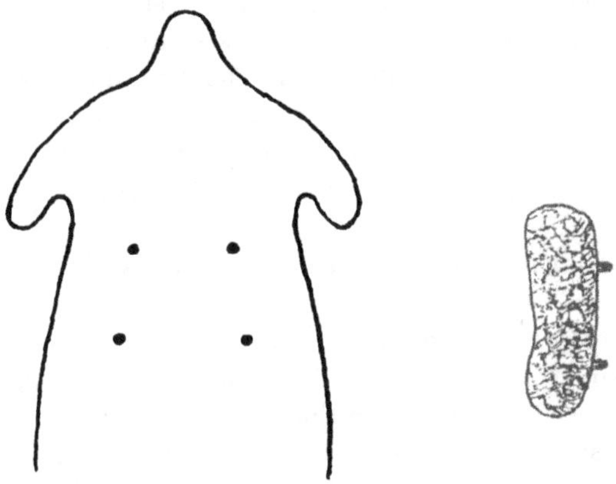

Abb. 73. Lage der Zitzen. Milchdrüse. 1 : 10. Orig.

Die sehr seltene Gelegenheit, ein Biberweibchen mit seinen säugenden Jungen in der Freiheit beobachten zu können, bot sich mir am 18. Mai 1944 an den „Stillingen" bei Dessau. Hier hatte sich oberhalb seines infolge Hochwassers unzugänglichen Baues ein Weibchen am Ufer ein Notlager errichtet, eine etwas eingedrückte Erdmulde, ausgepolstert mit kleingeschnittenen Zweigstücken und abgezogener Weidenrinde. Es war nur etwas gedeckt durch einen Weidenstrauch mit starken Ruten, die unten nicht mehr belaubt waren, ferner durch abgestorbenes Brombeergestrüpp und einige Schilfhalme (Taf. 5). In dieser Wochenstube lagerte die Alte mit fünf munteren Jungen. Da noch acht Tage zuvor auch dieses Gelände von Hochwasser überschwemmt gewesen war, konnten die Jungen erst Anfang Mai geworfen sein. Die Bibermutter ließ sich durch unser Anschleichen bis auf 3 m in keiner Weise stören; erst als wir gleichzeitig mit einem von der Wasserseite aus vordringenden Photographen bis auf 1 m ihr nahe kamen, erhob sie sich langsam und ging zu Wasser. Wir fanden hiermit die von Behr verzeichnete Beobachtung bestätigt, daß sie „ihre Jungen nicht verteidigt, sondern bei Gefahr stets die Flucht ergreift, selbst vor dem kleinsten Hunde". Aufgetaucht schwamm sie nun in der Nähe herum und stieg, nachdem wir schnell verschiedene Aufnahmen des Lagers gemacht und uns zurückgezogen hatten, sofort wieder an Land und legte sich zu ihren Jungen. Diese hatten sich inzwischen völlig teilnahmslos verhalten; trotzdem ihre Augen geöffnet waren, nahmen sie von uns keine Notiz und kuschelten sich nur dicht aneinander. Nun krabbelten sie wieder an ihrer still auf der Seite liegenden Mutter herum und suchten nach dem Gesäuge. Bald erwischte das eine Junge die Zitze, bald wurde es durch einen Milchbruder wieder beiseite geschoben. Während dieses ständigen Durcheinanderdrängens war ein murksendes Quieken zu hören, ähnlich wie von jungen Hunden. Wenn die Alte sich auf ihren Vorderbeinen etwas aufrichtete, krochen stets einige Junge unter, um nur die Zitzen zu erfassen; so wechselte dieses muntere Gewimmel fortwährend. Das kurzhaarige, wollige Fell ließ die Tierchen dicker erscheinen als sie tatsächlich waren; es hatte schwarzbraune Färbung, nur Kopf und Hals waren heller und glichen der kastanienbraunen Färbung der Alten. Leider fand dieses Idyll einen jähen Abschluß. Nachdem schon am 27. Mai ein bereits in Verwesung übergegangenes Jungtier aus dem Nest entfernt worden war, lagen am 2. Juni die übrigen vier unweit desselben tot im Grase. Vermutlich sind sie durch Einatmen von Nebelgasen zu Tode gekommen, die zur Abwehr eines Fliegerangriffes in der Nähe abgeblasen worden waren. Auch die Bibermutter muß bald darauf eingegangen sein; beim Ausschilfen des Abflußgrabens der „Stillinge" fanden Arbeiter Reste ihres Skelettes. Hier war vermutlich die Todesursache Tuberkulose, auf die ich aus dem apathischen Wesen und der starken Abmagerung des Tieres schließen zu dürfen glaube.

Mit sechs Wochen waren die von Bailey beschriebenen amerikanischen Jungbiber noch nicht entwöhnt, nagten aber schon an grünen Blättern und Zweigen; im Alter von zwei Monaten verschmähten sie die sonst gern angenommene Ersatzmilch. Auch ein am 13. Juni 1947 in Steckby von den Alten abgekommener Jungbiber von 900 g Gewicht, der nun mit verdünnter Ziegenmilch und Haferschleim ernährt wurde, nahm am 19. Juni zum ersten Male die ihm vorgehaltenen Weidenzweige an. Daß bei einem Ende Juni mir eingelieferten Jungtier (Nr. 113) die Prämolaren und der erste Molar etwas abgekaut waren, beweist, daß dieses ebenfalls schon im Alter von etwa acht Wochen feste Nahrung, mindestens als Beifutter, fraß, was aus dem Winckell bereits für das Alter von vier Wochen annehmen möchte. Fries fand Mitte Juli in Norwegen von Jungbibern benagte dünne Ruten und folgert daraus, daß „allem Anschein nach im Juli neben der Muttermilch die Rindennahrung eine gewisse Rolle spielt". Dieser Zeitpunkt scheint bei dem nördlichen Klima auch für die ersten Streifzüge der früheste zu sein.

Etwa zur gleichen Zeit mit diesem Übergang zu selbständiger Ernährung beginnen die Jungen erstmalig auch das Nest zu verlassen. Aus dem Baileyschen Zwinger wagte sich zwar ein Säugling schon nach vier Tagen in einen Wasserbehälter, in dem sein wolliger Körper immer wieder hochgedrückt wurde wie ein Kork; aber erst im Alter von zwei Wochen machten die anderen die ersten Schwimmversuche im anschließenden Teich. In diesem ihnen nun schnell vertrauten nassen Element spielen die Jungen gern miteinander; auf dem Lande sind sie dazu wohl zu unbeholfen. Auch nach Warren entflohen zwei bis drei Wochen alte Tiere bereits in das Wasser, das sie normalerweise erst mit drei bis vier Wochen aufsuchten. Der obenerwähnte Steckbyer Jungbiber tauchte, an das Wasser gebracht, sofort weg und machte Fluchtversuche. Die von aus dem Winckell ebenfalls angenommene Zeit von sechs Wochen Bauarrest dürfte für unsere Elbebiber zutreffen, denn Mitte Juni konnte Behr beobachten, wie ein Geheck unter Ausstoßen fauchender Töne sich seinen Blicken und seinem Photoapparat durch Hinabgleiten in das Wasser entzog. Ähnliches berichtet Winkler, der beim Vertreten des Weges einen leisen, halb kläglichen, halb unwilligen Schrei des Tieres hörte.

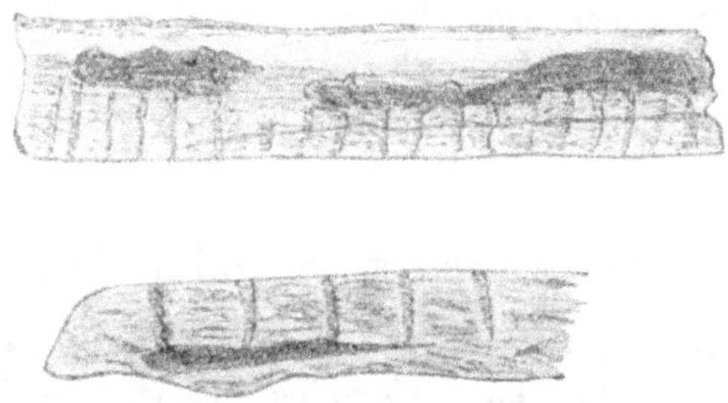

Abb. 74. Oben: Die ersten Nageversuche eines Jungbibers an Weidenspan. Unten: Ein von der Bibermutter zurechtgeschnittener Span. Nat. Gr. Orig.

Unter der Obhut der Mutter und des der Familie jetzt sich wieder zugesellenden Bibervaters kommen nun abends die Jungen aus dem Bau, lernen die Umgegend kennen, und helfen sogar schon nach einer Beobachtung aus dem Winkkells beim Schneiden und Abtransport von Baumstücken. An den schmalen Nagefurchen entrindeter Zweige läßt sich diese ihre Tätigkeit feststellen. Einen besonders aufschlußreichen Beleg für diese Anleitung einer Bibermutter zur Nagetätigkeit entnehme ich der Untersuchung von zahlreichen, bis 15 cm langen und ca. 1 cm breiten, dünnen Weidenspänen, wie sie in Mutterbauen in überraschender Regelmäßigkeit anzutreffen sind. Bereits in der zweiten Maiwoche waren, sicherlich infolge einer durch auffallend mildes Winterwetter im Januar und Februar 1946 verfrühten Brunstzeit, sehr zeitig gesetzte Jungbiber zur Rindennahrung übergegangen. Die Alte hatte ihnen die Späne sorgfältig zurechtgeschnitten, wie die Nagefurchen erkennen ließen (Abb. 74). Daran hatten die Jungtiere nun, zunächst erst mit den oberen Nagezähnen, die Rinde abgeknabbert; je zwei Nagefurchen, die einem Biß entsprechen, berichten von dieser schon gleichmäßigen Fräsarbeit.

Nach v. Meyerinck und Mertens werden die Jungtiere im Herbst „in der Regel von den Alten abgeschlagen und müssen selbständig für ihr Fortkommen sorgen". Dies trifft jedoch nach anderen Literaturangaben und nach meinen eigenen Beobachtungen nicht zu. So hatte ich am 29. Dezember 1944 an einem

Altwasser der Elbe unweit Dornburg ein interessantes Erlebnis. Auf Beobachtungsposten unmittelbar an einer Biberburg stehend, höre ich aus ihrem Innern ein kurz aufeinanderfolgendes Klagen, wie wenn ein kleines Kind sein Schreien abklingen läßt. Es verrät die Ungeduld und die Unzufriedenheit eines diesjährigen, jetzt etwa $^3/_4$ Jahre alten Jungbibers, der da drinnen mit seinem Bruder wohl um die von der Mutter zugeworfenen Nahrungszweige kämpft. Der setzt sich auch zur Wehr, und nun wimmern beide, bis ihr aus dem Kessel herausklingendes Schreien abbricht und dafür ein Plätschern zu hören ist: sie werden sich gebalgt haben und sind dabei in das unten anstehende Wasser geplumpst. Behr überraschte bei Frühlingshochwasser in einem Notbau eine Familie mit drei vorjährigen Jungen, in dem sie, wie kleine Hunde wimmernd, unruhig herumkrochen, bis sie den Mut fanden, gemeinsam zu Wasser zu gehen und einen benachbarten schützenden Holzhaufen aufzusuchen. Auch mit Brandt und Ratzeburg nehmen wir daher an, „daß die Jungen mit den Alten bis ins dritte Jahr leben und dann selbst zum Bauen geschickt sind“.

G. Schmarotzer und Feinde, Krankheit und Tod

Im Fell des Bibers leben zwei spezifische Außenschmarotzer, die ihm allerdings wohl wenig zu schaffen machen, ein Käfer und eine Milbe.

Der Biberkäfer, vielfach wegen seiner geringen Größe und seiner ruckartigen Bewegung fälschlich Biberfloh, sogar Biberlaus genannt, trägt den wissenschaftlichen Namen *Platypsyllus castoris* Ritsema, er gehört nach Jeannel (1922)

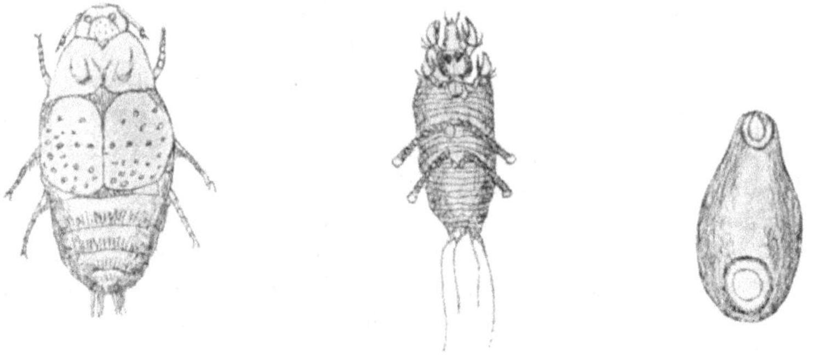

Abb. 75. Biberschmarotzer. Von links nach rechts: Platypsyllus 10:1. Orig. Histiophorus 10:1. Orig. Amphistomum 4:1. Nach Fischoeder

zur Familie der *Silphidae* (Aaskäfer) und zu deren Unterfamilie der *Leptininae*. Es ist ein braungelber, ovaler, flachgewölbter Käfer von 2,5—3 mm Länge mit verkürzten Flügeldecken und fehlenden Hinterflügeln (Abb. 75). Somit ist seine Verbreitung von Biber zu Biber nur durch direkte Berührung oder durch Infektion im Bau möglich. Vermutlich macht er sein Puppenstadium auch im Bau durch, während die Larve schon auf dem Tiere lebt.

Erstmalig wurde *Platypsyllus* 1869 von Ritsema beschrieben, der sein Material von kanadischen Bibern des Zoologischen Gartens in Rotterdam erhielt; 1883 wurde er auf dem Biber der Bas-Rhone durch Bonhoure und 1894 auf dem Elbebiber durch Friedrich nachgewiesen. Diese Verbreitung auf den beiden jetzigen Biberarten ist von besonderem Interesse. Sie beweist einmal, daß diese auf eine gemeinsame Stammform zurückzuführen sind, die bereits den Schmarotzer beherbergte, und anderseits stützt sie die geologische Ansicht, daß ehemals eine Landbrücke zwischen Eurasien und Nordamerika über die Beringstraße bestanden haben muß. Denn die Biber können, so gewandte Schwimmer sie an sich sind, bei ihrer doch geringen Ausdauer nicht über die Beringstraße geschwommen sein, sondern müssen eine Landverbindung passiert haben. „So wächst der winzige Biberschmarotzer zu Riesengröße als Zeuge der Erdgeschichte" (Behr). Heck (in Brehms Tierleben) geht mit den aus dem Vorkommen der beiden Außenschmarotzer ableitbaren tiergeographischen Folgerungen noch wesentlich weiter. Nach ihm „müssen wir den Biber zu jenen späten Einwanderern in Nordamerika rechnen, die, wie Wapitihirsch, Schneeziege, Dickhornschaf, Bison, Grieselbär, ihre nächsten Verwandten in der Alten Welt haben, und zugleich dürfen wir wohl den Schmarotzerkäfer und die Haarmilbe des Bibers als lebendige Beweise dafür ansehen, daß ihr Wirt von einem bestimmten, im Norden der Alten Welt zu denkenden Entstehungsherd aus sich durch Wanderung verbreitet und dabei in seine heutigen Arten und Unterarten verändert hat". Eine widerstreitende Lesart, wonach unsere europäischen Biber durch ein zu Ende des vorigen Jahrhunderts erfolgtes Aussetzen eines kanadischen Vetters in die Elbe mit den Käfern überhaupt erst infiziert seien, ist, wie Friedrich [10] eingehend nachgewiesen hat, völlig abwegig, obwohl sie immer wieder in der Literatur auftaucht. Sie würde auch sein Vorkommen auf dem Rhonebiber nicht deuten können.

Die Platypsyllen sind zu allen Jahreszeiten auf dem Biber zu finden, aber nicht auf jedem Tier und da im allgemeinen auch nur in wenigen Exemplaren, obwohl ich auch Fälle beobachtete, wo sie zahlreich waren. Sie halten sich im Pelz besonders des Vorderkörpers auf und laufen schnell zwischen den Haaren herum; durch Einblasen von Tabaksrauch kann man sie leicht hervortreiben. Den toten Biber verlassen sie beim Erkalten des Körpers, was in den meisten Fällen auch für sie das Ende bedeutet, da die Wahrscheinlichkeit des Überganges auf einen anderen Wirt gering ist. Der Aufenthalt im Wasser scheint ihnen zudem wenig zuzusagen, aus einem Gefäß mit Wasser suchen sie schnell herauszukriechen; immerhin mag man in diesem Fluchttrieb, den die Natur ihnen eingab, eine Möglichkeit sehen, das Leben einzelner Individuen zu erhalten. Wahrscheinlich nähren sich die Käfer und ihre Larven von den Milben, die auf dem Biber vorkommen, denn „diese beiden Commensalisten des Bibers begleiten sich stets: wo die Milbe nicht ist, ist auch der Käfer nicht" (Mingaud). Als Ergänzung ist aber hinzuzufügen: wo die Milbe ist, ist nicht immer der Käfer. Nach Riley (bei Martin) soll eine zweite Käferart, *Leptinillus validus* Horn, ein mit *Platypsyllus* vergesellschafteter Parasit des amerikanischen Bibers sein. Er wurde von ihm auf Alaskafellen in kleiner Zahl gesammelt, während Horn für seine

Erstbeschreibung (1872) nur zwei Exemplare aus der Gegend der Hudson-Bay zur Verfügung standen; auch Bailey erhielt ebenfalls nur zwei Stück aus Wisconsin. Weitere Feststellungen dieses Käfers auf Bibern liegen nicht vor; er scheint demnach sehr selten zu sein. Interessant ist, daß er dem *Platypsyllus* nahe verwandt ist, indem er im System mit seiner Gattung ebenfalls zu den *Leptininae* eingegliedert wird; gleich dem *Platypsyllus* ist das 5 mm lange Tier blind.

Die Milbe ist fast gleichzeitig 1895 von Friedrich, Trouessart und Kramer entdeckt worden. Die Priorität gebührt aber zweifellos Friedrich[1] und damit ist seine Nomenklatur maßgebend. Er nannte sie *Histiophorus castoris*, Trouessart gab ihr den Namen *Schizocarpus mingaudi* und stellte sie in die Familie der Sarcoptiden; die Kramersche Bezeichnung *Haptosoma truncatum* ist nicht gebräuchlich. Die von Krumbiegel gebrachte Angabe, daß zwei Acarinen im Wollhaar des Bibers leben, *Schizocarpus* und *Haptosoma*, beruht auf irrtümlicher Trennung dieser Synonymen.

Friedrich und Trouessart heben in ihrer Namenprägung eine Besonderheit der Vorderbeine hervor, die gespalten erscheinen, indem einem gebogenen flachen Endgliede ein segelartiger Chitinflügel gegenübersteht (Abb. 75). Dadurch wird ein sehr zweckmäßiger Bewegungsmechanismus ermöglicht, der die Milben an den Haaren des Bibers ziemlich schnell kriechen läßt. Die beiden hinteren Beinpaare des schlanken, lanzettlich gestalteten Körpers werden hierbei, wie ich wiederholt unter dem Mikroskop verfolgen konnte, mit ihren Endhaftlappen dem Haare aufgesetzt und schieben nun den Körper vorwärts, während die zwei Schaufeln der Vorderbeine zwischen sich das Haar halten und an ihm entlanggleiten. Bevorzugt werden die kurzen Haare des Bibers am Kopfe, besonders an den Lippenwinkeln und an den Ohren. Hier kann man fast regelmäßig in größeren Mengen die gerade noch mit bloßem Auge sichtbaren, im männlichen Geschlecht 0,35 mm, im weiblichen 0,40 mm langen, hellbraunen Milben finden; auch beim toten Biber sind sie noch nach Tagen lebend anzutreffen. Ihre Nahrung besteht vermutlich in der „talgigen Masse, welche die Haut des Bibers absondert und die Haare des Tieres überzieht" (Mingaud). Wir hätten demnach hier nach dem gleichen Autor den interessanten Fall, daß zwei „schmarotzende" Bewohner eines Tieres durch ihre Lebensweise ihrem Wirt in gewissem Grade nützlich sind: die Milbe durch Verzehren der Exsudate der Haut, der Käfer durch Verhindern eines Überhandnehmens dieser Milben. Beim amerikanischen Biber ist die Milbe ebenfalls nachgewiesen, was man ja fast vermuten müßte, wenn die Ernährungsweise des Platypsyllus zuteffend sein soll.

Auch der dritte typische Schmarotzer des Bibers ist ein harmloses Tier. Es ist das zu den Saugwürmern (Trematoden) gehörende *Amphistomum subtriquetrum*, 1814 von Rudolphi entdeckt, das von Sprehn neuerdings *Stichorchis subtriquetrus* (Rud.) Fischoeder genannt wird. Das 6—10 mm lange Tier hat einen kleinen Mundsaugnapf und einen großen Bauchsaugnapf (Abb. 75), mit denen es sich aber nicht ständig an der Darmwand seines Wirtes anzuhalten scheint. Denn

[1] Vgl. Schneider in Abh. nat. Ges. Isis in Dresden 1897, S. 21.

fast bei jedem Biber kann man immer nur aus dem Speisebrei des Blinddarmes, vereinzelt auch aus dem des Dickdarmes, die blasigen grauweiß aussehenden Würmer herauslesen, in vielen Fällen mehr als hundert Exemplare. Vielleicht veranlaßt auch die postmortale Veränderung der Darmschleimhaut die Schmarotzer zum Absetzen von ihrem Wirt. Wie bereits in dem Kapitel „Verdauungsorgane" angegeben wurde, dürfte ihr durch Wirtswechsel komplizierter Entwicklungszyklus in der Weise geschlossen werden, daß der Biber seine Losung im Wasser ausscheidet. Auch der bekannte Leberegel *Fasciola hepatica* L. (*Distoma hepaticum*) wird von Sprehn als Biberschmarotzer verzeichnet.

Als weitere Innenschmarotzer führt Sprehn folgende Nematoden an: im Dickdarm *Castorstrongylus castoris* beim kanadischen Biber; im Magen und Dünndarm *Trevassosius rufus* beim Biber und *Trevassosius americanus* beim kanadischen Biber. Die Nematoden habe ich bisher nicht gefunden; auch in der Biberliteratur werden sie sonst nicht erwähnt.

Im Wohnbau des Bibers scheint, nach den bisher allerdings nur in zwei Fällen durchgeführten Untersuchungen von Schwenke-Roßlau zu urteilen, eine spezifische Kommensalfauna nicht vorzukommen. Die von ihm bestimmten Exemplare von Staphyliniden gehörten zu vier Arten von gewöhnlichen Genistkäfern; der häufigste war *Dexiogya corticina*, ferner waren vertreten *Lathrobium longulum*, *Trogophloeus elongatus*, *Oxytelus rugosus*.

Unsere europäischen Biber haben ehemals mancherlei Feinde unter den Raubtieren gehabt, die ihnen, besonders auch ihren Jungen, nachstellten und sie namentlich am Bau oder beim Ausstieg aus dem Wasser zu überraschen suchten: Wolf, Fuchs, Luchs, Wildkatze, Fischotter. Hingegen ist die von Warren angegebene Liste der für den amerikanischen Biber auch heute noch in Frage kommenden Feinde länger: Puma, Luchs-Arten, Wolf, Präriewolf, Bär, Vielfraß, Otter, Adler.

Einen Kampf mit diesen Großtieren nimmt auch der erwachsene Biber nur im Notfalle an; seine scharfen Nagezähne weiß er dann aber als wirksame Waffen zu gebrauchen. Selbst gegen den Menschen setzt er sich mit ihnen zur Wehr, wenn er in die Enge getrieben wird. So berichtet Behr, daß ihm ein Biber, dem er den Weg vertrat, durch Stiefel und Kleidung tüchtig ins Bein biß. Im allgemeinen aber kann der Biber sein Leben, wie die meisten Nagetiere, nur durch die natürlichen Schutzmittel ständiger Wachsamkeit und rechtzeitiger Flucht sichern. Leider hat ihm dazu die Natur nicht auch noch die große Fruchtbarkeit seiner kleineren Ordnungsgenossen verliehen, was ihm zum Verhängnis wurde.

Ein neuer indirekter Feind ist unserem Biber erstanden durch das Eindringen der Bisamratte in sein Gebiet. Sie beansprucht denselben Biotop und hat sich zuweilen sogar eng an ihn angeschlossen; ich sah an einem Altwasser der Elbe bei Dornburg ihre Wohnröhren unmittelbar an einem befahrenen Biberbau. Auch in Nordamerika leben die Bisamratten gern in Gemeinschaft mit den Bibern. Die Indianer behaupten hier sogar, sie würden als dumme Geschöpfe von den vorsichtigen und klugen Bibern dazu benutzt, um bei Gefahr Nachrichten zu deren Artgenossen zu befördern. Nach Leighton hat sich wahrscheinlich ein so weitgehender Commensalismus entwickelt, daß die Bisamratten von den eingeschleppten Vorräten der Biber die Pappelblätter und Rinde mit verzehren. Die Biber scheinen diese Eindringlinge zwar zu dulden, aber nicht zu lieben. Infolge ihrer ausgedehnten Wühlarbeit an unseren Flußufern und -dämmen ist mit Recht ein staatlich organisierter Vernichtungsfeldzug gegen die Bisamratte eingeleitet worden. Zwar ist sie mit dem erwachsenen Biber infolge ihrer Größenunterschiede kaum zu verwechseln, dagegen besteht diese Gefahr für die Jungbiber. Selbst Jägern ist hier schon ein Irrtum unterlaufen; sicher aber ist es Biberwilderern eine willkommene Ausrede, daß sie geglaubt hätten, eine Bisamratte vor sich gehabt zu haben. Auch im Wasser schwimmende Tiere kann der Kenner unschwer unterscheiden. Da die Bisamratte ihren in senkrechter Richtung zusammengedrückten Schwanz als Antriebsruder benutzt im Gegensatz zur Biberkelle, die nur ein verhältnismäßig ruhig liegendes Steuer ist, folgt ihr ein lebhafter Wasserstrudel mit spitzkeiligen — beim Biber breitkeiligen — Stromlinien; ihr Körper liegt zudem relativ höher im Wasser als der des schwimmenden Bibers und sie bevorzugt mehr die Uferregion. Die Bekämpfung der Bisamratte ist jetzt im Bibergebiet ausschließlich Recht und Pflicht der staatlichen Bisamjäger, die auf den Biberschutz Rücksicht zu nehmen haben. Ich habe aber trotzdem einen bedauerlichen Fall festgestellt, daß ein Jungbiber in eine ausgelegte Bisamrattenreuse geraten und darin erstickt war.

Es ist versucht worden, der Bisamratte den Decknamen des Zwergbibers zu geben, der sich aber glücklicherweise nicht eingebürgert hat, da durch ihn nur neue Verwechselungsmöglichkeiten mit dem Biber entstanden wären. Wir lehnen aus dem gleichen Grunde auch die Bezeichnung „Biberfarm“ für Nutriafarmen scharf ab; man hebt nicht deren Ansehen durch ein absichtlich irreführendes Aushängeschild. Die Nutria ist den Ratten näher verwandt als dem Biber, wie dies denn auch ihr deutscher Name Biberratte zum Ausdruck bringt. Ebensowenig wie es daher einem Nutriazüchter einfallen würde, von seiner Rattenfarm zu sprechen, sollte er doch gleichfalls den Ausdruck Biberfarm vermeiden. Gelegentlich aus Nutriafarmen ausgebrochene Tiere haben wir auch im Bibergebiet schon festgestellt; sie scheinen sich aber, im Gegensatz zur Bisamratte, nirgends vermehrt oder ausgebreitet zu haben und bedeuten daher wohl keine neue Gefahr.

Der ärgste Feind unseres Bibers, gegen den er machtlos ist, bleibt der Mensch. Wie dieser ihm seinen Lebensraum mehr und mehr einengt durch Siedlungsnähe, Industrieanlagen, Umgestaltung der Landschaft und der Flußufer, ist bereits beim Kapitel: „Verbreitung einst und jetzt“ erörtert worden. Zudem gehen trotz aller gesetzlichen Schutzmaßnahmen und Hegebemühungen alljährlich verschiedene Biber durch direkte Einwirkung seitens des Menschen verloren.

Einen einigermaßen zuverlässigen Überblick über Zugang und Abgang in unserem Biberbestande hatten wir seit zwei Jahrzehnten durch die anhaltische Zentrale für Biberforschung des Landesmuseums in Zerbst (Hinze [7]). Hier wurden alle toten Biber eingeliefert, untersucht und konserviert und auch eine ständige Kontrolle und Beobachtung der lebenden Bestände durchgeführt. In diesem Zeitraum sind 115 Biber allein auf anhaltischem Gebiet, das etwa ein Drittel des Gesamtbestandes umfaßte, angefallen.

Von diesen 115 Bibern scheiden für die hier in Frage kommende Erörterung 42 Tiere aus, bei denen die Todesursache nicht festzustellen war; es handelt sich dabei meist um bereits stark verluderte Kadaver, von denen jedoch noch Teile, zum mindesten der Schädel, gerettet werden konnten. Durch menschliche Einwirkung, jedoch ohne direktes Verschulden, wurde ein Jungbiber getötet, der beim Mähen einer Wiese von der Sense erfaßt wurde; zwei andere gerieten in ein Mühlengetriebe. Fast tragisch mutete der Tod von zwei gesunden Tieren an, die wir innerhalb einer Woche erhielten: sie hatten sich in dem Schottersack eines Fischnetzes gefangen und waren darin ertrunken. Ein eigenartiger Unfall kostete im Jahre 1948 einem starken Biberweibchen das Leben. In einem schmalen, flachen Wasserkanal des Wörlitzer Parkes wurde es, am Ufer in einer Sasse ruhend, durch eine herannahende Gondel aufgeschreckt. Es ging sofort zu Wasser und wurde bei dem Versuch, die Gondel zu unterschwimmen, von dieser überfahren und dabei in der Lendengegend so schwer verletzt, daß es bewegungsunfähig wurde und getötet werden mußte; einen starken inneren Bluterguß hätte es nicht überstanden. Dem Biß von Hunden fielen sieben Tiere zum Opfer, darunter zwei Junge, und bei einem mittelstarken Männchen lag der merkwürdige Fall vor, daß es in einem Kaninchenloch Zuflucht gesucht hatte, sich dort festrannte und erstickte. Aus Unkenntnis wurden von Kriegsgefangenen vier Biber erschlagen; auch der Verlust des ganzen Wurfes von fünf Jungbibern aus den Stillingen bei Dessau (siehe Kapitel: „Vermehrung") ist auf eine Kriegserscheinung zurückzuführen. In mindestens 18 Fällen sind aber durch die Kugel, sogar durch den Schrotschuß, von Wilderern oder durch böswilliges Erschlagen Biber zu Tode gekommen; zwei weitere büßten ihr Leben im Schlageisen ein. Trotz sofort angestellter polizeilicher Ermittlungen war es nur selten gelungen, die Schuldigen zur Rechenschaft zu ziehen; die dabei verhängten geringen Geld- oder Haftstrafen bedeuteten nach unserem Erachten nicht die entsprechende Sühne, geschweige denn, daß sie abschreckend gewirkt hätten.

Etwa 38 Stück aller von mir untersuchten Biber sind eines natürlichen Todes gestorben, wenn wir die acht bei Hochwasser und Eisgang zugrunde gegangenen dieser Kategorie zurechnen; unter letzteren waren namentlich Jungtiere und kranke Exemplare. Durch die anhaltende und starke Kälte der ersten Monate des Jahres 1940 sind auffallend viele Tiere, vor allem wohl wieder schwächliche und kranke, vernichtet worden, so daß der darauffolgende, noch härtere Winter weniger Opfer als dieser forderte — eine natürliche Ausmerzung, die sich für die Arterhaltung nur vorteilhaft auswirken kann. Im Gegensatz zu Krumbiegel, der dem Biber eine große Lebenszähigkeit zuspricht, muß betont werden, daß er gegen Verletzungen, selbst scheinbar unerheblicher Art, außerordentlich empfindlich ist. In den meisten Fällen führen sie zum Tode; lediglich kleinere, nicht selten vorkommende Randauskerbungen der Kelle werden gut vernarbt. Aus diesem Grunde ist vor der durch Tierfänger oft geübten Art des Hochhebens eines Bibers durch Anfassen an der Kelle dringend zu warnen. Krankgeschossene oder den Fallen entwichene Tiere suchen in ihrer Todesangst meist noch ihren Bau zu erreichen, eine Gewohnheit, die auch bei vielen anderen Säugetieren festzustellen ist (Taf. 29). Als sonstige Todesursachen wurden bestimmt Lungenentzündung (zwei Fälle), Kotverhärtung und Verhungern infolge Deformation der Nagezähne (Nr. 71) je ein Fall.

Vor allem aber hat die Tuberkulose unter unseren Elbebibern arg um sich gegriffen. Schon bei dem ersten Tier, das nach Einrichtung unserer Biberforschungszentrale eingeliefert wurde, ergab die von mir gemeinsam mit Friedrich [8] durchgeführte Sektion einen überraschenden Befund. Ein ausgewachsenes Weibchen, das man am Elbufer tot aufgefunden hatte, war sehr stark abgemagert, die Lungen und die Leber waren mit etwa erbsengroßen Eiterknoten durchsetzt. Das Tier war zweifellos an Tuberkulose eingegangen, was durch die bakteriologische Untersuchung bestätigt wurde. In einem anderen Falle wurde ein angeblich durch einen Dampfer verletzter Biber von einem Kahne aus in der Elbe gegriffen, der sich völlig apathisch verhielt und kurz danach einging. Es war ein etwa sieben Jahre altes großes Weibchen (Nr. 41), das aber nur 29 Pfund wog. Seine Lungen waren völlig vereitert, die rechte derart verhärtet, daß sie nicht mehr dehnungsfähig war. Am Brustfelle, an den Nieren und am Dünndarm waren viele Eiterherde und Knötchen; nicht durch eine (gar nicht nachweisbare) äußere Verletzung, sondern durch schwere Tuberkulose ist der Biber zugrunde gegangen. Verheerend war auch der Befund bei einem nahezu ausgewachsenen Weibchen (Nr. 67), das nur halb so viel wog, wie seinem Alter entsprach: Lungen sehr stark mit Eiterknoten durchsetzt, Lungen, Herz und Bauchfell miteinander verwachsen und vereitert; in den Drüsen am Blinddarm bis taubeneigroße Eiterblasen. Bei sehr vielen Tieren konnte der durch starke Abmagerung erweckte Verdacht auf Tuberkulose durch die Sektion bestätigt werden. Der extremste Fall dieser Art liegt bei einem der ältesten und größten aller bei uns eingelieferten Biber vor (Nr. 83), der nur 39 Pfund wog; gleichzeitig ein Beweis, daß das Gewicht allein nicht für Altersbestimmung maßgebend sein kann.

Bei einem im Eise eingefrorenen ausgewachsenen Weibchen, das wahrscheinlich das Opfer einer starken Kälteperiode geworden war, bestätigte sich wiederum die alte Erfahrung, daß ein kranker Organismus auch gegenüber Witterungsunbilden keine Widerstandskraft mehr entwickeln kann. Hier ergab die Sektion folgendes Bild:

„Der Darm ist mäßig gefüllt, einige Darmschlingen sind leicht entzündet. Auf der Darmserosa befinden sich vereinzelt pfennig- bis dreimarkstückgroße, etwa 2 mm hohe Auflagerungen, deren Ränder sich scharf von der Umgebung absetzen und deren Oberfläche grobkörnig erscheint. Die Schnittfläche ist speckig.

Die Leber ist von einzelnen, etwa erbsengroßen gelben Herden durchsetzt. die sich leicht aus der Umgebung lösen, beim Durchschneiden nicht knirschen, vielmehr speckige Konsistenz aufweisen. Die Leberlymphknoten sind um das Vier- bis Fünffache vergrößert und markig geschwollen.

Die Lungen, insbesondere der linke Lungenflügel, sind von derben, kleineren und größeren Herden durchsetzt. Die Pleura des Brust- und Zwerchfells ist stellenweise mit ähnlichen Auflagerungen, wie sie der Darm aufweist, bedeckt.

Die übrigen Organe weisen keine Veränderungen auf.“

Während aber zunächst der mikroskopisch-bakteriologische Befund negativ war, wurden in angesetzten Kulturen aus Lunge und Darm Tuberkelbazillen gezüchtet. So wurde durch die Untersuchung bewiesen, daß Sarkomatose nicht selten mit Tuberkulose vergesellschaftet ist bzw. durch Tuberkulose hervorgerufen wird.

Ein viereinhalbjähriges Tier, stark abgemagert, verendete trotz sorgsamer Pflege acht Tage nach seiner wegen völliger Ermattung erfolgten Einlieferung. Hier konnte nicht nur hochgradige Tuberkulose diagnostiziert, sondern auch durch Ansetzen von Kulturen der *typus humanus* differenziert werden. Auch einen zweiten derartigen Fall habe ich noch ermittelt, während sonst der *typus bovinus* vorherrscht. Dies deutet darauf, daß als primäre Infektionsquelle die Rindviehweiden an Elbe und Mulde zu vermuten sind, während bei dem *typus humanus* ein gelegentlicher unglücklicher Zufallskreis von Mensch zu Tier sich geschlossen haben mag. Die direkte Übertragung der Krankheit wird von Tier zu Tier erfolgen und meist schon im jugendlichen Alter; eine Disposition dafür ist allgemein anzunehmen. Bei der Beweglichkeit der Biber ist es auch nicht verwunderlich, daß die Tuberkulosefälle von den verschiedensten Fundorten unseres Gebietes stammen.

Ihren Höhepunkt hat diese Epidemie in den Jahren 1930 bis 1940 gehabt; von den nahezu dreißig nachgewiesenen Fällen kommen zwanzig auf diese Zeitspanne. Es hat fast den Anschein, als ob die Natur mit der erwähnten Selbstreinigung des harten Winters 1940 zunächst die Krankheitsgefährdung selbst abgestoßen hätte; seit April 1940 habe ich keinen weiteren Fall feststellen können. Immerhin muß die Gefahr des Wiederaufflackerns dieser Epidemie als möglich gelten, und daher bleiben auch die zu ihrer Abwehr von mir wiederholt erhobenen Forderungen bestehen, unter denen die Umsiedlung gesunder Tiere die radikalste und einzige erfolgversprechende ist.

Bei den Rhonebibern ist die Tuberkulose ebenfalls nachgewiesen worden (Heck), ob auch bei den übrigen europäischen Vorkommen, entzieht sich unserer Kenntnis. Für die amerikanischen Biber begnügt sich Bailey mit dem Satze: „Krankheiten scheinen bei den Bibern im wilden Zustande unbekannt zu sein, aber in Zoologischen Gärten ist festgestellt, daß Tiere an Tuberkulose starben, und es würde eine kluge Vorbeugungsmaßnahme sein, ihre Umgebung in sanitäre Obhut zu nehmen."

Nach MacFarlane (zitiert bei Warren) sind zuweilen in ihren Bauen verendete Biber gefunden worden, bei denen das Maul und die Nasenlöcher mit kleinen weißen Würmern behaftet waren. Eine unbekannte, durch stürmischen Verlauf gekennzeichnete Epidemie hat um 1800 im Gebiete des oberen Red River in Nordamerika unter den Bibern gewütet. Massenhaft sind hieran namentlich Tiere der stehenden Gewässer zugrunde gegangen; viele von denen, die seziert wurden, waren rot und blutig um das Herz (Tanner bei Warren).

H. Baue

Bei seiner ausgesprochen amphibischen Lebensweise am Rande unserer Gewässer erscheint es uns ganz natürlich, daß der Biber sich auch hier seine Wohnstätte errichtet. Steil zum Wasser abfallende Hänge eignen sich dazu nicht; er liebt mehr die sanft ansteigenden, meist noch von einem ebenen Bande als Übergang begleiteten oder auch die ganz flachen Ufer. Maßgebend für die Wahl der Baustelle ist die Möglichkeit, in das Erdreich hinein Einsteigröhren vorzutreiben und diese zu einem Wohnraum, dem Kessel, zu erweitern, oder, auf sumpfigem Gebiete, hoch zu bauen. Auf dem erst einmal erkorenen Gelände hängt dann die Bauart lediglich von dessen Ausformung ab, ob es ansteigt oder flachufrig ist.

So unterscheiden wir zwei Typen von Biberbauen, den Erdbau und die Biberhütte; bei der großen Anpassungsfähigkeit unseres Tieres an veränderliche Situationen gibt es zwischen ihnen gewisse Übergänge.

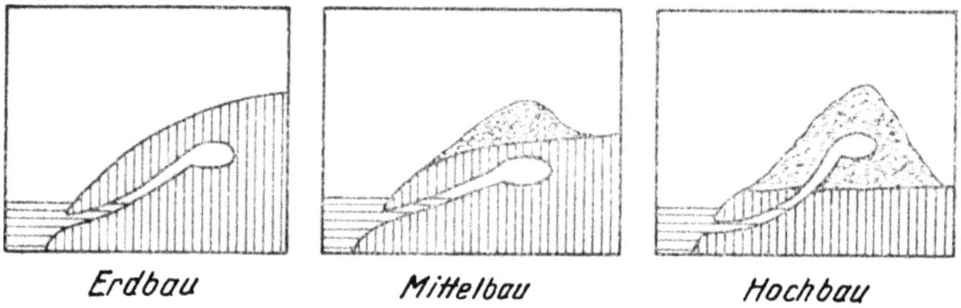

Abb. 76. Typen der Baue. Orig.

Die Nomenklatur dieser Wohnbaue bietet eine örtlich bedingte ziemliche Mannigfaltigkeit, die einst Girtanner zu der verdrossenen Bemerkung veranlaßte, daß aus dieser „Konfusion höchstens ein sehr gescheiter Elbebiber selbst klug werden kann". Synonyma für den Erdbau sind: Erdhöhle, Uferbau, Uferhöhle; für den Hochbau: Biberhütte, Hüttenbau, Biberburg (mit ihren Standort-Sonderformen Inselhütte, Uferhütte). Davon sind für unser mitteldeutsches Bibergebiet am gebräuchlichsten die Bezeichnungen Erdbau und Biberburg. Die Bewohner der Erdbaue werden in der Literatur, auch in der ausländischen, gelegentlich Erdbiber, Grubenbiber, Höhlenbiber, Uferbiber genannt, im Gegensatz zu den Hüttenbibern der Hochbaue. Diese Einteilung ist nicht nur abwegig, sondern auch irreführend, da der Typus eines Baues nicht die Spezialität bestimmter Familien oder Einzeltiere, sondern lediglich eine Anpassung an das Wohngelände ist, die denselben Biber bald zu dieser, bald zu jener Bauweise veranlassen kann.

Die einfachste und sicherlich wohl auch ursprüngliche Wohnstätte eines Einzeltieres, Pärchens oder einer Familie ist der Erdbau, unmittelbar am Wasser gelegen (Taf. 21, 22). Die als oberste Richtschnur geltende Sicherheit seines Bewohners erfordert es, daß der Zugang zu ihm ungesehen erfolgen kann, mithin durch einen unter Wasser mündenden Einstieg (Abb. 76). Dieser führt in eine in das flache Ufer vorgetriebene Röhre, die möglichst bald der Steigung desselben zustrebt, so daß sie von hier ab wasserfrei bleibt und den noch höher gelegenen Kessel leicht erreichen läßt (Taf. 21). Mit seinen scharfkralligen Vorderfüßen scharrt sich der Biber mühelos diese erste Anlage aus. Die Beschaffenheit des Geländes gebietet ihm dabei allerlei Abwandlungen, namentlich bezüglich der Länge der Zugangsröhren, weniger bezüglich ihrer Weite, welche die Dicke seines Körpers nicht wesentlich übertrifft. Aber im Interesse bequemerer Zugänglichkeit und notfalls schneller Flucht liegt es, wenn dieser Erdbau mehrere Zugänge besitzt, deren Einstiege („Geschleife“ genannt nach Friedrich [1], während Mertens [2] unter ihnen die Röhren selbst verstehen will[1]), in verschiedener Höhe angeordnet sind, so daß sie, den Schwankungen des Wasserstandes entsprechend, befahren werden können: bei hohem Wasserstand die oberen, bei niedrigem die unteren. So wurden an einem einsamen Kolk bei Wörlitz durch die abnorme Dürre des Sommers 1947 zwei unmittelbar übereinander liegende Zufahrtsröhren mit einer Niveaudifferenz von 40 cm freigelegt (Taf. 20); die untere, noch in der Höhe des Wasserspiegels befindlich, zeigte frische Spuren. Wo sich der Biber ungestört fühlt, benutzt er auch freiliegende Röhren, während er sonst bestrebt ist, sie durch Versetzen mit Zweigen oder durch Reisigvorbauten unkenntlich zu machen. Namentlich vor einem Mutterbau wird gern ein derartiges schwimmendes Floß verankert, zuweilen sehr zum Schaden der Bewohner, die sich dadurch nur den Biberwilderern verraten können (Taf. 22).

Der Kessel ist eine geräumige Mulde mit einem Durchmesser von annähernd 1 m bis zu $1^1/_2$ m und einer Höhe von 30—60 cm. Er ist ausgepolstert mit Gras, Schilf oder Holzspänen, auf denen der Biber eine trockene Lagerstatt hat (Taf. 21). In größeren Erdbauen sind wohl auch zwei oder noch mehr solcher Kessel in verschiedener Höhe, die dann an den Flüssen nach Bedarf beim Steigen des Wassers bezogen werden, bis starkes Hochwasser auch ihre Räumung erzwingt.

In solchen Fällen werden in der Nachbarschaft befindliche, vielleicht verlassene Baue höherer Lagen als Notwohnungen wieder benutzt. So kamen an der alten Saale unweit der Saalemündung eine Anzahl von Einstiegen zutage, die den Eindruck einer größeren Biberkolonie hätten erwecken können, aber nur das Wohngebiet einer Familie darstellten. An den Stillingen bei Dessau fanden sich auf einer kurzen Uferstrecke bei sehr niedrigem Wasserstande gar 14 Röhreneinstiege, während nur ein einziger Erdbau in ihrer Flucht lag (Taf. 20); vielleicht sind das lediglich Versuchsröhren, die aber bei dringender Gefahr als Unterschlupf dienen.

Notbaue müssen unter Umständen sehr schnell improvisiert werden, namentlich wenn Junge zu bergen sind. Ein buschiges Strauchwerk, eine breit ausladende Kopfweide, selbst eine hohle Eiche sind wohl erste Zufluchtsstätten, wenn kein Damm oder Rettungsberg in der Nähe ist. In solcher Bedrängnis hatte, wie wir schon hörten, an den Stillingen eine Bibermutter für ihre fünf

[1] Weder der eine noch der andere Begriff werden jedoch dieser waidmannssprachlichen Wortbildung gerecht, die daher, wie dies auch Friedrich an anderer Stelle tat („Gartenlaube“ 1911, Nr. 31), nur den vom Holzplatze zum Wasser führenden breiten Schleppwegen vorbehalten bleiben sollte.

Jungen oberhalb ihres normalen Erdbaues eine etwas eingedrückte Erdmulde mit kleingeschnittenen Zweigstücken und abgerissener Weidenrinde ausgepolstert; ein vom fürsorglichen Förster in unmittelbarer Nähe schnell hergerichteter „Kunstbau" aus einer Holzkiste erschien ihr jedoch sicherer und wurde daher nach zwei Tagen bezogen. Bei länger anhaltendem Hochwasser hatte sich ein Biber am hohen Ufer aus zusammengeschnittenen Weidenzweigen einen umfangreichen Notbau aufgetürmt (Taf. 20), der nach dem Rückgang der Fluten fast wie eine Burg anmutete und den nun freiliegenden Einstieg besonders deutlich erkennen ließ.

Auch als zeitweilige Einzelwohnungen für die während der Säugezeit abgeschlagenen Männchen und vorjährigen Jungtiere kommen dem Wohnbau benachbarte unbenutzte Erdhöhlen wieder in Frage. Somit können sich im Bereich eines Kolkes, Sees oder einer Flußuferstrecke ein allmählich größer werdender Hauptbau, der immer bewohnt ist, und einzelne nur zeitweise besiedelte Nebenbaue entwickeln. Die größte Anlage dieser Art, die aufgemessen wurde, fand sich in einem Elbwall unweit Coswig bei Buro. Sechs Einstiege führten hier in ein Netz verzweigter, ziemlich weiter Röhren (0,75 m breit, 0,50 m hoch), die mit fünf verschieden hoch gelegenen Kesseln (1,50 × 0,75 m) in Verbindung standen; die Gesamtlänge der Röhren betrug 69 m. An einem anderen ausgedehnten Uferbau konnte Behr 18 Eingangsröhren feststellen; einige davon erstreckten sich bis zu 30 m in das Land hinein.

In vielen Fällen, namentlich im wenig ansteigenden Ufer, wird der Kessel so hoch angelegt, daß er sich ganz flach unter der Erdoberfläche befindet. Das hat zwar den Vorteil einer ausreichenden Ventilation, die ja bei unter Wasser abgeschlossenen Röhren in Frage gestellt sein könnte, aber durch allerlei Undichtigkeiten in der Anlage — angebliche „Luftschächte" haben sich bisher immer noch als solche erwiesen — gewährleistet wird, bringt jedoch die Gefahr eines zufälligen oder gewaltsamen Einsturzes mit sich. So sind manchmal schon bei der Heuernte am Rande eines Baches ackernde Pferde in einen Kessel eingetreten oder hat ein Wanderer die Tiefe eines solchen in überraschender Weise kennengelernt. Wenn der Biber dann nicht ganz vergrämt wird, muß er die Ausbesserung des Baues vornehmen. Das kann natürlich nur von oben her geschehen durch Aufbringen von Reisig und Verstopfen der Undichtigkeiten mit Grasbülten, Erde oder Zweigstücken.

Vom Erdbau geht damit der Biber zum Hochbau über (Abb. 76), und vielleicht ist gar nach Warren in dieser Weise die Entwicklung der Biberhütte aus dem Erdbau entstanden zu denken. Ist sie doch schließlich auch nur eine Höhle in einem Reisighaufen, aber eine oberirdische Anlage, und daher durch ein künstliches Dach abgeschlossen.

Eine Übergangsform, einen „Mittelbau" (Behr), „Uferhüttenbau" (Friedrich) (Abb. 76), fand ich Anfang November 1943 am Ufer des Saarensees bei Klieken. Hier ist wenig Anstieg, und so mußten nicht nur der flachliegende Kessel, sondern auch einzelne Röhren künstlich abgedeckt werden. Vom See her führte ein kurzer Zugang zunächst in ein 2 m langes, $^3/_4$ m breites und 40 cm tiefes Wasserloch, das offenbar durch Aufbringen von Schlamm auf den anschließenden

Mittelbau ausgehoben war. Dieser bestand aus einer regellosen, etwa $^1/_2$ m hohen Anhäufung von Knüppeln und Reisig, die sich landeinwärts über eine hier ansteigende Röhre fortsetzte. In den nächsten Wochen wurde bis zum Eintritt des strengen Frostes weiter daran gearbeitet durch Anschleppen kleinerer Holzmengen und Verschmieren freier Stellen mit Schlamm; anscheinend aber war der Erbauer ein Einsiedler, der sich mit nur den notdürftigsten Vorkehrungen für den Winter begnügte.

Einen genauen Einblick in das Innere eines solchen Baues ermöglichte im Herbst 1947 die Aufgrabung eines seit Jahren bewohnten Mittelbaues im Wörlitzer Park, aus dem der Biber wegen seiner Schäden an den wertvollen Anlagen verdrängt werden mußte (Taf. 23). Es ist anzunehmen, daß diese Einrichtung als typisch ebenfalls für andere Baue, insbesondere auch für Hochbaue, angesprochen werden kann. Auf der Ausmündung einer schmalen Landzunge, die nach zwei Seiten hin Einstiegröhren gestattete, hatte sich der Biber im etwas ansteigenden, dicht bewachsenen Ufer eine umfangreiche Kesselanlage geschaffen, die er wohl erst allmählich nach Bedarf vergrößerte und umänderte, als Teile des ursprünglichen Baues eingesunken waren. Er hatte sie abgedeckt mit einer bis 45 cm dicken Schicht von dünnem Reisig aus Erlen, Weiden und allerlei Ziersträuchern und mit einzelnen Knüppeln durchsetzt; die Lücken dazwischen waren mit Humus und Schlamm ausgefüllt (Taf. 23). Je mehr die unteren Lagen vermodert waren, um so mehr neues Reisig war oben aufgebracht. Die Decke hatte ein so festes Gefüge, daß man, ohne einzusinken, darauf gehen konnte. Die beiden unter Wasser mündenden Einstiegröhren von 40—50 cm Durchmesser führten in gewundenem Lauf, die eine sogar mit einer Gabelung, in den Kessel (Abb. 77). Dieser bestand aus einem einzigen, großen, zusammenhängenden Raum von 4 m Länge, der nach hinten um 50 cm über eine 10 cm hohe Erdschwelle anstieg; die lichte Höhe betrug 40—45 cm. Eine Aufteilung erfuhr der Kesselraum durch vier verschieden große Ausbuchtungen, die kammerartig sich abzweigten; die letzte davon war die größte mit einem Durchmesser von 130 × 160 cm. Die etwas eingetieften Mulden dieser Kammern waren mit dünnen Schilfhalmstücken von 10—15 cm Länge ausgepolstert. Will man der Ausdrucksweise früherer Autoren folgen, so hätte also dieser Bau vier Einzelräume enthalten, die aber nicht als für besondere Zwecke bestimmt angesprochen werden können.

Im Gegensatz zu den Erd- und Mittelbauen erfordern die Hochbaue eine sorgfältigere, fast möchte man sagen, kunstgerechtere Durchführung. Eine solche, verhältnismäßig noch kleinere Burg bei Dornburg a. d. Elbe wurde bereits im Kapitel „Vermehrung" erwähnt. Ihre Anlage ergab sich durch die Beschaffenheit des gewählten Geländes: ein morastiger Wiesenstreifen unmittelbar vor dem See verbot ein Arbeiten in die Tiefe, es konnte nur ein Hochbau aufgeführt werden. Das letzte Frühjahrshochwasser hatte den größten Teil der Burg mit weggeführt; lediglich der stabilere Unterbau aus Reisigknüppeln ließ noch Grundriß und Umfang erkennen. Für den Sommer hatte die Bibermutter im nahen Uferhang sich ein neues Quartier bereitet und dort auch ihre Jungen geworfen. Gegen den Herbst hin wurde nun aber eifrig am Wiederaufbau der

Burg gearbeitet. Jungerlen, Eschen, Pappeln, Espen, Birken und allerlei Strauchwerk mußten das Material liefern, das, in passende Längen bis zu drei oder vier Metern geschnitten, den nicht fernen Abhang hinabgeschleppt und kreuz und quer aufgeschichtet wurde. Dünne Zweige der gefällten Bäume und reichlich

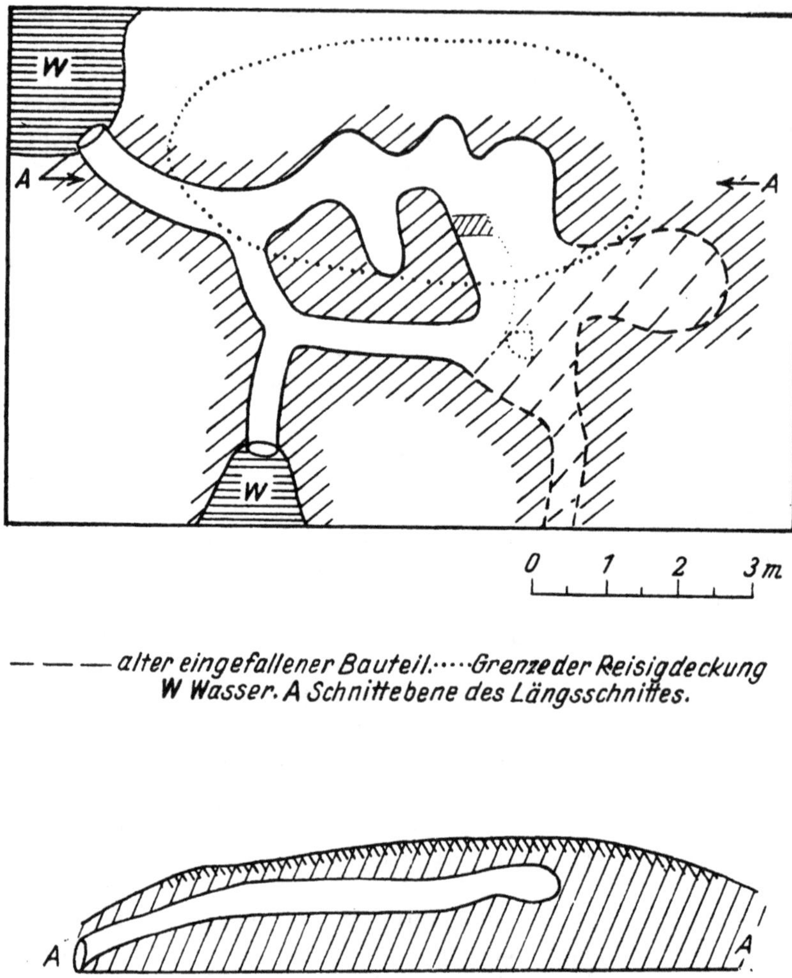

Abb. 77. Grundriß und Längsschnitt eines Mittelbaues. 1 : 100. Nach Wuttky

Rohrstengel vom Rande des Sees sowie allerlei trockene Grashalme dienten neben Schlamm und verwesenden Pflanzenresten zum Verstopfen der Lücken. Ende Oktober war so die Burg im wesentlichen wieder hergestellt. Bei einer Höhe bis zu $1^1/_2$ m erstreckte sie sich in einer Breite von einem Meter 2 m lang in die Wiese hinein; es war also ein typischer Ovalbau, wie ihn auch Fries, allerdings von größerem Ausmaß, beschreibt. Der nur 1 m lange Ausstieg zum

Wasser war durch frisches Fraßholz verdeckt, das wie ein Floß vor der Burg verankert war. Rings um den in der flachen, strauch- und baumlosen Landschaft wie ein großer Reisighaufen wirkenden Hochbau waren eingesunkene Wechsel mit Wasser gefüllt — der Vergleich mit einer mittelalterlichen Burg lag wirklich nahe!

Hochbaue größeren Ausmaßes sind immer Familienwohnungen, an denen auch gemeinsam gearbeitet wird. Sie stehen meist einige Meter abseits vom Wasser und einzeln („Uferhütten"). Im Lödderitzer Revier bei Aken waren zwei solche einander benachbarte Baue schon als große Seltenheiten zu werten. Wir haben zur Zeit überhaupt nicht viel davon mehr in unserem Elbgebiet aufzuweisen. Anscheinend beschränken sich hier die Biber nach Möglichkeit auf die bequemeren Erdhöhlen und lassen sich lediglich durch eine gewisse Zähigkeit in der Verteidigung des einmal erwählten Wohngebietes zum Hochbau drängen. Hierbei ist jedoch auch wieder eine Mannigfaltigkeit in der Anlage und Größe sowie dem Baumaterial festzustellen. Am Großkühnauer See bei Dessau war in einem für den Menschen nur bei Frostwetter zugänglichen Schilfsumpf ein als *typus classicus* zu bezeichnender Hochbau („Inselhütte") jahrelang bewohnt. Er „bestand aus Knüppeln, mit Schlamm und Rohrwurzeln verdichtet, und hatte zwei Eingänge unter Wasser, von denen sich nach verschiedenen Richtungen hin vom Biber angelegte Kanäle zogen" (Behr). Eine andere Burg in der Nachbarschaft hatte einen unteren Durchmesser von 6 m und eine Höhe von 2 m, der Kessel eine durchschnittliche Weite von 80 cm und eine Höhe von 35 cm.

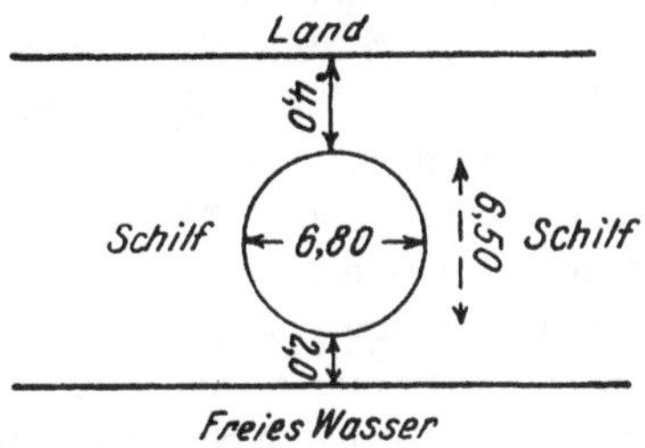

Abb. 78. Lage und Grundriß der Biberburg im Schönitzer See bei Wörlitz. 1 : 500. Nach Wuttky

Eine im Rohrdickicht ganz versteckt liegende und darum erst beim Näherkommen plötzlich auftauchende Uferhütte am Schönitzer See bei Wörlitz überraschte durch ihr gewaltiges Ausmaß und ihre regelmäßige Kegelform. Ihr unterer Durchmesser beträgt 6,80 × 6,50 m, sie ist 1,80 m hoch (Abb. 78). Unwillkürlich drängt sich hier dem Beschauer die Bewunderung für die kleinen Baukünstler auf, die aus Schlamm mit eingearbeiteten Rohrhalmen und Versteifungen durch wenige Eichenknüppel eine so spitz zulaufende Anlage gestalteten, deren Form nicht einmal durch die Raum- oder Geländeverhältnisse beeinflußt zu sein scheint, während das Material durch den dortigen Mangel an Bauholz — selbst Wiesengrenzpfähle wurden als Notbehelf herangeschleppt — bedingt ist (Taf. 24). Zudem mag eine instinktive Sicherung gegen von der Landseite her drohende Gefahren wohl darin erblickt werden können, daß die Burg 4 m vom festen Ufer entfernt in den morastigen Schilfgürtel eingerückt wurde; nach der Wasserseite hin ist sie durch ein 2 m breites Röhricht verdeckt. Erst im Herbst 1947 ist diese von zwei Alttieren und drei Jungen bewohnte Burg auf einer kleineren älteren Grundlage entstanden. Ihre Notwendigkeit mag den Bibern durch den abnorm niedrigen Wasserstand dieses Dürrejahres aufgezwungen sein, wodurch die Einstiege zu den bisher am flachen Uferhange bewohnten Erdhöhlen freigelegt worden waren.

Je nach dem zuletzt aufgebrachten Baumaterial ist das Aussehen der Burgen sehr verschieden. Allermeist wirken sie schon aus der Ferne wie große Reisighaufen. Ist viel Schlamm verwendet, den die Biber „mit den Vorderfüßen fest an die Brust gedrückt, aufrecht watschelnd, viele Meter weit bis zu ihrer Baustelle herantragen" (Luchs), so erinnert der Bau an einen stabilen Erdhügel. Dagegen erweckte eine mit zahlreichen langen Rohrhalmen abgedeckte Burg von weitem den Eindruck eines eingeernteten und zur Abfuhr aufgestellten Rohrstapels (Taf. 25). Die hierfür gelegentlich verwendeten Bezeichnungen „Holzburg" und „Schilfburg" können zwar nicht alle ihre Variationen umfassen, sind aber doch für viele Fälle recht anschaulich. Eine Bemerkung bei Brehm, daß nur geschälte Knüppel zum Bauen verwendet werden, trifft nicht zu; es sind im Gegenteil mehr ungeschälte Stammstücke und Zweige festzustellen.

Nach Fries entsteht eine Biberburg zunächst als ein „kleiner pyramidenförmiger Haufen aus dem üblichen Material: Stammteile, Äste und Erde". Dieser wird nun immer höher aufgetürmt und darin erst „in einem späten Stadium die Wohnkammer durch eine Aushöhlung in der Baumasse" eingefügt. Meistens ist nur ein solcher Kessel vorhanden, der zwei oder mehrere Zugangsröhren hat und mit Gras, Holzstücken oder Spänen ausgepolstert wird. Wenn in größeren Burgen gelegentlich zwei Kessel vorkommen, liegen sie in verschiedener Höhe und können dann mit schwankendem Wasserstande bei Bedarf vertauscht werden.

Die umständlichen Beschreibungen alter Autoren von einzelnen Zimmern in diesen Häusern mit mehreren Stockwerken sind natürlich ebenso in das Reich der Phantasie zu verweisen wie das angebliche Bedürfnis des Bibers, von jeder Etage aus seine Kelle in das Wasser eintauchen zu können.

Aus den sorgfältigen Untersuchungen von Collett über die norwegischen Biber in den Zeiten, als sie dort vor fünf Jahrzehnten noch häufig waren, ersehen wir, daß an den Flüssen mit jahreszeitlich regelmäßig stark wechselndem Wasserstande hauptsächlich oblonge, backofenförmige Burgen erstellt wurden, die zur einen Hälfte in das Wasser ragten, zur anderen sich auf das Land hinaufzogen. Sie waren nicht selten, standen jedoch in Abständen von einigen Hundert Metern. Die größte beobachtete Hütte hatte eine Länge (über die Kuppel gemessen) von $15^1/_2$ m, eine Breite von $2^1/_2$ m und eine Höhe von 1 m. Die Wände waren bis zu 40 cm dick; auf ihrem Dach wurden zuweilen zur Beschwerung des dünnen Reisigs aufgebrachte Steine bis zur Größe eines Oktavbuches gefunden. Auch diese Hochbaue sind vornehmlich von Familien bewohnt; Doppelhäuser mit einer durchgehenden Scheidewand und besonderen Einstiegen und Kesseln nehmen zwei Familien auf. Da neben diesen Hütten auch Uferbaue in unmittelbarer Nähe, zum Teil sogar in Verbindung mit ihnen, vorkommen, haben die Tiere die Wahl zwischen ihnen; für den Winteraufenthalt werden die Hochbaue bevorzugt, die Erdbaue sind Sommerwohnungen oder Einsiedlerklausen. Auch bei der neuerlichen, durch die Schonmaßnahmen bedingten Wiederauffüllung des norwegischen Biberbestandes sind die Tiere bei ihrer alten Bauweise geblieben. Vielfach aber geben sie, namentlich an kleineren Flüssen, bei Erschöpfung des Fraßholzes an den Ufern alte Burgen auf und errichten stromaufwärts neue (Fries), so daß der Eindruck einer größeren Kolonie vorgetäuscht werden kann. So stellte Fries am schwedischen Guntjuge-Elf fest, daß eine einzige Biberfamilie im Laufe von fünf Jahren dreimal, in diesem Falle talwärts, in immer wieder neu aufgeführte Baue umzog; die Vorbereitungen dazu begannen jeweils mit der Abdämmung des Gewässers. „Die häufige Umsiedlung hat mit nur zwei Jahren Zwischenraum offenbar in Verbindung mit den relativ geringen Vorräten an geeignetem Laubwald stattgefunden."

Die Rhonebiber beschränken sich in ihren Bauen ausschließlich auf die Uferhöhle, entsprechend dem lockeren Alluvialgelände der dortigen Flußufer; hier „ist der Biber nur Höhlenbauer, weil er nichts anderes sein kann" (Cordier).

Ungleich mannigfaltiger und durch ihre Verbindung mit Dammbauten besonders interessant sind bei den in Kolonien lebenden amerikanischen Bibern die Bauten nach Form, Größe, Anordnung und Verbreitung.

Im östlichen und nordöstlichen Teil der Vereinigten Staaten, wo namentlich am Lake superior Morgan seine immer noch grundlegenden Untersuchungen durchführte, überwiegen die Hochbaue, während diese im Westen durch die Erdhöhlen ersetzt werden, da die breiten und reißenden Ströme nur ein Eingraben in die hohen und festen Ufer gestatten.

Bei den Hochbauen unterscheidet Morgan zwei Typen, die Inselhütte und die Uferhütte; dazu kommen noch einige unwesentliche Abwandlungen. Wie der Name schon andeutet, wird die Inselhütte, die häufigste Form, in einem stehenden Gewässer auf einer natürlichen Erhebung oder einem künstlichen Fundament aus Zweigen und Schlamm unweit des Ufers errichtet als großer länglicher oder runder Reisighaufen mit mehreren vielfach radial angeordneten, unter Wasser so tief mündenden Röhren, daß sie im Winter frostfrei bleiben. Nach dem, was wir bei Warren lesen, handelt es sich allermeist um Baue von beträchtlichen Ausmaßen. So drang dieser Autor in eine ca. 2 m hohe Burg (Durchmesser 4 × 5 m) durch einen über 1 m breiten Eingang in einen Vorraum von 60 × 120 cm und dann in den Kessel (*living room*) vor, der etwa 1,80 m Durchmesser und nahezu $1^1/_2$ m Höhe hatte. Diese ausgedehnten Bauten entstehen nicht in einer einzigen Herbstperiode, sondern werden je nach Bedarf allmählich erweitert; Warren fand eine Burg, deren Durchmesser im Jahre 1921 noch 6 × $7^1/_2$ m betrug, im Jahre 1923 auf 10 × $11^1/_2$ m angewachsen.

Die Zahl der Bewohner einer solchen Inselhütte ist verschieden. Im allgemeinen ist sie nur durch eine Familie besetzt, die mit sechs bis acht Köpfen angenommen werden kann; die eben erwähnte Mammutburg mag wieder ein Doppelhaus für zwei Familien gewesen sein. An einem Gewässer geht die Anzahl der Hütten selten über drei bis vier hinaus. Es handelt sich mithin auch in Nordamerika nicht mehr um so starke Kolonien, wie man nach Hearne glauben müßte, der nach Indianerberichten von 37 aus einem Bau heraus gefangenen Bibern erzählt, ungerechnet die dabei noch entflohenen!

Die Ufer(bank)hütten Morgans sind entweder in geringem Abstand vom Wasser oder unmittelbar am Rande des Gewässers und zum Teil in den

Teich hinein gebaute Burgen, die denen unserer Mittelelbebiber am ähnlichsten sind. Warren betrachtet sie als Weiterentwicklungen aus Erdbauen, mit denen sie in der Tat in Größe und Aufbauten viel Gemeinsames haben.

Erdbaue endlich werden auch von den amerikanischen Bibern als Zufluchtsstätten in der Nähe der Burgen bereit gehalten oder an solchen Stellen errichtet, wo eine mit Regulierung der Wasserwirtschaft durch Dämme verknüpfte Anlage einer Burg unmöglich ist. Nach Morgan sind diese Erdbaue auch nur zeitweise im Sommer von Einzeltieren bewohnt, während die Hochbaue sowohl als Wochenstuben wie als trockenere und wärmere Familienwohnungen für den Winter zu gelten haben.

Amerikanische Pelzjäger wollen beobachtet haben, daß die Biber als Bauplatz immer die Nordseite eines Gewässers wählen. Dies soll den Vorteil gewähren, daß die von Süden her am stärksten darauf scheinende Sonne ihnen mehr Wärme spende und sie im Frühjahr um einige Tage eher aus ihrer winterlichen Haft befreie.

Außer den festen Wohnsitzen legt sich der Biber zu vorübergehendem Tagesaufenthalt außerhalb seines Baues, aber in unmittelbarer Nähe desselben, gern eine oder mehrere Sassen an. In der einfachsten Form ist eine Sasse eine frei im Erdboden oder Grase am Uferhange eingewölbte Mulde, mit Holzspänen ausgekleidet oder durch niedergedrücktes Gras gekennzeichnet. Die Weiterentwicklung führt dann zur Erdsasse, die in das ansteigende Ufer eingebaut ist, aber nur so weit, daß sie einen geschützten Ruheplatz gewährt (Taf. 26), der zum Sonnenbad benutzt wird. Somit könnte man eine Sasse als Vorstufe zur Anlage eines Erdbaues betrachten, der seinerseits dann in der Burg seine höchste Entfaltung erreicht (Taf. 26).

J. Dämme

Unter allen Lebensäußerungen des Bibers legen die Dammbauten, und zwar in noch höherem Grade als das Holzfällen, den Gedanken an menschliche Arbeiten und Handlungen sehr nahe. Überraschend wirkt dabei ferner, daß es sich bei ihnen, wie Morgan hervorhebt, gar nicht um eine Lebensbedingung handelt, sondern um den freiwilligen Übergang von einer natürlichen zu einer künstlichen Lebensweise. So sind sie nur in Verbindung mit der Errichtung der Baue und der Betätigung im Biotop zu verstehen.

Mit jedem Damm erstrebt der Biber eine für ihn günstigere Wasserführung als er sie an dem Platze vorfindet, den er für die Anlage seines Baues erkoren hat. Hierbei erreicht er dann zusätzlich durch seinen Dammbau, was die Natur ihm in nicht entsprechendem Maße oder nur in unsicherem Wechsel bietet: dauernde und genügende Tiefe zum Schwimmen, zum Transportieren von Futterholz, zum Tauchen bei Bedrohung durch Feinde, zum Abschluß der Einstiegröhren in den Bau und zur Bewegungsmöglichkeit auch noch unter der winterlichen Eisdecke (Warren).

Nicht zu jeder Biberkolonie gehört ein Damm. Sie sind im allgemeinen sogar verhältnismäßig selten und hauptsächlich auf Gelände mit schnell fließenden

Bächen beschränkt, während sich ihre Anlage an größeren Strömen von selbst verbietet. Auch an stillstehenden Gewässern, deren Wasserstand ja im allgemeinen geringen Schwankungen unterliegt, wird nur dort ein Damm aufgeführt, wo sie starken Ablauf haben. Da es sich bei allen diesen Bauten allermeist um Gemeinschaftsarbeiten einer Familie, vielfach gar einer Kolonie handelt, so bieten die besten Studienobjekte dafür amerikanische Landschaften mit ihren noch ungleich größeren Biberbeständen.

Wenn die Biber hier einen Dammbau beginnen, schleppen sie nach Warren unter geschickter Ausnutzung von natürlichen Erhöhungen im Wasser, die als Stützpfeiler verwendet werden, zunächst allerlei Zweige und Knüppel von Espen und Weiden heran und schichten sie an der Baustelle aufeinander, meist mit dem dickeren Ende stromauf und in Richtung der Strömung. Es gehört natürlich in das Gebiet der Fabel, daß sie dabei manche Blöcke pfahlartig senkrecht oder schräg einrammen, was Sarrazin (1704) noch berichtete und auch für den Bau der Uferhütten annahm; schon Hearne (1795) lehnte dies entschieden ab. Ebenso klingt es unwahrscheinlich, daß sie als Anfang des Dammes einen Baum am Ufer fällen, der genau so lang sei, wie der Fluß breit und quer über ihn gelegt werde. Indem nun die sperrigen Seitenzweige des Astwerkes sich miteinander verflechten und auch Kies und Steine des Flußgrundes und allerlei Wurzelwerk mit eingefügt werden, wird zunächst eine Bodenlage verfestigt, die von der Strömung nicht weitergeführt werden kann. Schlamm und Wasserpflanzengeschlinge, der leichteren Transportmöglichkeit halber ebenso wie das Bauholz immer oberhalb der Baustelle entnommen, werden dazwischen gepreßt; dann lassen sich die folgenden Lagen leichter und schneller aufschichten, wobei auch Zweige quer zur Flußrichtung zu liegen kommen. In stehenden oder nur schwach fließenden Gewässern ist zuweilen das Hauptbaumaterial der Bodenschlick, der nur durch Wurzelwerk und Wasserpflanzenbüschel zusammengehalten wird.

Der fertige Damm ist im allgemeinen stromaufwärts ziemlich senkrecht gestellt, während die entgegengesetzte Seite schräg abfällt; an seiner Vorderseite arbeitet die Strömung selbst ständig weiter, indem sie allerlei, was sie mitführt, hier absetzen muß. Es scheint jedoch mehr dem Zufall überlassen zu sein, ob die Vorderseite in der Mitte eine konvexe Wölbung erhält, gewissermaßen als Ableitung zu starken Wasserdruckes; denn es kommen die verschiedensten Bauarten vor mit geradem und auch konkavem, bei langen Dämmen selbst zickzackartigem Verlauf der Vorderfläche.

Während im allgemeinen die Dicke des Dammes und seine Höhe, die meist unter $1^1/_2$ m bleibt, geringeren Schwankungen unterliegen, richtet sich seine Länge naturgemäß nach der Breite des Flusses. Warren führt aus der amerikanischen Literatur die Angabe von Mills an, der am Jefferson River in Montana einen 652 m langen Damm mit einer Höhe von 1,80—4,20 m fand; aus eigener Beobachtung im Yellowstone-Park beschreibt er eine Anlage von 106 m Länge, die wie jener wohl das Werk von verschiedenen Generationen darstellt.

Nicht immer wird ein Fluß durch einen von dem einen Ufer zum anderen führenden Damm völlig abgeriegelt. Namentlich bei starker Strömung genügt es dem Biber, wenn er auf einer Seite des Ufers durch Dammwirkung den Lauf so regulieren kann, daß wenigstens hier eine ausreichende Wassertiefe geschaffen wird. Nach der beigefügten Zeichnung von Warren (Abb. 79) wurde dies durch einen etwa bis Dreiviertel der Flußbreite vom rechten Ufer aus durchgezogenen Damm und einen zweiten kurzen vom linken Ufer aus erreicht.

Die Bauzeit eines Dammes hängt natürlich von seiner Größe und der Beschaffenheit des Geländes ab; nach Dugmore (bei Warren) schafft eine Biberfamilie bei fortgesetzter Arbeit einen 9—12 m-Damm innerhalb einer Woche.

Der durch den Damm erreichte Stau des Wassers wirkt sich allermeist so aus, daß sich ein mehr oder weniger breites und auch tiefes Wasserbecken ansammelt, der „Bibersee", just eben das, was dem erstrebten Zwecke dienen soll. Nicht immer aber entspricht die Länge des Dammes der Größe des durch ihn entstandenen Bibersees, die wesentlich mitbedingt wird durch die natürliche Beschaffenheit des Geländes und seiner Seitenflächen. Besonders große Seen von den Ausmaßen 106 m Länge und 68 m Breite bzw. 103 × 244 m wurden durch Dämme von 31 m bzw. 50 m Länge gebildet; zwischen engen Ufern kann schon ein 1,80 m langer Damm einen 144 m langen Schlauch aufstauen.

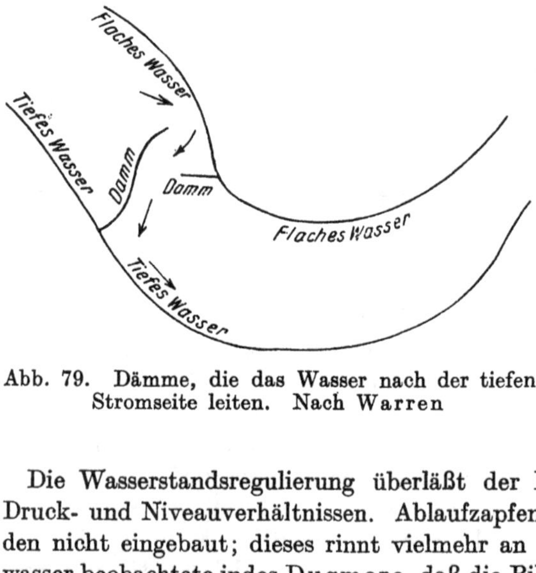

Abb. 79. Dämme, die das Wasser nach der tiefen Stromseite leiten. Nach Warren

Die Wasserstandsregulierung überläßt der Biber zunächst den natürlichen Druck- und Niveauverhältnissen. Ablaufzapfen für überschüssiges Wasser werden nicht eingebaut; dieses rinnt vielmehr an der Oberkante über. Bei Hochwasser beobachtete indes Dugmore, daß die Biber eine breite Öffnung im Damm schufen, die sie nach dem Hindurchbrausen der Flut wieder verschlossen. Sie sind immer auf der Wacht, falls irgendwelche Zerstörungen eintreten, sei es durch Überschwemmungen oder durch den Menschen. Dann wird mit Eifer und Sorgfalt die Ausbesserung des Schadens vorgenommen und in den meisten Fällen schnell vollendet. Eine anschauliche Serie von Bildern solcher Reparaturarbeiten veröffentlichte MacGillivray.

Auch aus dem Beobachtungsbereich unserer Mittelelbe sowie der nordeuropäischen Biber liegen interessante Berichte über Dammbauten vor, von denen vielleicht manche graduelle und lokale Abweichungen erkennen lassen, aber im Grunde genommen von gleichen Fertigkeiten und Fähigkeiten beider Biberarten Zeugnis ablegen.

Die kleinen Flüsse und Gräben im Niederungsgebiet der mittleren Elbe haben im Sommer nicht selten einen so geringen Wasserstand, daß ein an ihnen ansässiger Biber sie schwimmend nicht mehr passieren kann. Er erleichtert sich dann seinen Weg durch Aufstauen des Wassers. So hatte er unweit der Einmündung der Nuthe in die Elbe dafür einen günstigen Platz ausfindig gemacht. Auf einer niedrigen Sandbank etwa in der Mitte des Flüßchens war ein kleiner Weidenheger. Auf diesen hin gerichtet, brachte er von beiden Uferseiten aus starke Reiser heran, legte sie quer zur Strömung aufeinander und deckte die Zwischenräume mit geschnittenen Schilfstengeln und Uferschlamm ab. In einer Nacht war ein Wehr vollendet, das einen Stau des Wassers von über 30 cm bewirkte. Da diese kleineren Gewässer vielfach allerlei Gezweig, Blätter, auch Unrat mit sich führen, helfen diese bei der weiteren Verfestigung und Abdichtung des Bauwerkes.

So kommt es meist nach kürzester Zeit dahin, daß das Wasser über die flachen Ufer tritt und dort die recht wertvollen Wiesen überschwemmt. Der auf Taf. 27 wiedergegebene schmale Graben wurde durch einen Biberdamm 80 cm höher zu einem kleinen See aufgestaut, der, im Hintergrunde rechts sichtbar, ausuferte. Die Bauern entfernen dann die Ursache dieser Störung, aber in der nächsten Nacht hat der Biber seinen Damm wieder hergestellt, und nun wiederholt sich dieses unfreiwillige Spiel von beiden Seiten Tag und Nacht so lange, bis schließlich der Biber vergrämt abzieht. Wir haben unweit davon an einem anderen Graben ihm zwei Wochen lang zuschauen können. Bei Steckby ergab sich gar das interessante Bild der Nebeneinanderstellung eines von Menschen in einem Abflußgraben eingebauten Zugwehres und eines nur wenige Meter unterhalb desselben vom Biber nun für die Wasserführung seines Uferbaues für erforderlich gehaltenen und auch im Ziel tatsächlich erreichten Knüppelwehres — Mensch und Tier, Technik und Natur im Wettbewerb und Verein miteinander!

Auch das alljährliche Ablassen eines großen Teiches für die Zwecke der Fischerei konnte ein am Ablauf desselben hausender Biber nicht vertragen; regelmäßig suchte er den Abzugsgraben durch einen Damm zu verstopfen. In ähnlicher Weise hatte bei anhaltender Dürre ein von Bibern bewohnter kleiner Weiher am Kühnauer See durch einen zur Elbe führenden Graben nahezu sein ganzes Wasser verloren, so daß die Einstiegröhren freilagen. Da zogen die Biber an der schmalsten Stelle von 1,50 m einen 3 m hohen Damm aus 1 m langen und 10—15 cm dicken Knüppeln hindurch, indem sie diese am Ufer fest einklemmten und in senkrechter Wand gegen die Strömung hoch bauten; Haselnußreisig und schlammige Rasenstücke machten das Bauwerk so dicht, daß ein Mann, ohne durchzubrechen, darüber gehen konnte. Gegen letzteres schien der Biber keine Einwendungen zu haben; dagegen störte ihn ein auf eingerammtem Pfahle ruhender Brettersteig, den er mehrmals durch Abnagen der Tragstütze zu beseitigen suchte.

Einen besonders bemerkenswerten Damm beschrieb Bogen aus der Umgegend von Magdeburg. Hier bewohnten Biber einen 50 m südlich der Ehle, eines Nebenflüßchens der Elbe, gelegenen Kolk, von dem aus sie durch zwei von ihnen gegrabene unterirdische Röhren allabendlich ihrem Äsungsplatz am Oberlauf der Ehle zuschwammen (Abb. 80). Als nun der Wasserstand der Ehle sank und damit auch der des Kolkes, wurden nicht nur diese Röhren, sondern auch die Einstiege zu dem Uferbau am Kolk trockengelegt. Da zogen die Biber unterhalb der Einmündung der Röhren in die Ehle quer durch diese einen 1,2 m hohen, 3 m langen Damm und stauten durch ihn das Wasser um 90 cm an. Die kommunizierenden Röhren füllten sich wieder mit Wasser, hoben den Spiegel des Kolkes und schlossen somit die Einstiege des Baues wieder ab.

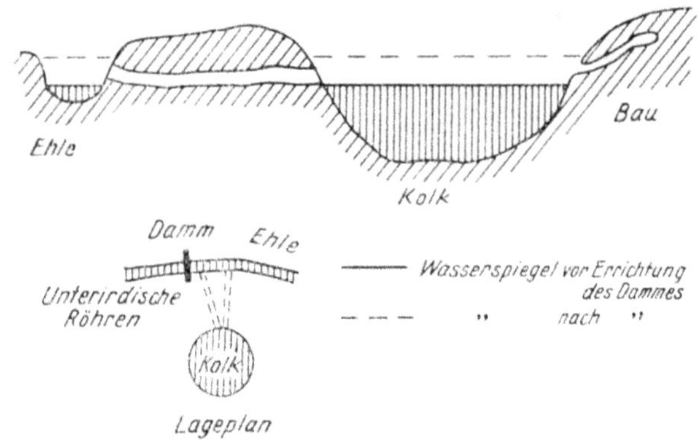

Abb. 80. Wasserstauung an der Ehle. Nach Bogen

Die größte bekanntgewordene Dammanlage des Mittelelbegebietes führten die Biber im Jahre 1913 bei Wartenburg unweit Torgau auf (Taf. 27). Als hier das Bett einer alten Elbe auszutrocknen drohte, bauten sie an einer Stelle, wo

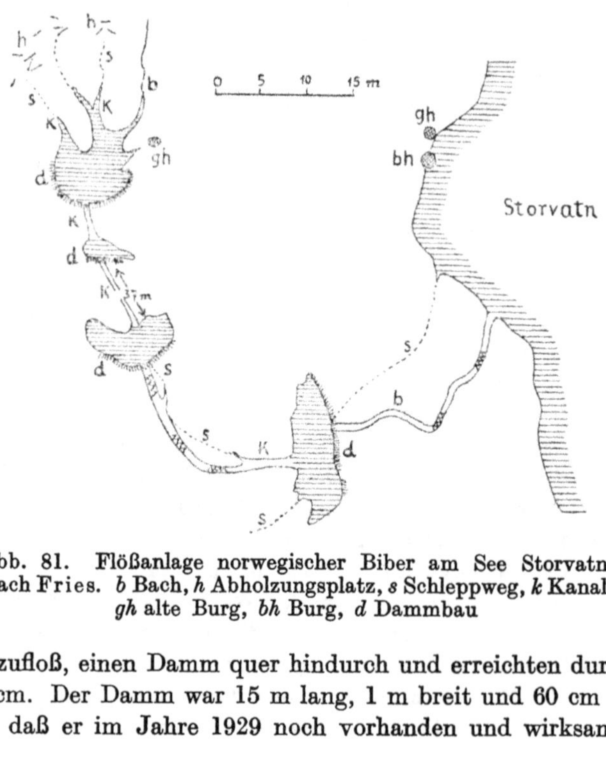

Abb. 81. Flößanlage norwegischer Biber am See Storvatn. Nach Fries. *b* Bach, *h* Abholzungsplatz, *s* Schleppweg, *k* Kanal, *gh* alte Burg, *bh* Burg, *d* Dammbau

noch Wasser zufloß, einen Damm quer hindurch und erreichten durch ihn einen Stau von 60 cm. Der Damm war 15 m lang, 1 m breit und 60 cm hoch und so solide gefügt, daß er im Jahre 1929 noch vorhanden und wirksam war. Eine ähnliche Stauanlage beschreibt Brandt aus dem Bibergebiet an der Lipsa in der Lettischen SSR. Hier errichteten in mehrjähriger Arbeit die Biber einen 64 m langen und 1—2 m breiten, sehr tragfähigen Damm, den sie zwischen einzelnen Baumstämmen befestigten. „Der Biber soll im Frühjahr sehr genau den Wasserspiegel regulieren und mehrere Male den Damm öffnen und wieder schließen. Während meines Besuches war der Damm gerade an einer Stelle ca. 0,5 m breit geöffnet. Durch ihn wurde ein größeres Waldgebiet überschwemmt, wobei die Bäume bald zu kümmern begannen und abstarben; innerhalb dieses Gebietes lag die Biberburg."

In den wasserreichen norwegischen und schwedischen Landen bietet sich dem Biber Gelegenheit, in mannigfacher Weise sein Wohngebiet so zu wählen und zu gestalten, daß es zu allen Jahreszeiten genügend mit Wasser versorgt ist. Im allgemeinen bevorzugt er auch hier kleinere Flüsse, die dicht von Laubhölzern umsäumt sind, und in ihrem Bereich siedelt er sich auch an den natürlichen kleineren Seen an, die von ihnen gespeist werden. Fehlen sie, so weiß er sie durch Stauanlagen künstlich zu schaffen und ebenso wie die natürlichen Seen auf gleichmäßigem Wasserstande zu halten. Darüber hinaus aber versteht er, alle Gegebenheiten des Geländes für seine Zwecke in zuweilen überraschender Weise zu nutzen.

So gibt uns Fries eine anschauliche Schilderung von einem ganzen System von vier durch Dämme geschaffenen und durch einen Fluß miteinander verbundenen kleinen künstlichen Biberseen unweit des großen natürlichen Sees Storvatn, an dem die bewohnte Burg lag (Abb. 81). Nahe am obersten Stausee war ein Holzschlag, von dem aus die gefällten Espen und Ebereschen ihm zugeschleppt wurden, die nun regelrecht durch den zum Flößekanal vertieften Bach und die zwischengeschalteten anderen Seen abwärts befördert wurden. Da das Flußbett eine solche Regulierung am letzten Kunstsee nicht mehr zuließ, wurde, wie dies auch an zwei anderen unpassierbaren Stellen geschehen war, über Land ein abkürzender Schleppweg bis direkt zur Hütte angelegt — anders oder gar besser hätten es Holzfäller auch nicht einrichten können!

Ist ein Äsungsplatz erschöpft, so wird weiter stromauf eine neue Anlage einschließlich einer neuen Burg geschaffen und die bisherige ihrem Schicksal überlassen. Es bilden sich mithin im Gebiet mancher Gebirgsflüsse reihenweis solche Biberseen, die infolge der Stabilität der Dämme längeren Bestand haben, wenn sie nicht einem größeren Hochwasser zum Opfer fallen. Nach und nach jedoch gehen sie einer natürlichen Vermoorung entgegen oder entwickeln sich, wenn ausgelaufen, zu üppigen Wiesen.

Hier ist in kleinerem Maßstabe die landschaftsverändernde Tätigkeit des Bibers erkennbar, die wir in größerem Ausmaße in den nordamerikanischen Distrikten wiederfinden. Denn bei diesen handelt es sich zweifellos um tiefgreifende Umwandlungen durch die Bauten des Bibers, der durch seine Dämme ganze Wälder zum Absterben verurteilte und sie damit lichtete; der aus seinen Seen und Teichen fruchtbare „Biberwiesen" entstehen ließ, an denen sich die ersten Farmer ansiedeln konnten.

Es wäre daher ein Irrtum, anzunehmen, daß die Biber durch ihr Eingreifen in das natürliche Gleichgewicht oder in die menschliche Wald- und Wasserwirtschaft stets schädlich wirkten. Was sie vielfach durch gar nicht einmal von ihnen bewohnte kleinere Biberseen selbst anzustreben scheinen, nämlich eine Wassersteuerung „ihres" Flusses oder Wohnsees besonders im Frühjahr durch ein Aufhalten und Verteilen ungestümer Fluten, entspricht durchaus menschlichen Absichten, wie wir sie in moderner und größerer Anlage in den Talsperren verwirklicht sehen. Durch Aufsammeln von Sinkstoffen erfolgt ferner in den Biberseen eine Klärung des Wassers, so daß sie als Nutzwasserreservoire dienen können. So entnimmt Warren einem amtlichen Bericht, daß in dem Dürrejahr 1924 durch Zuführung von Wasser aus 14 großen Biberseen in das Minnesota-Reservoir den dortigen Pflanzern eine Obsternte im Werte von 15000 Dollar gerettet werden konnte. Auch der Fischreichtum in den Biberseen soll ein wesentlich höherer sein, insbesondere seien sie für die Forellenzucht besonders geeignet.

Anderseits ist nicht zu leugnen, daß die Biber gerade durch ihre Dammbauten auch fühlbare Schäden verursachen können. Lassen sie schon durch ihre Holzfällertätigkeit manchen wertvollen Baum verlorengehen, so werden hier durch die Überflutung größerer Landstrecken unter Umständen gleich ganze Waldstücke vernichtet. Denn wenn durch einen Bibersee Holzbestände unter Wasser gesetzt werden, sterben sie den Erstickungstod. Nach den Berechnungen von Johnson (bei Warren) sind so in den Adirondacks (New York) im Jahre 1919 nicht weniger als 8681 acres (1 acre = 40,46 ar) durch die Biber überflutet worden, deren Holz einen Handelswert von 51425 Dollar repräsentierte. Aber gemessen an den Waldverwüstungen durch unsachgemäße Bewirtschaftung, Waldbrände und Insektenkalamitäten ist dieser Schaden verhältnismäßig gering. Für die schwedischen und norwegischen kleineren Gebiete will auch Fries einen solchen kaum anerkennen, da es sich hier allermeist um in den oberen Gebirgslagen ohnehin nicht genutzte jüngere Bestände an Laubhölzern handele.

K. Kanäle

Seitdem Morgan im Jahre 1868 erstmalig auf vom Biber im Umkreise seines Wohngebietes angelegte Kanäle aufmerksam gemacht und sie eingehend beschrieben hatte, galten diese in der amerikanischen Literatur als Ausdruck besonders hoch zu wertender geistiger Fähigkeiten. Denn nach Morgan ist der Kanal in seiner Anlage zwar einfacher als der Damm, erfordert aber in seiner Planung noch mehr Intelligenz. Lange Zeit hindurch glaubte man sogar, diese Kanalbauten seien ein Privileg der neuweltlichen Biber gegenüber ihren europäischen Vettern, bis Friedrich [4] im Jahre 1902 über Biberkanäle auch aus deutschem Gebiete berichtete und diese wesentlich nüchterner deutete.

Die Kanäle sind durch die Tätigkeit des Bibers entstandene Wasserrinnen, die von seinem Wohngewässer ausgehen und sich zuweilen weithin nach einem Fraßplatz ziehen, bald geradlinig, bald, der Geländeform angepaßt, in gewundenem

Lauf. Von ganz kurzen, nur wenige Meter langen, bis zu dem längsten von Berry (bei Warren) beschriebenen Kanal von 227 m gibt es die verschiedensten Ausmaße, die nur bezüglich ihrer Breite und Tiefe geringen Schwankungen unterliegen. 60—120 cm Breite und 45—75 cm Tiefe sind Durchschnittswerte.

Nur im moorigen oder sumpfigen Gelände kommen sie vor, gehören also nicht zu den Aggregaten einer jeden Biberkolonie. Ihre Ränder fallen meist steil ab, das Profil ist muldenartig. Zweifellos dienen sie dem Biber als Pfade zum Schwimmen vom Bau zum Äsungsplatz, zum Transport von Fraß- und Bauholz, als Fluchtwege bei Gefahr und zum Teil auch als Abkürzung für seine Überlandtouren, mithin zu ähnlichen Zwecken wie die Dammbauten, die auch mit ihnen kombiniert sein können.

Wir entnehmen den erwähnten beiden Veröffentlichungen zunächst je ein Beispiel für derartige Kanalbauten.

Morgan beschreibt einen vom Carp River ausgehenden Kanal von 176 m Länge, der mit einer kurzen Verzweigung an einer mit Fraßholz bestandenen Erhöhung endete; er war 90—120 cm breit (Abb. 82). Nach 33 m Längsverlauf wurde er durch einen kurzen Damm abgeriegelt, dem nach abermals 54 m ein zweiter folgte. Die Höhe des Wasserstandes im ersten Abschnitt entsprach der des Flusses, im folgenden war sie geringer; die Wassertiefe im ersten Abschnitt betrug 75 cm, im zweiten, ebenso wie im dritten, 45 cm. Es war ein typischer „Dreiflächenkanal". Das Wasser sickerte ihm aus dem umstehenden moorigen Grunde zu. Die Staudämme hinderten den Rückfluß nach dem Strome, dessen Einmündung die Biber obendrein noch auf 7 m Länge wesentlich vertieft hatten. An einem anderen, von einem bewohnten Teich ausgehenden Kanal wurden drei weitere kleine Uferhöhlen festgestellt, die wohl als Zufluchtsstätten bei Gefahr dienten.

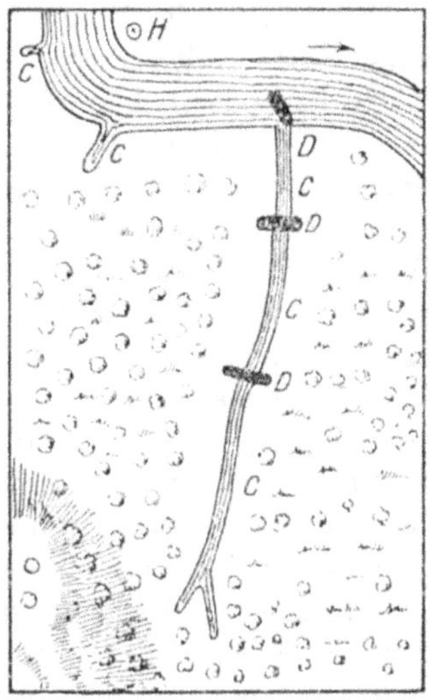

a

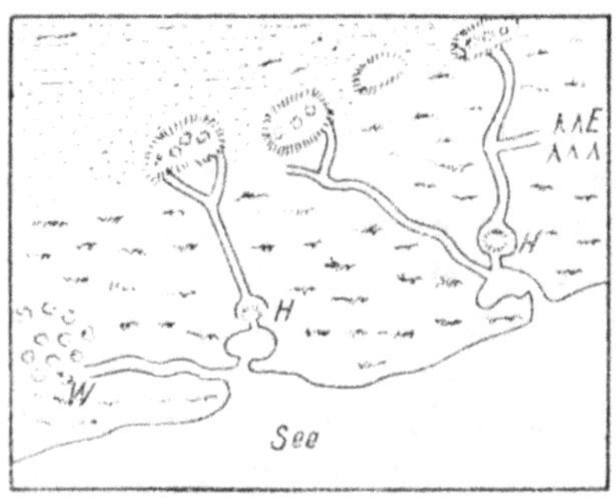

b

Abb. 82. Biberkanäle. a) Am Carp River. Nach Morgan. *H* Hütte, *C* Kanal, *D* Damm. b) am Kühnauer See. Nach Friedrich. *H* Hütte, *W* Weidengebüsch, *E* Erlengebüsch

Auf dem uns aus dem Kapitel „Baue" bereits bekannten Gelände am Kühnauer See bei Dessau, wo zeitweilig zwei bewohnte Biberburgen standen, konnte Friedrich bei starkem Frostwetter in dem sonst sumpfigen, schwankenden Boden auf engem Raume gleich vier Biberkanäle vermessen (Abb. 82). Ihre Länge war, bedingt durch die Beschaffenheit des flachen und engen Gebietes, verhältnismäßig kurz; die Tiefe schwankte zwischen 35 und 70 cm, die Breite zwischen 60 und 90 cm. Von der einen Biberburg führten zwei Kanäle landeinwärts nach je einem kleinen Hügel, der mit Eichen, Weiden und Schwarzdorn bewachsen war; der eine Kanal hatte vorher noch eine Abzweigung nach einem Erlengebüsch. Ein dazwischen liegender kahler Hügel dagegen wurde nicht besucht, was sehr beachtlich ist. Die andere Burg hatte Kanalverbindung mit einem ebenfalls bewachsenen Hügel und einem nahen Weidengebüsch. Es war ganz offensichtlich, daß diese Kanäle, wie die amerikanischen, geländemäßig nach den Fraßplätzen des Bibers führten. Auch ein den Überlandweg abkürzender Kanal konnte an anderer Stelle entdeckt werden.

Während nun aber Morgan und mit ihm andere amerikanische Forscher diese Kanäle als Kunstbauten des Bibers ansprechen, die von ihm geplant und gegraben würden, gibt Friedrich dafür eine natürliche Entstehungsweise an: Wie viele Tiere hat auch der Biber die Gewohnheit, den einmal gewählten Überlandweg immer wieder zu benutzen. Bei seiner Schwerfälligkeit erleichtert ihm dieser „Wechsel" das Laufen wesentlich, besonders in einem fast undurchdringlichen Rohrdickicht. Mit seiner nicht unbedeutenden Körperlast drückt er sich dabei mehr und mehr in das weiche, schlammige Gelände ein, aus dem das Wasser dann in die so gebildeten Rinnen einsickert und sie ausfüllt (Taf. 28).

Demnach wären die Kanäle nichts anderes als mit Wasser vollgelaufene, allmählich mehr und mehr vertiefte Wechsel, in denen dann die dem Biber ungleich bequemere Fortbewegung des Schwimmens ermöglicht wird. Die steil abfallenden Ränder der Kanäle, die bei gegrabenen schräger sein müßten, das Stagnieren des Wassers in ihnen, ihre Beschränkung auf sumpfigen Boden, sieht Friedrich als weitere Stützen seiner Theorie an.

Für die Morgansche Deutung spricht die von ihm wiederholt festgestellte Anhäufung von Schlamm am Uferrande, die Friedrich bezweifelt, und die Verbindung mit den Dammwehren, die allerdings nicht immer vorhanden ist. Vielleicht wird eine von Martin versuchte Kompromißlösung beiden Anschauungen gerecht; ich möchte mich ihr anschließen. Danach würde ein Kanal so wie ein Wechsel auf dem festen Lande entstanden zu denken sein, der dann aber — vielleicht bloß gelegentlich — vom Biber für seine besonderen Zwecke ausgebaut würde, ähnlich oder in noch höherem Grade, wie er ja auch seine Landwechsel bequemer zu gestalten sucht, etwa durch Beseitigung von im Wege liegenden Hindernissen. So sei der Kanal aber doch ein offenbar kunstvolles Werk des Bibers.

Berry bringt einen weiteren Beleg für die amerikanische Auffasung der Biberkanäle. Er fand einen von einem Flusse nach einem langgestreckten Morastloch führenden, 95 m langen Kanal, von dem 70 m „ganz regelrecht so gebaut waren, wie sie sorgfältiger menschliche Hand auch nicht hätte anlegen können". Seine Breite betrug bis zu $1^1/_2$ m, und er war mitten durch eine schlammige Niederung hindurchgezogen, gegen die auf beiden Kanalseiten Böschungen aufgeworfen waren, deren Oberkanten einen Abstand von $2^1/_4$ m hatten; hierdurch erreichten die Biber eine sichere Wasserführung, denn der Spiegel lag sogar höher als der im benachbarten Terrain. Die beigegebenen Abbildungen lassen allerdings kaum einen Zweifel, daß es sich hier „um einen in gewisser Hinsicht ungewöhnlich hoch entwickelten Biberkanal“ handelt, der den Eindruck eines eingedeichten Grabens erweckt.

Der Theorie der Kanäle als künstlich geschaffener Wege huldigt auch Fries. In die von ihm beschriebene Flößeranlage am See Storvatn (siehe Kapitel „Dämme“) hatten die Biber Teile des Flusses als Verbindungsstücke zu Kanälen umgestaltet. Vom Formuvatn bringt er ferner eine Abbildung eines an den Waldpfad sich anschließenden Kanals, an dessen Ufern deutlich die vom Biber ausgeworfene Erde erkennbar ist.

Wenn wir die drei Abbildungen von Kanälen auf Tafel 28 miteinander vergleichen, können wir sehr wohl beiden Auffassungen über ihre Entstehung zustimmen. Der auf die Biberburg am Krügersee zuführende „Kanal“ ist zweifellos ein mit Wasser vollgelaufener, ausgetretener Wechsel in dem Sumpfgelände, in das ein Mensch nur mit Wasserstiefeln eindringen kann. Hingegen ist an der daneben wiedergegebenen Ausmündung eines Kanals sicherlich vom Biber gebaut worden und hier auch die von Friedrich vermißte Abschrägung der beiden Ufer zu sehen. An der vom Biber bei seinen abendlichen Wanderungen durchschwommenen Wasserlache hat er, als diese im Sommer schon nahezu ausgetrocknet war, durch die gewohnheitsmäßige Innehaltung derselben Spur die mittlere rinnenartige Aushöhlung geschaffen, die nun das letzte Wasser noch aufnahm und deren Ausstieg zum Kanal erweitert und verlängert wurde.

VI. ZUR PSYCHOLOGIE UND SINNESPHYSIOLOGIE

A. Psychologisches

Die geistigen Fähigkeiten der Nagetiere sind im allgemeinen nicht hoch zu veranschlagen. Furchtsamkeit, Wachsamkeit und Vorsicht sind die wesentlichsten Eigenschaften, die ihnen bei ihrer Wehrlosigkeit das Entrinnen aus drohender Gefahr durch schnelle Flucht ermöglichen. Äußerungen besonderer Instinkte treten meist nur in zweckmäßiger Anlage ihrer Wohnungen in Erscheinung.

Von jeher hat man aber unter ihnen dem Biber eine höhere Stufe geistiger Entwicklung zugesprochen, ihn in dieser Hinsicht sogar an die Spitze der ganzen Ordnung gestellt. In der Tat finden wir in seinen Lebensgewohnheiten und besonders in den von ihm angelegten Bauten so viele überraschende und kunstvolle Betätigungen, daß selbst bei nüchterner kritischer Betrachtung sich immer wieder der Vergleich mit menschlicher Technik aufdrängt und damit die Fragestellung auf die Probleme: Instinkt oder Intelligenz? konzentriert, wie denn auch Warren „die wundervolle Intelligenz oder den hochentwickelten Instinkt — was es auch sein möge — anerkennt, die oft in der Tätigkeit des Bibers zum Ausdruck kommen".

Schon der Geselligkeitstrieb erfordert eine Anpassung des Einzelindividuums an die Bedürfnisse der Gesamtheit einer Kolonie. So bringt die amerikanische Literatur eine Fülle von Beispielen, wie zunächst an einer Biberburg gemeinsam gebaut wird, wobei das Weibchen mehr die Materialien aufschichtet und verfestigt, die das Männchen heranschleppt; auch vorjährige Junge wirken hierbei mit.

In noch höherem Maße ist diese Gemeinschaftsarbeit einer oder auch mehrerer Familien bei der Anlage, Vergrößerung und Pflege eines Dammes entwickelt, jedoch wohl nicht so weitgehend, daß Einzeltiere lediglich Spezialarbeiten übernehmen. Es handelt sich in allen diesen Fällen zweifellos um ein angeborenes Triebleben primitiver Art, das auch beim Übergang zum Einsiedlerdasein unserer mitteldeutschen Biber nicht ausgelöscht wurde, wie die gelegentlichen Dammbauten bezeugen.

Diese durch die nahe Berührung mit dem Menschen und mit seinen Kulturbauten erzwungene Umstellung ist jedoch wohl mehr als eine Rückkehr zu ursprünglicher Lebensweise aufzufassen, deren Gewohnheiten damit von neuem aufgenommen wurden. So erklärt sich die Häufigkeit der Uferhöhle, die sich anderseits dadurch wieder als die älteste Form des Wohnbaues erweist.

Ebenso ist das Holzfällen zu werten, das aber durch seinen jahreszeitlichen Höchsteinsatz gegen den Winter hin — in noch stärkerem Grade als die herbstlichen Ausbesserungsarbeiten an den Bauten — auffällt. Auch in der Gefangenschaft gehaltene oder geborene Biber suchen im Herbst in ihrem Zwinger Zweige zu einer Hütte zusammenzuschleppen. Vielleicht darf man bei dieser Saisonarbeit eine Parallele mit dem Vogelzug ziehen. Wie experimentelle Untersuchungen ergaben, wird dieser durch innersekretorische Drüsenwirkung ausgelöst; in ähnlicher Weise mag wohl durch stärkere Absonderung entsprechender Hormone beim Biber eine instinktive Tätigkeit vor dem Winter gesteigert werden.

Dieser innere Anlaß würde jedoch nicht ausreichen zur Erklärung der beim Holzfällen zu beobachtenden Besonderheiten, die bereits im Kapitel „Nagen und Holzfällen" besprochen wurden: Auswahl eines günstig stehenden Baumes, Vorsicht beim zu erwartenden Fallen desselben, tieferes einseitiges Einschneiden „zwecks" Richtungssteuerung beim Fall, nochmaliges höheres Benagen eines verfangenen Stammes, Klettern auf einen Baum, um an sonst unzugängliche Zweige zu gelangen, usw. Selbst wenn man hierbei menschliche Deutungen ablehnen will, so bleiben doch noch manche nicht durch einfaches Triebleben zu erklärende Besonderheiten offen, die an eine gewisse Überlegung denken lassen und damit über den Instinktbegriff hinausgehen würden.

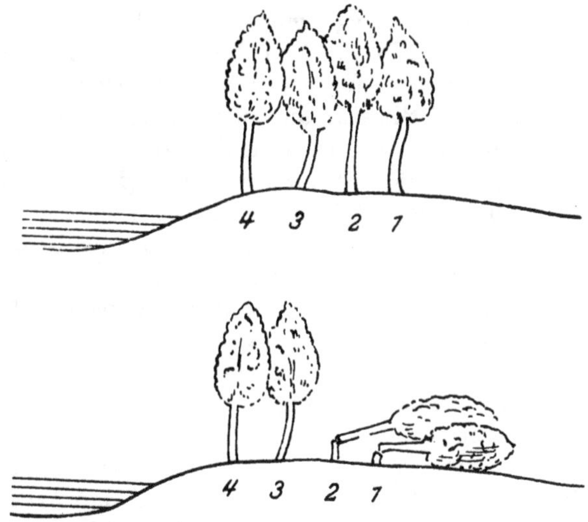

Abb. 83. Gefällte Espen. Stillinge bei Dessau. Orig.

Ein besonders interessantes Beispiel dieser Art beobachtete ich Ende April bei Hochwasser an den „Stillingen" bei Dessau. Hier wurden vier in einer Reihe dicht hintereinander auf einem nicht überschwemmten Hügel stehende halbwüchsige Espen durch Parabolschnitt von der Wasserseite aus nacheinander umgelegt (Abb. 83), und zwar die am weitesten landwärts gerichtete zuerst, darauf die anschließende bis zur letzten, am Ufer stehenden; sie brachen sämtlich in der „beabsichtigten" Richtung um. Genau so würden zünftige Holzhauer vorgegangen sein, denn eine andere Reihenfolge hätte ein Verfangen der Stämme zur Folge gehabt. Eine bloße Deutung durch günstigeren Ansitz für den nagenden Biber oder als Zufall dürfte in diesem Falle kaum befriedigen.

Über ein Instinktleben hinaus weist dann aber besonders das Verhalten des Bibers bei Anlage der Dämme und, wenn man sie als Kunstprodukte anerkennt, der Kanäle. Denn hier äußert sich nicht immer nur ein unbewußtes, aber zweckgemäßes Handeln im Dienste der Selbsterhaltung (Instinkt), vielmehr scheint sich eine auf Erfahrung und Überlegung beruhende Betätigung (Intelligenz) zu dokumentieren. Sind schon die Dämme nicht Selbstzweck, sondern nur Mittel zum Zweck der Sicherung von Lebensbedingungen, so sind die Auswahl einer dafür besonders günstigen Baustelle, die ganze Anlage, die Regulierung des Staues, die Ausbesserungen bei Beschädigungen, die Zwischenschaltung von Kanälen sowie deren Wasserführung durch eingebaute Abriegelungen höchst auffallende Äußerungen einer geistigen Veranlagung und Tätigkeit, wie wir sie in dieser Ausprägung bei Tieren nur selten finden.

Als überraschendsten Beleg hierfür sehe ich den bereits S. 165 beschriebenen Biberdamm an der Ehle bei Magdeburg an. Denn hier wurde ein Gewässer durch „Fernsteuerung" mittels eines Dammes auf einem bestimmten Niveau gehalten, was selbst ein Mensch erst nach Erkennen der Rückstaumöglichkeiten durch die zu ihm führenden unterirdischen Röhren hätte bewirken können. Auch der von Blasius angeführte Bericht verdient hier Erwähnung, daß „die Biber eines Teiches, der zum Zwecke des Fischfanges über Nacht abgelassen werden sollte, den aufgezogenen Grundzapfen binnen wenigen Stunden vermauerten". Hier mußte doch die nicht ohne weiteres ersichtliche Ursache des Abflusses erkannt werden, ehe die für die Behebung derselben erforderliche zweckmäßige Reaktion einsetzen konnte.

Für die Geschichte eines Standardwerkes und für die Wandlung der wissenschaftlichen Anschauungen ist es in diesem Zusammenhang interessant, daß Brehm in der zweiten Auflage seines Tierlebens (1880) gerade in diesem Verhalten des Bibers ein „Folgern, Überlegen und verständiges Handeln" erblickte, also Leistungsgrade einer Intelligenz. Heck dagegen lehnt in seiner Bearbeitung der vierten Auflage dieses Tierlebens (1914) auch in diesem Falle jede über Instinkt hinausweisende Deutung der Arbeitsleistungen des Bibers ab: „Das Aufsuchen und Verstopfen von Löchern in seinen Dämmen liegt vollkommen im Bereiche der instinktiven Bautätigkeit des Bibers, kann ihm ebenso unbewußt und triebmäßig angezüchtet sein wie die instinktive Futterfürsorge, ehe Frost eintritt, und beweist daher gar nichts für bewußtes Denken und Handeln." Auf seine ironische Frage: „Warum schleppt er im Zoologischen Garten nicht seine Holzknüppel alle auf einen Haufen am Gitter zusammen, um dieses zu übersteigen und sich so zu befreien? Er schleppt doch sonst allnächtlich Holz genug!" — finde ich bei Frieling eine wohl nicht als solche gedachte, aber sehr präzise Antwort: „Im Münchener Tierpark beobachtete ich, wie die Tiere die hohe Uferwand dadurch zu erreichen suchten, daß sie in tagelanger, mühsamer Arbeit Zweige aufstapelten, um eine Treppe zu errichten. Das ist doch eine Handlung, die in dieser selben Form für den Biber im Freien kaum nötig sein wird und die nicht als solche angeboren sein kann."

Den frappanten Andeutungen einer gewissen Intelligenz stehen anderseits auch Beobachtungen entgegen, die wieder zu gegenteiliger Bewertung Anlaß geben könnten. So wird man Dämme an wenig Wasser führenden oder an zu starkes Gefälle entwickelnden Bächen als Fehlanlagen bezeichnen müssen. Auch mancher Baum fällt beim Nagen in ungünstiger Richtung (Taf. 14) oder gar mit der gesamten Krone so in das Wasser, daß die Zweige nur schwer oder gar nicht verwendet werden können. Zwecklos erscheint ferner das häufig zu beobachtende Benagen der Wurzelanläufe von zu fällenden Bäumen, falls man es nicht als eine erste Versuchs- oder Kostprobe ansehen will. Und die Wahl eines Bauplatzes im Bereich menschlicher Wohnungen läßt eine sonst als Selbstverständlichkeit anzusehende Vorsicht vermissen. Ich nannte dies schon „Instinktdegeneration" (S. 108), ohne damit eine bisher durch nichts erwiesene physiologisch-anatomische Degeneration des Bibers behaupten zu wollen, möchte sie vielmehr, allerdings auch wieder in negativem Sinne, in das allgemeinere Gebiet einer großen Anpassungsfähigkeit an veränderte Situationen einreihen, wodurch dann zugleich der Anschluß an die positiv zu wertenden intellektuellen Fähigkeiten gegeben wäre. Bereits im Jahre 1890 hat Blume von einer Entartung des Bibers gesprochen, die er auf die allseitig bestehende Schonung zurückführt: wie Rotwild bei ununterbrochener Schonung seine Scheu aufgibt, zu jeder Tageszeit im Revier herumbummelt und schließlich Unfug treibt (Schälen der Bäume), so sei auch der Biber ein Taugenichts geworden, der bei Hochwasser anderes Wild beunruhige und edle Stangenhölzer zwecklos abnage. Zu diesem harten Urteil, vor allem aber zu dieser Verallgemeinerung, geben derartige Einzelfälle noch keine Berechtigung.

Jung eingefangene Biber sollen leicht zahm werden und eine große Anhänglichkeit an ihre Pfleger zeigen. Durch ihre nächtliche Lebhaftigkeit wirken sie allerdings als Hausgenossen recht störend. Bei den Indianern sind gezähmte Biber sehr beliebt; unter den verschiedenen darüber vorliegenden Erzählungen sind die anziehend geschriebenen Romane von Wäscha-Kwonnesin und seinen Biberkindern am bekanntesten. Hearne hatte „mehrere Biber so gezähmt, daß sie auf den Ruf kamen, wie ein Hund nachliefen und sich über Liebkosungen freuten. Um ihre Notdurft zu verrichten, gingen sie immer ins Wasser und des Winters aufs Eis; man kann sie daher im Wohnzimmer haben, ohne daß es beschmutzt wird. Sie waren daselbst immer in Gesellschaft der indianischen Weiber und Kinder, zeigten Unruhe, wenn diese lange wegblieben, und Freude, wenn sie wiederkehrten, krochen ihnen auf den Schoß, legten sich auf den Rücken, machten Männchen, kurz, sie betrugen sich fast wie Kinder, wenn ihre Eltern lange abwesend waren" (Oken).

Im allgemeinen kann man dem Biber ein besonders entwickeltes Temperament nicht zusprechen. Auch frisch erbeutete Tiere ergeben sich bald in ihr Schicksal; bereits einen Tag nach seiner Gefangennahme griff ein Elbebiber immer wieder nach einem von einem Kinde ihm spielend an einem Faden angebotenen Apfel (Taf. 4). Gegenüber ihresgleichen verhalten sich aber ältere Tiere im Zwinger vielfach feindlich und beißen sie sogar tot. Von Leighton in Gefangenschaft gehegte Biber verschiedenen Alters „zeigten sich sehr schreckhaft bei schwachen Geräuschen und dem Schall von Fußstapfen; sie waren nicht dahin zu bringen, diese Furcht abzulegen. Dagegen war ihre Gleichgültigkeit gegenüber manchen Dingen, die viele andere Tiere in Erregung versetzt hätten, ganz überraschend". — „Geduld, Beharrlichkeit, Stärke und Betriebsamkeit sind wichtigere Faktoren bei ihrer Arbeit als scharfer Verstand oder geistige Beweglichkeit" (Bailey). Etwas höher schätzte den Biber Goethe (1776) in damaliger physiognomischer Deduktion auf Grund der Schädelform ein: „Der Biber hat außer der Struktur des Schädels im Profile in seinem Instinkte nichts Diebisches. Der Biber hat mehr überlegenden Verstand als List.“ (Physiognom. Fragmente.) Im Gegensatz dazu stellte jedoch Heck (1933) geradezu diebische Regungen gegen die eigenen Artgenossen auf der Mecklenburger Biberfarm fest: „Einen Biber beobachtete ich da öfters beim Stehlen, wie er sich an eine fremde Biberburg heranmachte, die besonders gut verproviantiert war. Er holte sich dort von dem Vorrat einige Zweige weg, schwamm damit ans Land, schleifte das Diebesgut neben sich her zu einem Wassergraben, an dem er seinen Bau hatte, und legte die Beute dort zu seinem eigenen Wintervorrat.“

B. Sinne und Sinnesorgane

Das Gehirn des Bibers (Abb. 84) ist, wie auch bei anderen Nagetieren, verhältnismäßig klein; nach Brandt und Ratzeburg verhält es sich zum Körper wie 1 : 290. Seine Form wird nach Wiesel durch die an den Seiten des Schädels wirkenden Zugkräfte der sehr starken Kaumuskeln in der Weise beeinflußt, daß es in seiner Längsrichtung nach vorn ausweicht und infolgedessen langgestreckt erscheint. Das Großhirn läßt in seiner Rinde eine nur ganz schwache Furchung erkennen; es ist dreimal so groß wie das Kleinhirn. Nach Martin stellt sich das Gewichtsverhältnis des Gehirns zum Körper beim Biber auf 1 : 532, während es für die gesamte Säugetierklasse durchschnittlich 1 : 186 beträgt und beim Menschen auf 1 : 36 ansteigt. Schon daraus geht hervor, daß auch der Biber sich in die relativ tiefe Stufe der geistigen Entwicklung der alten Ordnung der Nagetiere einreiht.

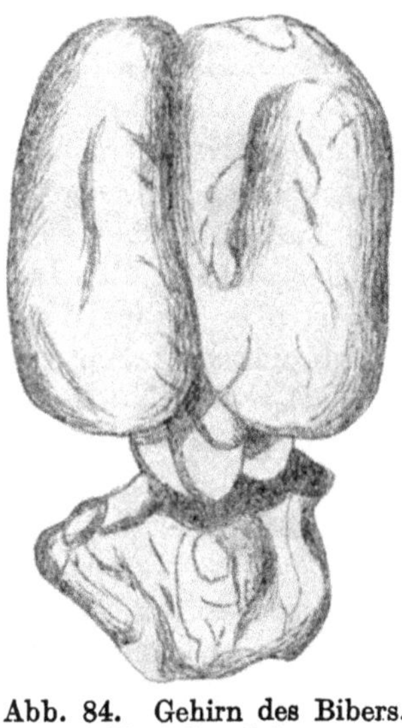

Abb. 84. Gehirn des Bibers. Nat. Gr. Orig.

Der schärfste seiner Sinne ist zweifellos das Geruchsvermögen. Mit feiner Witterung stellt er beim Ausstieg aus seinem Bau fest, ob Gefahr durch Feinde droht. „Setzt man sich in der Nähe der Burg abends oder besser morgens an, so erscheint bei eintretender Dunkelheit ganz unvermittelt, ohne daß Wellen im Wasser sichtbar werden, plötzlich etwa 5—7 m vom Bau entfernt der Bewohner, nur mit dem Kopfe aus dem Wasser lugend, eine kurze Zeit bewegungslos so liegenbleibend, die Nase hochnehmend, nach allen Richtungen äugend und windend und, nachdem er nichts Verdächtiges bemerkt hat, die Richtung nach dem Äsungsplatz nehmend“ (Behr). Die Trapper Amerikas sind bemüht, mit ihren Fallen möglichst wenig Handberührung zu bekommen, wenn sie diese mit dem artspezifischen Köder des Bibergeils auslegen.

Die schlitzförmigen Nasenlöcher werden beim Tauchen geschlossen. In analoger Weise werden auch die Ohren gegen eindringendes Wasser geschützt durch Einrollen der Ohrmuscheln, die jedoch beim Auftauchen sofort wieder aufgerichtet und nach vorn gestellt werden. Dadurch erhält der Kopf des ruhig schwimmenden oder im Wasser treibenden Tieres seinen charakteristischen Ausdruck; es ist falsch, wenn in den meisten Beschreibungen angegeben wird, daß die Ohren im Fell fast versteckt liegen. Aber nur auf verhältnismäßig kurze Entfernung ist das Gehör ein sicherer Wächter bei Gefahr; nach Fries versagt seine Zuverlässigkeit schon bei etwa 40 m Entfernung.

Die Gehörknöchelchen des Elbebibers unterscheiden sich kaum von denen des amerikanischen. Das von Cahn bei letzterem gefundene Foramen an der Basis des Hammerstieles ist nach meinen Untersuchungen bei unserem Biber nicht vorhanden, und die Öffnung des Steigbügels ist bei ihm nahezu symmetrisch, während sie bei jenem unsymmetrisch sei. Phylogenetisch interessant ist jedoch die Feststellung Cahns, daß die Gehörknöchelchen des pleistozänen *Castoroides ohioensis* kaum größer sind als die des rezenten *Castor canadensis*, obwohl seine Schädellänge um $^4/_7$ die des rezenten Bibers übertrifft.

Weniger gut entwickelt als das Gehör ist das Gesicht, das nach Fries nur etwa halb so weit reicht; auch Friedrich berichtet, daß ein schwimmender Biber einen auf ihn zustrebenden Jagdhund mangels Witterung im Wasser erst aus nächster Nähe erkannte. Der Unterwasserverschluß der kleinen Augen, die eine runde Pupille und eine dunkelbraune Iris besitzen, erfolgt durch eine durchsichtige Nickhaut, die dem Tiere das Sehen auch beim Tauchen ermöglicht. Brandt und Ratzeburg heben hervor, daß die Sehnerven verhältnismäßig sehr groß seien, ebenso wie die starken Riechnerven.

Die in der Schnauzengegend stehenden straffen Fühlhaare werden namentlich für die Orientierung im dunklen Bau von Bedeutung sein.

Daß das Geschmacksvermögen ausgeprägt ist, beweist nicht nur die Mannigfaltigkeit, sondern auch die Auswahl der vom Biber angenommenen Nahrung, bei der er sogar gelegentlich auf wohlschmeckende Kulturpflanzen übergreift und Süßigkeiten (Obst, Zuckerrüben) zu bevorzugen scheint. Wie bei den meisten Nagetieren sind jedoch auf der hinteren Zunge nur drei umwallte Geschmackspapillen vorhanden; sie sind in Dreiecksform angeordnet.

VII. ZUR KULTURGESCHICHTE

A. Der Biber als Nutztier

Bei der Befriedigung seiner primitivsten Lebensansprüche an Nahrung und Kleidung hat der Mensch von jeher da, wo Biber vorkamen, auch diese gejagt und seine Beute zu verwerten gewußt. Dies sagen uns Funde aus allen Perioden der Vorzeit: In mittelsteinzeitlichen Abfallhaufen (Kjökkenmöddinger) des Ostseeraumes sind zahlreiche Knochenreste des Bibers nachweisbar, jungsteinzeitliche und bronzezeitliche Siedlungsfunde am Bodensee, Federsee und anderen süddeutschen Gewässern enthielten viele Biberknochen (Vogel); in einer neuerdings untersuchten Dorfsiedlung der Großsteingräberleute an der Hunte steht gar der Biber unter den Jagdtieren zahlenmäßig weitaus an erster Stelle. Grabbeigaben aus vor- und frühgeschichtlicher Zeit deuten ferner auf Verwendung von Nagezähnen als Schmuck oder Weiheopfer. Auf der von Fraas untersuchten uralten Opferstätte auf dem Lochenstein in Schwaben wurden zwischen den häufigsten Knochen des Torfrindes und anderer Haustiere auch solche von Auerochs, Elch, Reh, Wildschwein und Biber festgestellt.

Die noch bis in die Neuzeit von den Indianern Nordamerikas angewandte Methode der Jagd mit Speeren und Pfeilen wird auch in der alten Welt die ursprüngliche gewesen sein, indem der Jäger dem Biber auflauerte und ihn beim Ausstieg aus dem Bau zu überraschen suchte. Im Winter dagegen konnten bei eintretendem Tauwetter durch Aufreißen der Baue und Herausjagen die ermatteten Tiere eine leichte Beute werden, wobei jedoch, wie dies die Indianer stets beachteten, zur Schonung der Jagdgründe wohl nicht alle restlos vernichtet wurden. Auch das Versetzen der Ausgänge mit Netzen und Niederknüppeln der aus dem Bau flüchtenden Biber wurde bereits in der Vorzeit angewandt. Ebenso sind sicherlich schon Fallen gebräuchlich gewesen. Die in der Literatur oft beschriebenen und abgebildeten (Dahms) prähistorischen Biber- und Otterfallen jedoch, die man an verschiedenen Stellen Norddeutschlands, ferner in England, Frankreich und Italien in Mooren fand, sollen nach Krause Entenfallen gewesen sein.

Zum Ausstöbern aus dem Bau setzte man, wie bei der Dachsjagd, kleine Hunde an, die in den Jagdgesetzen der frühesten Zeiten (z. B. lex Saxonum, lex Anglorum et Werinorum) als canis beverarius, bibracco, castorius, piparhunt bezeichnet werden. Noch in der Mitte des 18. Jahrhunderts wurde in Altsachsen einem Biberfänger als tägliche Auslösung „vor jedem bey sich führenden Biber- oder Fischotterhund" ein Groschen gezahlt. Die karolingischen Könige hatten unter ihrem Jagdpersonal eigene beverarii („quibus castorum cura et custodia incumbit" — denen die Fürsorge und Aufsicht über die Biber oblag —). Um

1400 hören wir in Ostpreußen von berufsmäßigen Biber- und Otterfängern, die das ausschließliche Privileg auf diese Tiere hatten und für die von ihnen abzuliefernden Bälge der erbeuteten Tiere eine Fangprämie erhielten, welche für den Biber doppelt so hoch war wie für den Fischotter (Mager). Die Abgabeverpflichtung wurde streng überwacht; die Biberfänger „mußten mit dem Ambtmann darüber einen Kerbstock halten, damit nach Ausgang des Jahres zu sehen, wieviel sie gefangen und geliefert". Wenn ferner im Jahre 1591 einem solchen Amtsjäger als Vergütung für einen Biber dieselbe Summe wie für ein Bärenfell gezahlt wurde, nämlich $1^1/_2$ Mark, ein Betrag, der nach dem damaligen Werte des Geldes recht hoch war, so illustriert dieser Vergleich besser als Währungsumrechnungen die Bedeutung des Bibers als Jagdtier, wobei der weit höhere Kaufwert des Balges noch unberücksichtigt bleibt.

Diese Hochschätzung des Bibers drückt sich auch darin aus, daß vom frühen Mittelalter ab bis in die neueste Zeit die Jagd auf ihn ein Regal war, also dem jeweiligen Standesherren vorbehalten blieb. Noch 1710 berichtet der anhaltische Geschichtsschreiber Beckmann, daß „in dem Dessauischen Antheil die Herrschaft selbsten in dem Kapen (dem Abfluß eines Gewässers) zu biebern pfleget". Die strenge Beachtung dieses Regals suchte man durch Strafandrohungen durchzusetzen, 1503 in Ostpreußen sogar „bey verlust des Leibes". Wenn der Erzbischof von Salzburg im Jahre 1772 eine Buße von 50 Gulden für einen getöteten Biber erhob, den Jagdfrevler aber „im Unvermögensstand vier Jahre zur erzstiftischen Militz und wofern er hierzu nicht tauglich war, auf zwei Jahre in das Arbeitshaus einziehen ließ, nebst Verlust des Gewerbes und Unfähigkeit der Ansässigmachung", so wird für solche, tatsächlich mit aller Schärfe durchgeführten Bestimmungen die Sorge um die Wahrung der Autorität wohl noch maßgeblicher gewesen sein als um den Schutz einer bedrohten Tierart. Je nach dem Interesse, das die Standesherren dem Waidwerk entgegenbrachten, wurden indes die Regalvorschriften in den verschiedenen Ländern mannigfach abgewandelt. Während im Jahre 1857 in Bayern und Sachsen Biber nur für den Hof geschossen werden durften, beschränkte man sich anderwärts in der mildesten Auslegung schließlich auf das „Biberrecht", d. h. die Ablieferung des Schwanzes und der beiden Hinterfüße.

Da in Amerika schon bald nach seiner Entdeckung die Jagd auf den Biber gewerbsmäßig zunächst von Fellhändlern ausgeübt wurde, die lediglich auf den Gesichtspunkt der möglichst hohen Beutezahl eingestellt waren, entwickelten sich hier die ursprünglich von den Indianern übernommenen einfachen Fangmethoden zur Spezialisierung auf moderne Fallen (trap) durch berufsmäßige Fallensteller (Trapper), die den unsicher erscheinenden Abschuß mit Feuerwaffen verschmähten; sie kennzeichneten die Schnelligkeit des Bibers im Tauchen mit der resignierenden Begründung, daß der Schuß, dessen Aufblitzen er noch gesehen habe, ihn nicht mehr erreiche. Erfahrene Trapper stellten unter äußerster Vorsicht, sich nicht durch Witterung zu verraten, für eine Nacht bis zu acht Fallen auf, die durch eine mit geheimnisvollen Anlockungsmitteln getränkte Gerte den Biber anköderten; die spätere Verwendung des Bibergeils erleichterte ihnen ihr mühsames Handwerk und erhöhte ihre Beutezahlen.

Die Biberfänger arbeiten jetzt mit stählernen Fallen (Abb. 85). Ein solches am Ufer an einem Pfahl mit einer Kette verankertes großes Tellereisen wird 15—20 cm unter der Wasseroberfläche in den Biberausstieg oder einen Damm eingebaut, und zwar nahe einer Wassertiefe von 60—90 cm. Der in das Eisen geratene Biber zerrt die Falle, an der ein schwerer Stein befestigt ist, in die Tiefe, kann infolge dieser Beschwerung nicht wieder an die Oberfläche kommen und muß in kurzer Zeit ertrinken. Dies gilt als einfachste und sicherste Fangmethode, wenn es sich um die Fellgewinnung handelt. Will man aber für Zuchtzwecke Biber lebend und unversehrt haben, so empfiehlt Bailey eine von ihm konstruierte Käfigfalle, bei welcher das Tier durch Zusammenschlagen der Bügelklappen in einem käfigartigen Drahtgeflecht gefangen wird; auch eine Netzfalle von Scheffer-Couch ist gebräuchlich.

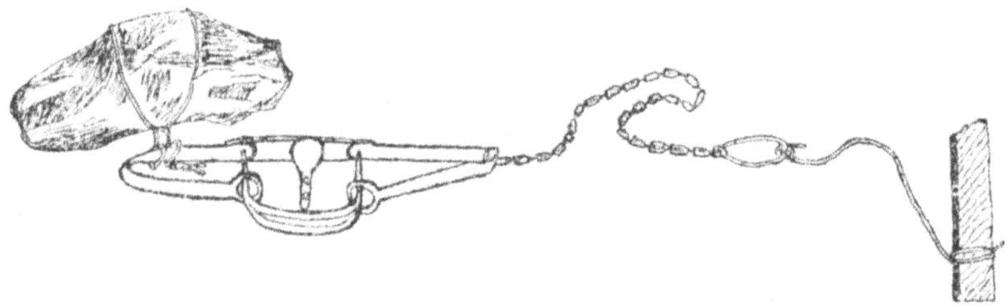

Abb. 85. Biberfalle der amerikanischen Trapper. Nach Bailey

Die ersten Biberjäger werden von den verhältnismäßig leicht zu erbeutenden Tieren, deren Jagd auch keine Gefahren bot, zunächst das Fleisch als willkommene Abwechslung und Ergänzung des Speisezettels verwendet haben. Beim Abziehen des Balges kam es darauf an, die Geilsäcke nicht zu verletzen, um deren durchdringenden Geruch und Geschmack vom Wildpret fernzuhalten. Ob es ihnen als Leckerbissen galt, mag dahingestellt bleiben; wir wissen aber aus verschiedenen Quellen, daß es im Mittelalter sehr geschätzt wurde. Allerdings gibt es auch gegenteilige Stimmen, und das Geheimnis seines Wohlgeschmackes lag wohl in der Zubereitung bzw. vorhergehenden Bearbeitung. „Derhalben so sieden jn etlich zum ersten / dann in einer pfannen rösten sie jn / brauchen keinen deckel / damit das wildeler / oder bitter gruch davon dampffe“ (Geßner, 1583). Von modernen Autoren macht sich auch Bailey zum Fürsprecher: „Die Leber ist fast so zart und lieblich wie die von Huhn und Gans. Das Fleisch hat wohl ziemlichen Wildgeschmack, ist aber, richtig zubereitet und gekocht, ausgezeichnet und wurde von den Trappern jedem anderen Wildpret vorgezogen, selbst in der Zeit, wo Büffel, Elch und Rotwild reichlich zur Verfügung standen.“ Unserer jetzigen Geschmacksrichtung würde Biberbraten wohl trotzdem kaum entsprechen; wenn man gelegentlich davon hört, so beziehen sich solche Nachrichten auf die schon gegeißelte Irreführung mit der Nutria, deren Fleisch von den Züchtern gelobt wird.

Die Rabulistik der klösterlichen Küchenzoologie empfahl den Biber als erlaubte Fastenspeise, indem man ihn auf Grund seines Wasserlebens kurzweg zu den Fischen rechnete, wofür sogar ausführliche Gutachten von Universitäten beigebracht wurden. Daher erschienen auf der „Ordnung und Taxe der Essenspeisen" des Konzils zu Konstanz (1414) „Biber, Dachs, Otter — alles genug", und in den benedictiones ad mensas, den Speisesegnungen des Waltariliedes (um 950) aus dem Kloster St. Gallen, heißt es: „Gesegnet sei des fischähnlichen Bibers Fleisch". Ludwig Ganghofer gibt uns in seinem „Klosterjäger" eine amüsante Schilderung dieser mönchischen Mentalität über eine Fastenmahlzeit im Kloster:

„Und nun kam gar ein richtiger Braten. Ein Braten am Fasttag!

Haymo blickte verlegen auf den Frater. Darf ich denn das essen?

Der Küchenmeister lachte und tätschelte die Hand des Jägers. Iß nur Bub, iß nur! Glaubst du denn, ich möchte deine frischgescheuerte Seele mit einer Sünde beflecken? Iß nur! Das ist Fastenspeise wie Fisch und Frosch!

Zögernd kostete Haymo; aber gleich wieder legte er die Gabel nieder und schob den Teller kopfschüttelnd von sich. Nein, Herr, das ist Fleisch!

Freilich Fleisch, lachte der Frater, aber Fleisch von einem Biber!

Biber? Aber das ist doch auch ein Tier mit Haar und Füßen?

Frißt aber Fische! Verstehst du? das ist Philosophie der Klosterküche: Biber, Otter und Wildente, ob Pelz oder Federn, was Fische frißt, wird wieder als Fisch gegessen. Und ganz mit Recht! Denn die Nahrung macht das Wachstum und bildet aus ihrem Stoff den Körper. Somit verzehrst du in diesem Braten kein richtig Fleisch, sondern ein Teilchen von jedem Hecht und Karpfen, von jeder Grundel und Schleie, die der Biber schmauste. . . . . .

. . . Nein. Ich tu's doch lieber nicht. Am Ende drehen sie den Spieß um und sagen: wie der Hirschbraten kein Gemüse ist, so ist der Biberschwanz kein Fisch, obgleich er Schuppen hat. Und Biberschwanz eß ich für mein Leben gern. Gib her ein Bröcklein! Und aus dem Bröcklein wurde mit Kosten und Kosten der halbe Braten. Gelt, du? Das rutscht wie Butter."

In späterer Zeit bezog man die Fischnatur des Bibers, konform dem „Biberrecht" (vgl. S. 179), nur noch auf die hinteren Extremitäten, den fischähnlichen Schwanz und die mit Schwimmhäuten versehenen Füße. Beide galten als Leckerbissen. Von ihnen sagt der alte Geßner: „Den Schwanz aber kochet man sampt den hinderen füßen gemeinlich in gäler brügen. Es ist ein lieblich / süß / zart und gar feyßt essen / . . . . eben wie ein aal und hausen. Die schläckermäuler essen sonders gern von heutleinen zwischen den klauenn". Ein ausführliches Kochrezept gibt v. Fleming (1719): „Schneidet den Biberschwanz als wie einen Karpfen in Stücken, setzet Wasser aufs Feuer, damit es siede, schüttet auch Salz hinein, aber nicht so viel als wie bey einem Karpfen. Werfet auch unter dem Sieden ein Stückchen Butter dazu, maßen dieser Biberschwanz nicht so weich ist als andere Fische. Es ist auch dieser Handgriff der wahre Vorteil, alle harten Fische weich zu machen. Ist nun der Schwanz gesotten, so seihet das Wasser rein ab, thut ihn in ein castrol, gießet ein wenig Brühe, Wein und Essig dazu und laßt es kochen, schüttet auch Pfeffer, Ingwer, geriebene Semmel, Citronen-Schalen, Butter, Safran und Zucker hinein und lasset dieses alles wohl durch einander kochen. Setzet gedachten Biberschwanz hernach auf ein Feuer, damit er ganz allmählich koche."

Nach Koepert schrieb im März 1450 Friedrich der Sanftmütige von Sachsen an den Schösser zu Wittenberg: „Wir begern mit fließe, das du uns ußrichtest vier lebende Lachse, darzu Byberczagel alsuil Du der gehaben kanst und das alles uff den guten Fritag gein Missen schickest" (Wir begehren mit Fleiß, daß du uns ausrichtest vier lebende Lachse, dazu Biberschwänze, soviel du derer haben kannst, und das alles auf den Karfreitag gen Meißen schickest.) Die Klosterküche bezahlte sogar nach Marius und Frank (1685) für eine einzige Kelle sechs Gulden, und der König Stanislaus von Polen ließ sich 1734 in Königsberg wiederholt solchen Biberschwanz für den Preis von einem bis zwei Dukaten herrichten.

Abb. 86. Biberzahn-Meißel. Nach Martin

Die aus dem gekochten Schädel leicht herauszuziehenden großen Schneidezähne sind in der Technik zum Glätten und Polieren von Goldarbeiten gelegentlich verwendet worden. Der vorgeschichtliche Mensch mag sie auch als Geräte zur Holzbearbeitung, ähnlich wie der Biber selbst, benutzt haben. Man darf dies wohl aus einem Vergleich mit den Indianern schließen, die den Nagezahn kunstgerecht schäfteten und als Feinmeißel ansetzten (Abb. 86).

Schon in den ältesten Zeiten wurden die gestreiften Felle zu wärmender Kleidung verarbeitet. Die Unterwolle ist ja dicht genug, um auch der winterlichen Kälte zu trotzen. Zu einem vollständigen Pelz rechnete man zwölf Felle. Indes werden diese Pelze reichlich schwer gewesen sein, und dies ist wohl auch der Grund, daß man später die Felle meist nicht als Ganzes, sondern nur zu Besätzen, Kragen und Futter verwendete. Als Exportware kamen sie bereits im frühen Mittelalter zu Bedeutung. Bei den engen Handelsbeziehungen zwischen dem deutschen Osten und der arabischen Welt gingen damals viele Biberfelle nach dem Mittelmeerraum und dem Orient. Ebenso bestand große Ausfuhr aus Schweden und Norwegen, die ihren Reichtum an Fellen auch in einer Naturalvergütung ihrer Landessteuern dokumentierten.

Zur Blütezeit der Hansa gehörten Biberfelle zu ihren wichtigsten Handelsgütern. In Zusammenhang damit wurde eben kostbares Pelzwerk auch bei uns Mode; geschätzt waren vor allem Marder, Zobel, Hermelin, Otter, Biber. Daher finden wir in den um 1225 von den Benediktinermönchen gesammelten Vagantenliedern (Carmina Burana, herausgegeben von Schmeller, 1904) bei der Aufzählung von Tiernamen diese Zusammenstellung in einem Verse:

Martalus et migale, luter, castor, tebelusque
(Marder und Hermelin, Otter, Biber und Zobel).

Anderseits klagt im 11. Jahrhundert Adam von Bremen über die luxuriösen Pelze, „deren Duft unserer Welt das Gift der Hoffahrt und Eitelkeit eingeflößt hat“. Heinrich von Türlein (um 1220) aber singt in seinem Gedicht „Die Krone“:

ein veder er dar under truoc	ein Flaum er darunter trug,
din was kostelich genuoc	der war kostbar genug
von lûtern bibervellen	von lauter Biberfellen.

Zu Beginn der Neuzeit waren die altweltlichen Biberbestände infolge des getriebenen Raubbaues schon so weit erschöpft, daß nur noch die osteuropäischen und nordasiatischen Gebiete als Lieferanten in Frage kamen. So gingen am Ende des 17. Jahrhunderts die begehrten dunkelbraunen Felle als „schwarze“ oder „moskowitische Biber“ von Rußland nach China. Nun aber war eine neue scheinbar unerschöpfliche Quelle durch die amerikanischen Jagdgründe erschlossen. Wir sahen indes, wie auch diese infolge skrupelloser Ausbeutung bald zu versiegen drohte und nur durch eine von der Natur selbst gedrosselte, durch gesetzliche Bestimmungen leider noch allzuwenig unterstützte Beschränkung der Ausfuhr bis heute die große Nachfrage nach Biberpelzen einigermaßen befriedigt werden kann. Ein Emporschnellen der jetzigen Preise auf 150—180 DM für die großen und 40—50 DM für die kleinen Felle im Großhandel bedeutet eine Vervierfachung gegenüber ihrer Bewertung vor 100 Jahren, als bei uns wieder die Modeflut an Biberfellen einsetzte.

Der Pelzhandel stuft die Felle nach Güteklassen ein, wobei ihm vor allem die Größe, Dichte, Farbe und Herkunft maßgebend sind; der Zusammenklang all dieser auf Höchstansprüche eingestellten Anforderungen mit imponderabilen, gefühlsmäßigen Beurteilungen läßt den Fachmann das „Rauchwerk“ ganz verschieden bewerten.

Bereits im Altertum und Mittelalter klassifizierte man nach der Herkunft; damals galten die pontischen Felle als die besten, später die moskowitischen, die zum Sammelbegriff der osteuropäisch-asiatischen Ware aufrückten. Auch heute noch werden bei sonst gleicher Beschaffenheit die dunkleren Felle höher geschätzt. Sicherlich haben auch klimatische Bedingungen Einfluß auf die Güte, wie denn unter den nordamerikanischen Bibern die aus den südlichen Gebieten am Lake Superior als die wertvollsten gelten. Hier haben nach Bailey „die langen Winter, die tiefen Schneefelder, der dichte Waldesschatten und vielleicht auch das braune Wasser mancher der Ströme dazu beigetragen, die dunkelsten und bestgefärbten Biberfelle zu erzeugen. Bei wenigen Tieren schwankt die Bewertung nach der geographischen Herkunft so sehr wie beim Biber. Felle vom unteren Coloradofluß und Rio Grande sind die hellsten, leichtesten und billigsten, in der niedrigsten Preisfestsetzung 6—8 Dollar je Stück; die schweren dunkelbraunen Felle von Kanada und Alaska brachten im Jahre 1926 25—37 Dollar, erlesene Felle aus dem nördlichen Wisconsin stiegen bis auf 50 Dollar je Stück.“ Aber auch die sehr seltenen hellen Felle werden, wenn sie rauch sind, auf Spitzenleistungen der Pelzindustrie verarbeitet. So überreichte die Hudson-Bay Company der englischen Thronfolgerin zu ihrer

Vermählung im Jahre 1947 einen kostbaren hellfarbenen Bibermantel in der neuesten modischen Form mit weitem Rücken und noch weiteren Bischofsärmeln; die Felle dazu stammten aus dem Moose River-Distrikt.

Im allgemeinen läßt sich von allen Biberfellen sagen, daß ihre Haltbarkeit im Vergleich mit anderen Pelztierarten recht groß ist. In einer entsprechenden Tabelle folgt der Biber unmittelbar auf den an erster Stelle stehenden Fischotter, noch vor den Mardern; damit ist auch die Lebensdauer des verarbeiteten Pelzwerkes als hoch zu bezeichnen.

Bezüglich der Zubereitung der Felle unterschied man früher frische, trockene (oder magere) und fette Biber. Die frischen waren Winterfelle und lieferten hauptsächlich gutes Unterfutter, die trockenen stammten aus weniger wertvollen Sommerfängen und wanderten in die Hutmachereien. Die „fetten Biber" waren von den Indianern schon getragen, mit den Haaren nach innen, wodurch sie ihren Fettgehalt (!) erhalten haben sollten; man benutzte sie als Decken oder zur Herstellung von Hüten, sie galten als mottensicher und waren hoch im Preise. Heutzutage, wo die Felle lediglich auf gutes Pelzwerk zugerichtet werden, teilt man ein in Spitzenbiber, gerupfte, tiefgeschorene und hochgeschorene Biber. Bei den Spitzenbibern sind alle Grannen des Deckhaares erhalten, bei den gerupften dagegen herausgezogen. Letztere Verarbeitungsweise ist die beliebteste; durch sie erhält der Pelz einen „bläulichen" Ton und volle Weichheit. Die geschorenen Biber zeichnen sich durch hell- bis dunkelbraune Töne mit starkem Glanz aus; bei den tiefgeschorenen sind die Grannen in der Höhe der Unterwolle abgestutzt, während sie bei den hochgeschorenen teilweis entfernt und von den stehengebliebenen die Spitzen abgeschnitten sind.

Ganz zum Erliegen gekommen ist in unserer Zeit die Industrie der Castorhüte, welche im 17. und 18. Jahrhundert die meisten Biberfelle aufnahm; erst der Seidenfilz machte diese mühsame und daher kostspielige Verarbeitung der an sich schon teuren Felle entbehrlich. Ursprünglich wurden die ganzen Felle zu Hüten genommen, die allerdings dadurch ein ansehnliches Gewicht erhielten und nur als wärmende winterliche Kopfbedeckung getragen werden konnten. Indem man aber dann die Haare abschor und sie gar in einem Luftstrom durch Ausblasen zu sortieren lernte, konnte man sehr angenehm leichte Filzhüte, bis auf 42 g heruntergehend, anfertigen, wobei vorsichtige Handwerker jedoch immer selbst die Felle einkauften, um häufigen Fälschungen der Biberhaare vorzubeugen. Drei Qualitäten wurden hergestellt: ganze, halbe und viertel Hüte, je nachdem reine Biberwolle verwendet oder diese mit Hasen- und Schafwolle in dünnerer oder dickerer Schicht unterlegt war. Ein Fell ergab etwa $1^1/_2$ Pfund Haare; daraus konnte man über ein Dutzend Hüte machen. So erklärt sich der verhältnismäßig hohe Preis, der in England im Jahre 1663 sich auf 85 Mark belief, für beste Qualität sogar bis 125 Mark anstieg. Die übriggebliebenen abgeschorenen Häute waren als Kofferbekleidung brauchbar, und die ausgerupften Grannen lieferten noch Handschuhe, Strümpfe und Malerpinsel. Die Technik der Herstellung der Castorhüte beschreibt Martin sehr ausführlich. Welche Bedeutung man diesem Handwerkszweige beimaß, beweist die Wahl ihrer Darstellung als Embleme für eine Kürschnerinnung in Zerbst (Abb. bei Hinze [6]).

Wenn schon alte Kräuterbücher das Tragen eines Biberpelzes als Heilmittel gegen Gicht anpreisen —

„So man auß Biberfell ein Stauchen machen thut,
Denselben trägt, er ist vor lahme Glieder gut"
(Becher von Speyer, Thier-, Kräuter- u. Bergbuch, Ulm 1663)

auch Podagra, wie bereits Plinius, kurieren wollen mit Biberstiefeln, so mag eine dadurch erreichte Linderung des Leidens ohne weiteres glaubhaft erscheinen. Viel weitergehend aber bringen sie eine ganze Reihe von Empfehlungen der medizinischen Wirkung fast aller Teile bei den verschiedensten Leiden und Beschwerden, so daß danach der Biber als eine konzentrierte Versorgungsquelle für jede Apotheke angesehen werden müßte.

Das Blut galt als heilkräftig gegen Epilepsie, die Galle gegen Magenkrampf, die Leber gegen Ruhr und Dysenterie, das Fleisch gegen Gallenfieber, der Harn gegen alles Gift. Die Schuppen des Schwanzes seien wirksam gegen Fieber, das aus ihm beim Braten heraussträufelnde Fett habe eine auflösende und erwärmende Kraft und sein fettartiges Fleisch solle die Geburt fördern, weswegen es in Schweden den Gebärenden zu essen gegeben wurde. Biberfett wurde als äußerliches Mittel gegen die verschiedensten Krankheiten, wie Krampf, Rheuma, angewandt; interessant ist die Parallele, daß es auch von den Indianern sehr geschätzt wurde, und zwar als Frostschutzmittel. Die Asche verbrannter Biberfelle und Haare wurde auf Pillen verarbeitet, die bei Nasenbluten in die Nase eingeführt wurden. Selbst das Sekret der Ölsäcke, die Gottwaldt (1782) für Milchbrüste hielt, hat nach diesem Arzt „in der Arzneykunst großen Nutzen und wird in einigen harten Zufällen mit gutem Erfolg gebraucht, sonderlich bey hysterischen Convulsionen, bey der Epilepsie der Kinder, bey Krämpfungen etc., wenn man äußerlich den Nabel, Nacken und Wirbel damit bestreicht. Mit einem Wort, das ganze Thier ist in der Arzney und Ökonomie sehr kostbar und nützlich."

Als wichtigstes Universalheilmittel galt jedoch das Bibergeil seit dem Altertum bis in das 19. Jahrhundert hinein, und die alten Handschriften und Kräuterbücher wissen nicht genug seine Wirkung zu rühmen. So empfiehlt Hugo von Trimberg (2. Hälfte des 13. Jahrhunderts) im „Renner" bei Gicht:

Vür gegihte wart nie niht sô guot
Als lützel sorgen und frôer muot,
Dar nâch bringet ein ander heil
Warm ziegel, haber und bibergeil.

Schon in der ersten Nachricht aus dem Altertum, die wir überhaupt vom Biber haben, lobt Hippocrates (um 500 v. Chr.) die Heilkraft des Bibergeils. Spätere antike Schriftsteller wie Strabo (1. Jh. v. Chr.), Dioscorides (Mitte 1. Jh. n. Chr.), Plinius (1. Jh. n. Chr.), Galenus (um 150 n. Chr.), Aelian (um 180 n. Chr.), sowie die mittelalterlichen Autoren Avicenna und Platearius (um 1000 n. Chr.) geben einzelne Behandlungsweisen mit Bibergeil für bestimmte Krankheiten an. Eine Zusammenfassung aller dieser Rezepte bis auf seine Zeit bringt dann auf acht großen Folioseiten Geßner in seinem Thierbuch, in der deutschen Übertragung von Forer 1583 herausgegeben. Fast gleichzeitig (1578) hat uns Adam Lonicerus ausführlich über das Bibergeil berichtet, das „siben jar unversehrt an seiner krafft wäret“. Nach beiden Werken ergeben sich folgende Indikationen:

Zubereitung	Anwendungsweise	gegen Leiden
	äußerlich	
mit Weinauskochung	Einreibung am Leib	Gicht, Zittern, Lähmung, Wassersucht
mit Essig und Rosenöl	Einreibung an Schläfe	kalte Taubsucht, Ohrensausen
Rauch	durch Nase einatmen	fallende Siechtage, Geschwüre, Schwindel
als Salbe	Einreibung	Schwindel
als Salbe	Einreibung im Nacken	Gedächtnisschwäche nach Krankheit
gestoßen mit Öl	in das Ohr geträufelt	Zahnschmerzen
,, ,, ,,	,, ,, ,, ,,	zur Stärkung des Gehirns
,, ,, ,,	über die Augen gestrichen	zur Stärkung des Gesichts
	innerlich	
gepulvert	unter Zunge gelegt	Zungenlähmung
in Honigwasser	eingenommen	Blähungen und Leibschmerzen
,, ,,	,,	Verstopfung
gekocht mit Wein	,,	„vertreibts alle Fieber, ist gut allen Krankheiten, so von Kälte kommen, aber schädlich, was von Hitze ist“
gekocht mit Wein und Rautensaft	,,	Fallsucht
gekocht mit Wein, Raute und Salbei	,,	Schlagfluß
gemischt mit Raute und Essig	in die Nase gelassen	Kopfweh
mit Pfeffer und Honigwasser	eingenommen	bringt Frauenzeit, treibt tote Geburt aus
mit Poley getrunken	,,	Lungenkrankheiten und Feuchtigkeit des kalten Hirns
in Essig	,,	Gebärmutterschmerzen, Geburtsnöte
mit Wein, Honigwasser, Raute, Essig	,,	Gifte (Insektenstiche, Schlangenbiß, Giftpflanzen)

Valentini (1714) bezeichnet das Bibergeil als „ein herrliches Mittel“ bei Haupt- und Nerven-, besonders auch Frauenkrankheiten; auch seine Zusammenfassung stimmt mit der von Lonicerus überein: „Bibergeil ist zu vielen Dingen gut.“

Unsere heutigen allopathischen Arzneibücher führen das Bibergeil nicht mehr an. Es wird aber noch von den Großhandlungen gekauft (Abb. 87) und Hagers

Handbuch der pharmazeutischen Praxis (1930) bringt genauere Einzelheiten über seine Beschaffenheit (s. S. 97) und Verarbeitung. Danach wird das kanadische und sibirische (= europäische) Castoreum unterschieden; ersteres ist in Geruch und Geschmack schwächer als das europäische. Die Anwendung erfolgt in Pillen (*Pilulae antispasmodicae*), Suppositorien (*Suppositoria antispasmodica*) gegen Krämpfe. Am wichtigsten ist die durch Mazeration mit verdünntem Weingeist bereitete *Tinctura Castorei*, die je nach verschiedenen Zusätzen (Kampfer, Baldrian, asae foetidae, Bromsalz, Opium) ein wichtiges Medikament bei Nerven- und Frauenleiden darstellte, das jetzt durch andere Specifica abgelöst ist.

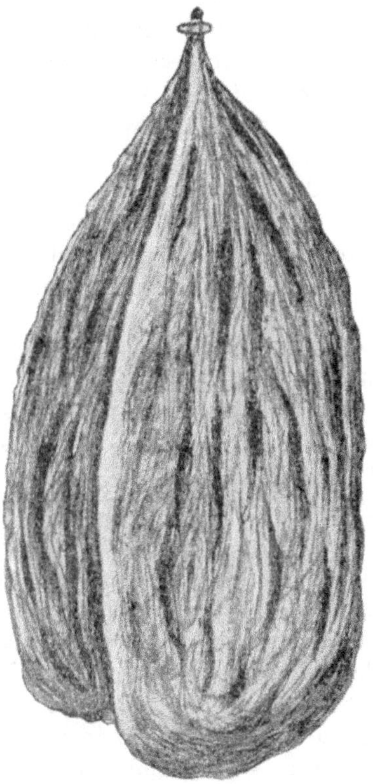

Abb. 87. „*Castoreum sibiricum*". Die getrockneten Geilsäcke eines starken Bibers. Nat. Gr. Orig.

Im homöopathischen Arzneibuch ist *Castoreum sibiricum* auch heute noch offizinell; es wird bei hysterischen Anfällen sowie bei Krampfzuständen der Verdauungs- und Geschlechtsorgane angewandt. Trotz der schwachen Dosierung kann der Bedarf nur unter Heranziehung des kanadischen Bibergeils gedeckt werden.

Als Universalmittel einst betrachtet, mag das Bibergeil mit der heutigen ebenfalls weitgehenden Verwendung des Aspirins in eine gewisse Parallele gestellt werden können. Wagt man diese Annahme, so ergibt sich eine interessante Beziehung. Aspirin ist ein Derivat der Salizylsäure, die als Oxydationsprodukt des Saligenins, eines Phenolalkohols, darstellbar ist; dieses wieder leitet sich vom Salizin ab, das, wie der Name (*Salix* = Weide) besagt, in der Weidenrinde vorkommt. Da aber Weidenrinde die Hauptnahrung des Bibers bildet, mag deren Glukosid Salizin auch in das Bibergeil übergehen und hier chemisch assimiliert und spezialisiert werden; wie denn die Analyse darin auch Salizylsäure nachweisen kann — was die Natur auf dem Umwege von der Weide über den Biber bis zum Patienten schuf, stellen heute unsere chemischen Fabriken mühelos und in unbegrenzter Menge synthetisch her.

Daß das Bibergeil aus den Pharmacopoeen verschwunden ist, erklärt sich in erster Linie auch aus dem Zwiespalt zwischen Angebot und Nachfrage: es war einfach nicht mehr zu beschaffen. Die grausame Verfolgung der Biber gerade wegen ihrer Geilsäcke hatte zu einem Raubbau geführt, dem ganze Bestände in Europa bis auf kümmerliche Reste zum Opfer fielen; je seltener und damit teurer das Bibergeil wurde, umso begehrlicher stellten die Wilderer dem unglücklichen Biber nach. Die zu verschiedenen Zeiten in den einzelnen Ländern dafür gezahlten Preise lassen sich durch bloße Aneinanderreihung meist aus dem Grunde nicht vergleichen, weil entsprechende Währungs- und Bewertungsbasen nicht zur Verfügung stehen. Als Höchstpreise werden für ein Castoreum = 2 Geilbeutel in der Literatur angegeben: 1668 in Danzig 4 Gulden, 1840 in Braunschweig 4 Louisd'or, 1859 in Bayern 132 Gulden, 1852 in Salzburg 255, 1861 aber bereits 600 Gulden. In Dessau erhielt ein Förster im Jahre 1852 für ein Castoreum 276 M. Nach einer seltenen Schrift von Zinkeisen soll jedoch im gleichen Jahre eine Unze deutsches Bibergeil 30 Taler gekostet haben; das würde für ein starkes Castoreum den Spitzenpreis von 240 Talern = 720 M. ergeben. Im letzten Jahrzehnt des 19. Jahrhunderts war infolge Ausbleibens eines wirtschaftlich ausreichenden Angebots und Verminderung der Nachfrage der Engrospreis für 1 kg Castoreum auf rund 250 M. gefallen, das bedeutet, mit obigen Preisen verglichen, pro Geil 50—60 M. Heute bezahlt unser Großhandel das Kilogramm trockenen Bibergeils (Gewichtsverlust gegenüber dem frischen 50—65%) noch mit 80 DM., mithin ein frisches Geil mit rund 15 DM. Nach Warren wurde das (engl.) Pfund in London im Jahre 1913 noch mit 10—20 Dollar gehandelt, 1924 brachte es nur noch 4—6 Dollar; das Interesse an dem kaum noch erhältlichen Handelsartikel ist erloschen!

Als Kuriosum mag verzeichnet werden, daß man im Mittelalter Bibergeil auch in der Imkerei zur Abwehr von Raubbienen und zur Produktionssteigerung der Bienenstöcke verwendete. Zu ähnlichem Zweck benutzten es die norwegischen Walfänger; wurde ein Boot von einem Wal verfolgt, so spritzte man etwas Bibergeil aus und vertrieb damit sofort die Wale. Der durchdringende Geruch des Castoreums, der auch beim Hantieren mit ihm lange anhaftet, mag diese abschreckende Wirkung haben können. Daß aber die Indianer ihren Killikinic-Tabak mit Bibergeil streckten oder parfümierten, werden wir, selbst in Zeiten des Mangels daran, kaum für nachahmenswert halten wollen. Auch die vermögenden Lappen nahmen nach Linné Bibergeil in den Schnupftabak, was unter ihnen als vornehm galt, und in einem Gelegenheitsgedicht eines Kurgastes in Bibra (Anfang 18. Jahrhundert) heißt es:

> Ein guter Schnupftabak purgiert die Lebensgeister,
> doch wird aus Bibrigeil der beste präpariert.

Die verschiedenen Bemühungen, den Biber wieder anzusiedeln oder in Gehegen zu halten, sind bereits im Kapitel: „Verbreitung einst und jetzt“ erwähnt worden. Sie sind sämtlich gescheitert, da es sich immer nur um kurzfristige Interessen einzelner Liebhaber handelte. Eine erfolgreiche tiergärtnerische Neueinrichtung schuf sich die Stadt Augsburg in ihrem Tiergarten durch einen Biberweiher, der aber durch den Krieg zerstört wurde.

Versuche größeren Maßstabes und gewerbsmäßigen Charakters sind zuerst in den Vereinigten Staaten von Nordamerika unternommen und, seit über 20 Jahren unterstützt und gefördert durch das staatliche biologische Überwachungsamt, so weit gediehen, daß die Errichtung von Biberfarmen dort als durchaus möglich und nutzbringend bezeichnet werden konnte (Bailey, Couch). Die wichtigsten

Fragen des Einfangens, der Fütterung, der Vermehrung, Einfriedigung, Kontrolle und des Versandes gelten als gelöst. Die unerläßlichen Bedingungen für den Erfolg liegen in der ausreichenden Versorgung mit Futter, besonders Weichholz, und im Vorhandensein eines günstigen Geländes mit Wasser; von großer Bedeutung für das Gelingen ist ferner die Auswahl eines hochwertigen Zuchtstammes.

Der amerikanische Biber scheint für derartige Farmbetriebe ein anspruchsloseres Zuchtobjekt zu sein als der europäische. So hat man auch in neuerer Zeit in Deutschland begonnen, kanadische Biber in Farmen zu halten. Die erste dieser Art wurde 1928 in Dinnies in Mecklenburg eingerichtet auf einem 40 Morgen großen, gut eingefriedigten Gelände, wo ein größerer See und Weichhölzer zur Verfügung standen. Bemerkenswert ist auch hier, daß die in Einzelboxen gekäfigten Paare sich nicht fortpflanzten, während sie im freien Seegebiet zu reichlicher Vermehrung schritten. Die ursprünglichen 15 Zuchtpaare lieferten 1929 schon 17 Jungbiber, und drei Jahre später wurden bereits 50 Jungtiere festgestellt. Von dieser ersten Farm aus wurden seinerzeit zwei weitere in Ostpreußen, zwei in Schlesien und zwei in Bayern gegründet. Über ihre Erfolge liegen keine näheren Nachrichten vor. Die Farm in Dinnies ist während des Krieges eingegangen, indem die Tiere infolge böswilliger Zerstörung der Einfriedigung davonliefen. An der Passarge muß ein ähnliches Mißgeschick vorgelegen haben; die dort festgestellten Biber werden aus einer nahen Farm entwichene Kanadier gewesen sein. Im Gegensatz zu den weitaus günstigeren Vorbedingungen an den ungleich größeren Anlagen in Nordamerika scheinen unsere kleineren Farmen die hochgestellten Erwartungen ihrer Besitzer doch nicht erfüllen zu können, so daß sie wohl als unrentabel gelten müssen; insbesondere dürften die große Empfindlichkeit unserer Tiere, ihr langsames Heranwachsen bis zur Geschlechtsreife bzw. bis zum Pelzen und die geringe Wurfgröße einen schnellen Umsatz oder Ertrag des darin angelegten Kapitals doch recht illusorisch machen.

Auch der andere bei uns wiederholt unternommene Versuch, in großen Naturparks nach amerikanischem Muster Biber anzusiedeln, wofür natürlich nur die heimischen Elbebiber in Frage kämen, ist über einige Anfänge noch nicht hinausgediehen und scheint auch noch mancherlei Schwierigkeiten in sich zu bergen.

Dagegen weiß Bailey über sehr günstige Ergebnisse mit amerikanischenBibern zu berichten. So wurden im Jahre 1901 am Ithaka-See im Staatspark Minnesota ein Männchen und zwei Weibchen ausgesetzt, die sich 1912 auf ca. 250 Tiere vermehrt hatten. 1914 schätzte man den Bestand auf 460 Stück und nach abermals zwei Jahren auf mindestens 635, so daß man 1917 schon zu einem vorsichtigen jährlichen Fang übergehen konnte. Trotzdem war die Kolonie im Jahre 1921 auf über 1000 Stück angewachsen. Sehr aufschlußreich sind die 15 Jahre danach von Couch gebrachten Ausführungen über Einbürgerung von Bibern und ihre Erfolge im Staate Pennsylvanien. Nachdem dort seit etwa 70 Jahren keine Biber mehr vorgekommen waren, wurden „von 1917 bis einschließlich 1924 94 Tiere eingeführt und in bestimmten Gegenden des Staates ausgesetzt; die Kosten betrugen etwa 50 Dollar je Biber. Sie vermehrten sich so stark, daß bald einige nach anderen Gegenden umgesiedelt werden mußten. Eine Überprüfung durch

Beamte der staatlichen Jagdbehörde in Pennsylvanien ermittelte im Jahre 1931 899 Biberdämme bei einem Bestand von schätzungsweise 4377 Bibern, der im Jahre 1934 auf 15000 angewachsen war. Während der Saison 1934 wurden 6455 Biber gefangen, was bei einem Durchschnittspreis von 15 Dollar je Fell den Trappern eine Gesamteinnahme von nahezu 100000 Dollar einbrachte."

Eine Abwägung der Frage, ob der Biber nützlich oder schädlich sei, wird auf Grund unserer Erörterungen verschiedene Beantwortung erfahren müssen. Für frühere Zeiten würde man zu dem Ergebnis kommen, daß der Nutzen, den man vom erlegten Biber zog, den Schaden, den das Tier durch Fällen von Bäumen angerichtet hatte, wesentlich übertreffen konnte. Standen doch Fell und Geil hoch im Preise; anderseits waren Forst- und Landwirtschaft noch nicht derart entwickelt, daß die Biberschäden empfindliche Einbußen brachten. In Steiermark wußte man sogar im 15. und 16. Jahrhundert aus dem Verbiß an Holz noch wieder Gewinn zu ziehen, indem man (nach v. Bachoven-Hoffer, Jagdgeschichte Steiermarks) Bauern in verschiedenen Dörfern mit dem Holze belehnte, „das der Biber umbslecht".

Wenn dagegen in unseren Tagen die Biber in wüchsigen Jungbeständen reihenweis die Stangen umlegen, wertvolles Nutzholz angehen oder in Gärten allerlei Unfug verüben, so mag ihnen der Forstmann wohl mal vorübergehend gram werden und der Gartenbesitzer nach Abhilfe rufen; volkswirtschaftlich schlagen indes derartige Schäden bei der nur noch geringen Zahl der Biber nicht zu Buche.

Auch der Standpunkt der Wasserbaufachleute hat sich gewandelt, nicht nur infolge der Seltenheit des Bibers, sondern mehr noch infolge der neuzeitlichen Technik ihrer Schutzanlagen. In früheren Zeiten, wo die Deiche unmittelbar an den Flüssen entlang gezogen wurden und diese Dämme nur schmal, niedrig und daher verhältnismäßig schwach waren, bestand wohl die Gefahr, daß die Tiere sie durch Anlage ihrer Erdbaue an den Böschungen unterminierten und infolgedessen die Hochwässer sie noch leichter fortreißen konnten. Die in amtlichen Eingaben darüber geführten Klagen oder zum Ausdruck gebrachten Bedenken waren indes ungleich häufiger als die tatsächlich festgestellten Schäden; sie waren aber so fest verwurzelt, daß man von dieser Seite aus die Biber kurzweg als schädlich betrachtete. Indem man jetzt die Dämme in einiger Entfernung vom Flußufer und in ganz anderen Ausmaßen baut, haben sie auch für die Biber nicht mehr die Anziehungskraft wie ehedem. So ist begründete Aussicht vorhanden, daß die mehr und mehr den Wasserbauverwaltungen übertragene Beaufsichtigung unserer Flüsse und ihrer Ufergelände auch der Hege unserer Schützlinge gerecht wird.

Für Amerika wird auch von Bailey zugegeben, daß Biber durch ihre Nagetätigkeit in hochwertigen Forstkulturen unter Umständen beträchtlichen Schaden stiften können. Daß sie durch ihre großen Dammbauten weite Waldflächen überschwemmen und dadurch zum Absterben bringen, wurde bereits im Kapitel: „Dämme" diskutiert. Auch an Eisenbahnböschungen und anderen Kunstbauten können sie schwerwiegendes Unheil anrichten. Durch ständige Kontrollen und rechtzeitiges Eingreifen muß dann diesen Gefahrenmomenten vorgebeugt werden; auch vor dem Wegfangen darf man notfalls nicht zurückschrecken.

B. Der Biber in Literatur, Kunst und Volksbrauch. Biberallotria

Die Tier- und Kräuterbücher, die bald nach der Erfindung der Buchdruckerkunst in den europäischen Ländern herausgegeben wurden, trugen die Tendenz, das Wissen der damaligen Zeit enzyklopädisch zusammenzufassen und es gleichzeitig in anschaulicher Form einem möglichst weit gedachten Leserkreise nahezubringen, dessen Interesse man durch Einflechtung von allerlei Merkwürdigkeiten und anekdotenhaften, aber ernst gemeinten Einzelheiten zu gewinnen suchte. Man ging dabei von den bisher handschriftlich vervielfältigten oder mündlich überlieferten Berichten aus und griff bei diesen mit dem erwachenden Humanismus bis auf das klassische Altertum zurück, dessen Autorität von der

Abb. 88. Biberbild aus der Castorologie von Marius und Frank, 1685. Nach Wegele

klösterlichen Wissenschaft ja besonders respektiert wurde. War es letzterer nicht erlaubt, daran Kritik zu üben, so ist es verständlich, daß mancherlei Nachrichten mitgeschleppt wurden, die den Stempel der Unwahrscheinlichkeit an sich trugen; erstaunlicher aber ist es noch, wie jahrhundertelang diese weitergegeben wurden auch von Forschern, deren Gründlichkeit, Wissen und Fleiß wir heute noch bewundern.

Diese Erwägungen drängen sich uns in besonderem Maße auf, wenn wir die älteren Darstellungen zur Naturgeschichte gerade des Bibers verfolgen, eines Tieres, das infolge der Eigentümlichkeiten seines Körperbaues, namentlich aber seiner Lebensweise von jeher die Aufmerksamkeit auf sich gelenkt hat. Wenn wir dem damaligen Zeitgeiste nicht zu sehr damit unrecht täten, könnten wir gar versucht werden, eine amüsante Biologie des Bibers aus alten Berichten karikaturmäßig zusammenzustellen; deren Ausklänge müßten allerdings bis in unsere Zeit hineingreifen, mögen wir ja nur an die „populären“ Darstellungen unserer Tagespresse denken!

Ganz ernstlich warnt zu Anfang des 18. Jahrhunderts ein Potsdamer Chronist vor dem Vorwitz, eine Biberburg aus der Nähe betrachten zu wollen. Dies sei „oft mit Gefährlichkeit verknüpft, weil man nicht jederzeit weiß, ob sich das Thier in seiner Wohnung befindet, und selbiges mit seinem Schwantze die Stärke hat, daß es einen Kahn, desselben man sich hierbey bedienen muß, gar leicht umwirft, wovon Exempla zu erzählen wären". Als Illustration dazu würde die Abbildung des gar „schrecklichen und fürchterlichen Tieres" aus der Castorologie von Marius und Frank (1685) passen (Abb. 88)! — Andere Autoren wissen aber Harmloseres zu vermelden, das nicht weniger ergötzlich ist.

Schon in der Tiersage, die ja Wahrheit und Dichtung miteinander verweben darf und gern auch lehrhaften Charakter trägt, finden wir in den immer wieder bearbeiteten Fabeln des griechischen Dichters Äsop (6. Jh. v. Chr.) die Geschichte von der Selbstverstümmelung des Bibers bei Gefahr, die auch der römische Satiriker Iuvenal (um 100 n. Chr.) verwertete:

> . . . „imitatus Castora, qui
> Eunuchum ipse facit, cupiens evadere damno
> testiculorum."
>
> „So wie's der Biber macht, wenn er sich selbst entmannt,
> Um durch Verlust der Hoden sich zu retten."

Seitdem diese Mär in das Hauptwerk über Tierkunde im Mittelalter, den Physiologus (entstanden im 1. Viertel des 2. Jahrhunderts), übergegangen war, kehrte sie in verschiedenen Varianten immer wieder: „Diß Thier weiß auch, daß man ihm von seiner Geylen wegen fürnehmlich nachstellet / derhalben so mans jagt / reißt es ihm seine Geylen selber auß / und wirffts von sich" (Kräuterbuch von Lonicerus 1578). Die Nutzanwendung dieses bis zu jener Zeit ernsthaft geglaubten, von Geßner allerdings schon als Sage bezeichneten Anbietens eines Lösegeldes faßt der „hochgeleert mann" Alciatus (Anf. 16. Jahrhundert) in die Verse:

> Langsam zfüß mit großem quätschbauch
> Diß lists / entrünt der Biber rauch
> Weyßt daß d'Artzney sein geylin sücht
> Beyßts jin selbs auß / wirffts dar gerücht
> Da leer / bey weyl dem feynd zgeben
> Gält / schon sein nit / erretts läben.
> (Langsam zu Fuß mit großem Quätschbauch
> Mit dieser List entrinnt der Biber rauch
> Weiß, daß d'Arznei sein geilen heischt
> Beißt sich's selbst aus, wirft's dargereicht
> Da leer, dieweils dem Feind zu geben
> Gilt, schont sich nicht, errettets Leben.)

Unsere deutsche Tiersage hebt vom Biber besonders seine Klugheit hervor und läßt ihn daher im „Reineke Fuchs" zum Notar und Sekretär des Königs aufrücken; in drei verschiedenen Varianten heißt die Übertragung für die gleiche Textstelle:

„Der Biber Buchert ward geholt,
Daß er die Briefe lesen sollt',
Weil er als Dolmetsch und Notar.
Bestellt zu solchem Dienste war;
Denn er verstand viel fremde Sprachen
Und las stets alle wichtgen Sachen."

(Soltau, Reinke Fuchs, 2. Buch, 3. Gesang)

„Nicht lang der König sich bedachte,
Er rief, daß man den Biber brachte,
Der war Notar und Sekretär,
Er hieß Bockert, und weil er sehr
Erfahren war in alten Sprachen,
So mußt er den Vorleser machen."

(Marbach. Volksbücher, Reinke Fuchs, 1. Buch, 37. Kap.)

„Und es ließ der König sogleich den Biber gebieten,
Der Notarius war und Schreiber des Königs, man nennt ihn
Bokert. Es war sein Geschäft, die schweren wichtigen Briefe
Vor dem König zu lesen, denn manche Sprache verstand er."

(Goethe, Reineke Fuchs, 6. Gesang)

In der Göttersage der Indianer stand der Biber im Mittelpunkte der Erschaffung der Welt. Aus dem darüber vorliegenden, hier angeführten Bericht von Martin ersehen wir nicht nur einen tief empfundenen Glauben an eine Seelenwanderung, sondern auch eine poetische Hindeutung auf den tertiären *Castoroides* und das Auftreten seines ungleich kleineren Nachfolgers, des heutigen amerikanischen Bibers. „Die Erde war zu Anfang mit Wasser bedeckt; darin lebten Biber, Bisamratte, Otter. Sie tauchten unter und brachten den Schlamm empor, aus dem der große Geist Manitou das Festland schuf. So waren die Gesichtszüge der Erde, die Bergrücken, Wasserfälle und Höhlen das Werk von Bibern, die riesengroß waren. Sie waren mit Sprache begabt, mißbrauchten sie aber oft, so daß sie den Zorn des großen Manitou erregten und er sie manchmal erschlug. Dann kam aus dem toten Tier als dessen Geist ein Mensch hervor mit den Eigenschaften des Tieres. Die Amikonas oder ‚Volk der Biber', ein Indianerstamm am Huronsee, erheben den Anspruch auf Abstammung aus dem Leichnam des großen Originalbibers oder Vaters der Biber. Manitou war gut zu dem Menschen, und um ihm alle lebenden Wesen untertan zu machen, besänftigte der Große Geist die Riesentiere, machte sie allmählich kleiner und nahm ihnen die Macht der Sprache. Obwohl so die Tiere dem Menschen untertan waren, waren sie doch beide dem Manitou verantwortlich, und gerade die Tiere und ihre abgeschiedenen Geister hatten Macht über den Menschen. Viele Berichte erzählen von den Gebeten der Jäger vor dem Aufbruch zur Jagd, welche stets das Gelöbnis enthielten, ihrer Beute alle Achtung erweisen zu wollen. In dieser Richtung wurde der Biber, als der wichtigste Förderer des Gemeinschaftslebens der Indianer, besonders hoch geschätzt, und gerösteter Biber war der höchste Wunsch der Indianer. Nach dem Mahle wurden die heiligen Knochen auf den Altar gelegt, ein Beweis der Verehrung für den toten Biber. Dann wurden die Rückstände sorgfältig gesammelt und dem Wasser zurückgegeben, so daß die Hunde nicht daran geraten konnten. Wehe dem unglücklichen Jäger, der die Knochen des Bibers mißachtete und so die Geister erzürnte; die Biber werden auf einmal scheu und vergeblich wird er seine Fallen stellen."

Die Ehrfurcht vor dem Biber kommt heute noch im Volksglauben auch derjenigen Länder zum Ausdruck, für die er eine größere wirtschaftliche Bedeutung hat. Nach Fries gilt es in Norwegen als ein Verbrechen, einen Biberbau zu zerstören, und der Axt, die man mit einem Biberzahn bestrich, wurde dadurch Glück verliehen. Ein russisches Sprichwort: „Wer einen Biber tötet, sieht nichts Gutes" stellt sich schützend vor ihn. Der polnische Sprachschatz kennt mehr oder weniger prägnante Vergleiche: *bobrovać*, wie ein Biber im Sumpf waten; *plakać iak bobr*, bitterlich weinen wie ein Biber (Gebr. Grimm). Biber-Nagezähne wurden als glückbringende Amulette bis in die neueste Zeit in Finnmarken getragen. Wenn sie Kindern früher auch bei uns zur Beförderung des Zahnens vielfach um den Hals gehängt wurden, so sehen wir darin einen Analogieglauben, für den auch andere Teile des Bibers maßgebend waren und der dann schon zur Hoffnung auf Heilkraftwirkung hinüberleitet. Ein derber Analogieglauben mag im Mittelalter in einem Osterspiel das Bibergeil zum Mittel für Liebeszauber haben werden lassen; anderseits tritt uns seine ursprüngliche Naivität entgegen beim Empfehlen der Castorhüte. Da der Biber als kluges Tier galt, glaubte man, es würden aus seinem Haar bereitete Hüte auch auf die Träger derselben günstig einwirken, mindestens aber Kopfschmerzen beseitigen und Vergeßlichkeit heilen.

Auch als Wetterprophet hat der Biber im Volksglauben eine Rolle gespielt. Die Eingeborenen und Pelzjäger Amerikas wollen aus der Menge der eingetragenen Holzvorräte ersehen, ob ein harter oder milder Winter bevorsteht. Ebenso glauben unsere Förster beobachtet zu haben, daß erst unmittelbar vor Eintritt strenger Kälte eifrig Fraßholz eingeschleppt wird. Dazu stimmt das norwegische Sprichwort: wenn der Biber seinen Wintervorrat aufgestapelt hat, dann ist der Winter innerhalb einer Woche da (Fries). Nach Döbel „nimmt man an des Bibers Burg auch ein gewisses Merkmal, wenn derselbe seine Burg so hoch aufbauet, so wird auch selbiges Jahr das Wasser so hoch aufflaufen".

Vom Aberglauben zum wissenschaftlichen Irrtum ist der Weg nicht weit, wenn wir in frühere Zeiten zurückschauen. Da ist es nicht verwunderlich, wenn der große Systematiker Linné auch die Biber bei der Anlage einer neuen Kolonie streng systematisch in folgender Weise vorgehen läßt. Erst wird ein geeigneter Bauplatz ausgewählt, dann Holz geschlagen. „Ist nun der Baum gefället, so nagen sie ihn an verschiedenen Örtern in langen Klötzen durch, zuletzt nehmen sie jeden Klotz vor sich, und spalten ihn mit ihren Zähnen in die Länge (!), welches sie so bald, und so gut als Zimmerleute bewerkstelligen." Nun wollen wir Geßner wieder sprechen lassen, der sich dabei auf Albertus Magnus und Olaus Magnus beruft und von dem Linné diese Geschichte weiter übernimmt: „Die Biber legen aus ihnen einen auf den Rücken, spannen und binden ihm seine Beine auf die Weise eines Wagens und der Wagenleitern, laden alsdann Holz auf, so viel und sie bedünkt, daß er liegend ertragen möge, ziehen ihn dann also bei dem Schwanz in das Nest, dahin sie das Holz haben wollen" (Abb. 89). Zu dieser „Bosselarbeit", die die Biber als schmachvoll ansehen, nehmen sie einen, der aus anderen Landen verjagt ist oder sonst sich eingenistet hat; da er ihre Weide genieße, müsse er auch dienstbar sein. Manche sagen auch, nicht die fremden, sondern die alten, die zum Holzfällen untauglich seien, würden dazu genommen, „daher man die alten Weibchen allezeit auf dem Rücken fast kahl und ohne Haare findet“ (Linné). Das Holz wird dann im Wasser weiter transportiert und zum Dammbau verwendet. Hinter dem Damm entsteht in fleißiger Arbeit die Hütte. Diese hat drei Stockwerke, das unterste unter dem Wasser, das mittlere in Wasserhöhe, das oberste über dem Wasser. Der Zweck dieses Etagenbaues sei der, daß der Biber dadurch die Möglichkeit habe, allezeit bei wechselndem Wasserstande den Schwanz ins Wasser halten

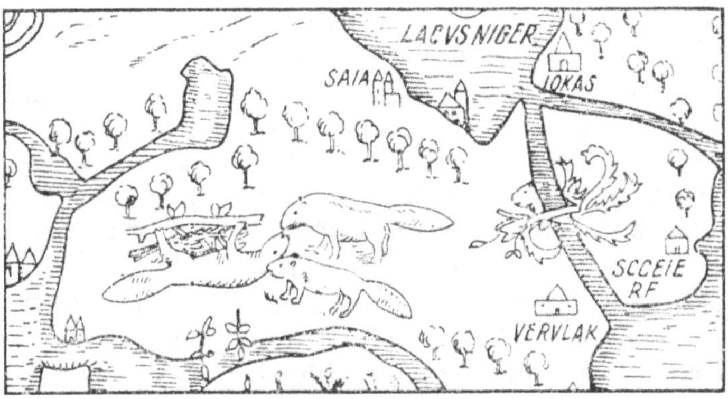

Abb. 89. Holztransport der Biber nach der Karte von Olaus Magnus. 2 : 1. Aus Dahms

zu können, denn das sei ihm Bedürfnis. Andere Autoren bewilligen dem Biber sogar noch mehr Stockwerke und darin verschiedene Einzelzimmer bis auf das Badezimmer und die Toilette. Und in eine sonst sehr schätzenswerte, allerdings nun auch schon 60 Jahre alte Monographie hat sich der überraschende Satz eingeschlichen, daß die Biber, um Gang und Wölbung der Erweiterungen zu halten, die Decke einer Uferhöhle durch Anbringung von Holzstützen regelrecht absteifen.

Die kunstvollen Dammbauten haben in früheren Zeiten bis auf die Gegenwart zu der Annahme verleitet, daß der Biber dabei in gleicher Weise wie der Mensch vorgehe. So soll er zunächst senkrechte Pfähle einrammen, zwischen denen dann Reisigwerk kunstgerecht eingeflochten würde. Hierbei erfolge eine strenge Arbeitsteilung der am Bau beteiligten Tiere. Eine Tageszeitung, die den Anspruch auf führende Stellung erhob, brachte es sogar 1944 noch fertig, einen Artikel über eine „Biberbau-G. m.b. H.“ zu veröffentlichen, bei der „sowohl Tischler als Maurer, Erdarbeiter und Architekten, sogar hervorragende Korbflechter vertreten sind“. Die Tischler schnitten das Holz in gleichlange Meterstücke, die Erdarbeiter grüben tiefe Löcher für die Versenkung der Pfähle, die Korbflechter schichteten waagerecht dazwischen dünneres Reisig, die Maurer verdichteten es mit Rasenstücken und Lehm, über allen aber thronten die Architekten, welche die richtige Form des Dammes angäben! Und ein ernsthafter Aufsatz in einer Fachzeitschrift (1928) liefert dazu noch den Wachtposten: „wenn sie den Damm ausbessern, stellen sie einen Wachtposten auf der Spitze des Dammes auf, während die anderen arbeiten". Da lebte mal wieder die naive Schilderung von Bechstein auf, die Leonhardi (1794) in dieser Fassung brachte: „Einige fällen mit ihren Zähnen Bäume und zernagen sie; andere wälzen die zernagten Stücke in Gestalt der Balken oder Pfähle nach dem Wasser; ein dritter scharrt Löcher in den Grund; ein vierter rammelt die Pfähle ein; ein fünfter schaft Zweige herbey und verflicht die Pfähle; ein sechster schleppt Erde, Steine und Thon heran; ein siebenter bringt dies an eigene Plätze, worauf es noch andere verkleben und vermauern. Überhaupt scheinen sie bey ihren Bauen einen einsichtsvollern Baudirektor als manche menschliche Baue zu haben und in diesem Stücke den Bienen sehr ähnlich zu seyn."

Daß die „Kelle", schon um ihres Namens willen, wie eine Maurerkelle benützt, daß auf ihr sogar der Schlamm herangetragen wird, ist nun gar nicht mehr verwunderlich; aber ein starkes Stück war in einem Sammelwerk über heimisches Tierleben (1908) die Illustration dazu mit einer photographischen Fälschung und der Unterschrift: „Amerikanischer Biber trägt auf dem Kreuze mit Hilfe der hochgehobenen Kelle Baumaterial zum Damm".

Belustigend wirkt die Jonstonsche Einteilung der Biber (1675) nach der Güte ihres Felles in Herrenbiber (*domini, nobiles*) und Sklavenbiber (*servi, rustici*). Natürlich müssen dann die letzteren auch, abgesehen von ihrem minderwertigen Pelze, Sklavendienste übernehmen wie das Heranschaffen von Holz und das Einsammeln von Früchten und Rinde in einem Tragkorb! Man muß dem alten Hearne rechtgeben, der bereits 1795 über diese Vermenschlichung der Biber in grimmigem Spott schrieb: „es bliebe nur noch übrig, daß man solchen Geschichten anfüge ein Wörterbuch ihrer Sprache, einen Codex ihrer Gesetze und eine Abhandlung über ihre Religion". Die „Gesetze" hätte er übrigens schon in den Georgica Vergils (70—19 v. Chr.) finden können:

— — — „consortia tecta
Urbis habent, magnisque agitant sub legibus aevum"

— — — „sie wohnen gesellig
in ihrer Stadt und führen ihr Leben nach strengen Gesetzen".

Milder kann man wohl sein mit dem Urteil über die Angaben, daß der Biber Fische und Krebse fresse; bringt sie doch noch im Jahre 1777 der französische Naturforscher Buffon. Bei einer entsprechenden Abbildung von Glorez (1719), die eher einen davongaloppierenden Hund darstellen könnte (Abb. 90), möchte man fast die von alten Schriftstellern gewählte Benennung des Bibers als *Canis ponticus* (Servius) oder *Κύων ποτάμιος* (Sylvaticus) gerechtfertigt finden. Das Leben des Bibers im Wasser, sein gewandtes Schwimmen und vor allem die Verwechselung oder früher gar Identifizierung mit dem Fischotter mag Anlaß zu diesem Irrtum der Fischnahrung gegeben haben, den zuerst Albertus Magnus verzeichnete. Ein Kuriosum aber ist die Verwendung der Kelle als Angelrute, was Amman und Bocksperger 1579 Glauben machen wollen mit dem Vers:

„Sein Schwantz hengt er ins Wasser nein,
Damit er fehet die Speise sein.“

Wenigstens Gemischtnahrung nimmt bereits Döbel (1746) an: „Seine Nahrung ist meistens Holtz, als Aspen, Pappeln und Weiden. Wiewohl er auch fischet, indem er in und unter Wasser schwimmen kan, dahero er auch mit unter die Raub-Thiere zu rechnen, wiewol er von einigen nicht darunter gezehlet wird, weil er seine meiste Nahrung, wie schon gedacht, vom Holtze hat.“ Aber im gleichen Buche nennt er an anderer Stelle den Biber doch noch „ein dem Holtze und den Fischen sehr schädliches Thier“.

Abb. 90. Der Biber als Fischräuber. Aus: Glorez, Haus- u. Landbibliothek. 1719. Nach Zibrt

Die rätselhaften, aber so heilkräftigen Geilsäcke hielt man lange Zeit hindurch für Hoden. Balbin (1679) berichtet über sie, indem er sie mit den Ölsäcken identifiziert, als besondere Merkwürdigkeit: „sie haben oft eine doppelte Reihe von Hoden, was ich selbst gesehen habe, dergestalt, daß zwei untere gewissermaßen wachsen und neu erscheinen, die beiden oberen, wie erschöpft, abmagern und abmagern, bis sie zu bestehen aufhören“. Noch überraschender aber ist die einzig dastehende Deutung von Gottwaldt (1782): „ich wollte glauben, daß diese Capseln dem Thier eine Wohlthat seyen, damit es seine Jungen darein aufnehmen und erwärmen kann. . . . . . Sie verlassen auch ihre Jungen nicht, sondern, wenn sie ihren Aufenthalt verändern, tragen sie solche mit fort, welches sie nicht anderst, als vermittelst dieser Säckgen thun können, die also beyderley Geschlecht zu diesem Endzweck bekommen haben mag.“

Vor 70 Jahren wurde der Biber einmal in eine prähistorisch-geologische Kontroverse einbezogen. Am Ostufer des Züricher Sees fand man bei Wetzikon in interglazialen Schieferkohleablagerungen nebeneinander liegend zugespitzte Stäbe aus Fichten- oder Lärchenholz, die Rütimeyer als Reste eines einfachen Korbgeflechtes und damit als älteste Spuren des Menschen in der Schweiz deutete. Dem widersprach Steenstrup und erklärte die Wetzikonstäbe als Biberschnitte mit ihrer charakteristischen Benagung der Rinde und der Zuspitzung an den Enden, ohne allerdings dabei das Bedenken zerstreuen zu können, daß der Biber Nadelhölzer nur in seltenen Fällen schneidet und sie noch seltener benagt. Dieser von den verschiedensten Seiten beleuchteten wissenschaftlichen Streitfrage machte Schröter ein Ende, indem er die Stäbe als Naturprodukte von Fichten und Kiefern überzeugend ansprechen konnte, die eingewachsene und später herausgewitterte Aststücke seien, mithin weder für den vorgeschichtlichen Menschen noch für den Biber Belegstücke wären.

Aus der belletristischen Literatur sind mir vier Biberromane bekanntgeworden. Die beiden Erzählungen von Wäscha-Kwonnesin „Kleiner Bruder" und „Sajo und ihre Biber" versetzen uns im Geiste in die Indianerwelt und zeigen die innige Vertrautheit der tierliebenden Rothäute mit den jung aufgezogenen Hausgenossen, deren Schicksal wir in Spannung verfolgen. Der norwegische Schriftsteller Fönhus zeichnet in feiner Erzählungskunst den harten Lebenskampf einer Biberfamilie in der erhabenen Stille der nächtlichen Seen und Wälder seiner Heimat, ohne in den Fehler der Vermenschlichung seiner Lieblinge zu verfallen. In ähnlicher Weise hat Strohmeyer das gleiche Thema behandelt; auf dem Hintergrunde der mitteldeutschen Elbauenlandschaft läßt er das Geschick eines Biberpaares bis zum tragischen Ende durch Wildschützenkugel und Treibeisdruck abrollen.

Anspruchslos und amüsant ist die kleine Geschichte Ganghofers vom Biberfranzl: Die Erzählung des Försters in der Tafelrunde der Holzknechte, daß der Biber starke Stämme mit seinen Zähnen umnagen könne, sucht der allezeit auf seine Kraft pochende Franzl zu überbieten: „dös kan i aa!" Es kommt zur Wette um einen Banzen Bier, daß er den stärksten Baum im Holze umbeißen wolle — und er gewinnt sie. Aber am anderen Abend fehlt er beim verabredeten Gelage. Er liegt fluchend im Bett, und der Bader muß ihm die Holzspäne aus den gedunsenen Lippen und geschwollenen Backen herausschneiden und die Wunden mit dicken Pflastern verkleben; er hat in seiner Prahlsucht nicht bedacht und muß nun büßen, daß ein Biber auch manchmal mehr kann als ein Mensch.

Gelegentliche Erwähnungen und belanglose Beziehungen finden sich mannigfach in der Literaturgeschichte, von Gerhart Hauptmanns Diebeskömodie „Der Biberpelz" ab über Goethes grauen Biberfrack (Brief an Auguste von Stolberg 1775) bis zurück zu Dantes Göttlicher Komödie (1310):

> come là tra Tedeschi lurchi lo bevero
> s'assetta a far ma guerra . . .
> wie dort bei den nimmersatten Deutschen der Biber
> zum Kampf sich aufrichtet . . .
>
> (Inferno XVII, 22)

Der Dichter Friedrich von Hagedorn (um 1750) möchte in einem seiner Lehrgedichte den „Biberwitz" (d. h. ihre Kunstfertigkeit) mit der Intelligenz des als besonders klug geltenden Indianerstammes der Huronen gleichsetzen:

„warum denn müssen die Huronen
durch Biberwitz beschämet sein?"

Der Nachweis Friedrichs, daß der altweltliche Biber ebenso wie sein amerikanischer Vetter Kanäle baue, hat seinerzeit (1902) den humor- und gemütvollen Schriftsteller Heinrich Seidel sogar zu einem Zeitungsgedicht begeistert, wohl der einzigen poetischen Behandlung unseres Mittelelbebibers im Gegensatz zu zahlreicheren, bei Martin zitierten gereimten Versen über den kanadischen:

„Der Biber baut Kanäle!

Heil, unser Biber baut sein Haus
Ganz wie dem Yankee seiner!
Er hat ja auch dieselbe Laus,
Und nun wird's immer feiner,
Denn Hermann Friedrich hat's durchschaut
Daß er wie jener Straßen baut,
Drum freu dich, deutsche Seele:
Dein Biber baut Kanäle!

Nun hat der Yankee nichts voraus,
Drob er sich hämisch freue:
Des deutschen Bibers Haus und Laus,
Desgleichen seine Schläue
Sie werden jetzt nicht mehr besiegt
Dort, wo das Sternenbanner fliegt,
Drum freu dich deutsche Seele:
Dein Biber baut Kanäle!

Seht, was der deutsche Biber kann,
Ein Künstler und ein Kenner!
Da nehmt euch mal ein Beispiel dran,
Ihr klugen deutschen Männer.
Und geht die große Frage um,
Bedenkt, der Biber ist nicht dumm,
Ist eine schlaue Seele:
Der Biber baut Kanäle!"

Die bildenden Künste haben dem Biber nur geringes Interesse entgegengebracht. In der Malerei begegnen wir ihm als dekorativer Nebenfigur auf dem von Lucas Cranach 1527 gemalten Bilde: Kardinal Albrecht von Brandenburg als Heiliger Hieronymus (Kaiser-Friedrich-Museum Berlin). In Hannover stand auf der Langen Straße ein Biberbrunnen, und in Dessau hat der Bildhauer Emanuel Semper im „Funkbrunnen" die wirkungsvolle Plastik geschaffen, wie ein Germane einen starken Biber erbeutet (Abb. 91), der in diesem Falle als Wasserspeier fungiert.

Abb. 91. Der Funkbrunnen in Dessau. Orig.

Die Heraldik betonte in ihren Biberdarstellungen lediglich den charakteristischen breiten Schwanz, ihre Köpfe könnten eher auf Raubtiere (z. B. Stadtwappen von Biberach a. d. Riß, Abb. 92) als auf einen friedlichen Nager hin-

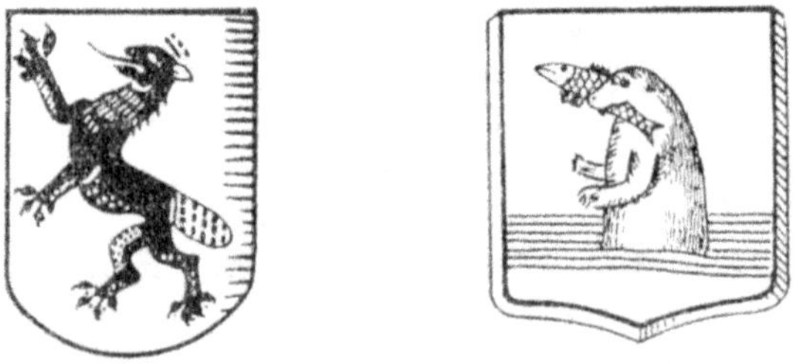

a b

Abb. 92. Biber im Stadtwappen. a) Biberach a. d. Riß. Nach Wegele. b) Wiesbaden-Biebrich. Orig.

deuten, besonders da sie wiederholt den Biber mit einem Fisch im Maul (!) auftauchen läßt (z. B. Stadtwappen von Biebrich-Wiesbaden, Abb. 92), Härnösand in Schweden (Abb. bei Fries). Außer den genannten Städten führen auch Bibra

(Bez. Merseburg) und Bibart (Mittelfranken) den Biber in ihrem Wappen, ebenso verschiedene Adelsfamilien (v. Bibra, v. Beverfoerde, v. Schenk).

Martin gibt seinem Befremden darüber Ausdruck, daß man in Kanada, das sein erstes Aufblühen lediglich dem Handel mit Biberfellen verdanke, den Biber in der Heraldik kaum berücksichtige, bis auf Montreal, das ihm aber auch nur einen bescheidenen Platz im Stadtwappen zubilligte. In der Romantik der frühen Geschichte dieses Landes war der Biber doch nun einmal „der Mittelpunkt, um den sich die Kriege von Nationen bewegten, während mächtige Gesellschaften und unbedeutende Abenteurer für Monopole kämpften, die nur wenige zu beherrschen vermochten". Eine der großen früheren Biberhandelsgesellschaften, die Nordwest-Company von Montreal, ließ im Jahre 1820 eine Münze mit einer Biberdarstellung schlagen, die heute infolge ihrer Seltenheit bei Sammlern sehr begehrt ist ebenso wie eine ähnliche kanadische Briefmarke aus dem Jahre 1851 (Abb. 93). Auch der Revers des heute noch kursierenden kanadischen 5 Cent-Stückes zeigt einen Biber (Abb. 93).

Abb. 93. Biber auf amerikanischen Wertzeichen. Münze 1820. Nach Martin. Briefmarke 1851. Nach Martin. Münze 1941. Orig.

Als Hauszeichen ist die Erinnerung an das einstige Vorkommen des Bibers in der oberrheinischen Tiefebene im „Hus zem Biber" in Freiburg i. B. und in Schaffhausen erhalten geblieben bis in unsere Tage. Hingegen ist das „Bieberhaus" in Hamburg, ein modernes Hochhaus, mit unserem Tiere nicht in Verbindung zu bringen, sondern ist nach seinem Erbauer so genannt worden; um etwaiger späterer Legendenbildung vorzubeugen, ist es zweckmäßig, dies hier festzulegen.

Im neuzeitlichen Handel und Gewerbe begegnet uns der Name des Bibers hier und da. Wenn eine rheinische Firma einen von ihr hergestellten Mörtelzusatz als Abdichtungsmittel gegen Feuchtigkeit und Schutz gegen Frostschäden unter dem Namen „Biber" vertreibt, so mag das Vergleichsmoment immerhin noch ersichtlich und damit vielleicht gerechtfertigt erscheinen. Bei „Biber"-Früchtekonserven und -Hustenbonbons jedoch können wir nur dieselbe Beziehungslosigkeit feststellen wie etwa bei der Fabrikmarke „Salamander" für Schuhwerk.

Um das Jahr 1928 war bei der Studentenschaft unserer Universitäten das „Biberspiel" beliebt, das ebenso schnell wieder verschwand wie es sich ausgebreitet hatte. Hierbei kam es darauf an, wer beim Spaziergang auf der Straße zuerst einen „Biber" (d. h. einen Passanten mit Vollbart) durch lautes Annoncieren an die Kommilitonen — etwa: Biber Nr. 6! — feststellen konnte; der

Überschuß im Zahlenverhältnis (z. B. 6 : 3) galt als in Bier umzusetzender Gewinn. Die davon als Opfer betroffenen älteren Männer verstanden meist nicht den harmlosen Scherz und gerieten, sehr zur Schadenfreude der Studenten, in Zorn. Zibrt führt den Ursprung dieses bis nach Prag vorgedrungenen Biberspieles auf die Lektüre des französischen Romans „Lewis et Irène" von Paul Morand zurück.

Abb. 94. Künstlerhumor um den Biber: „Karnickelbiber". Nach Skizze von Roubal

An zahlreichen größeren Ausstellungen jagdlicher, naturschützerischer und landschaftsgebundener Art hat sich das frühere Land Anhalt mit vielbeachteten geschlossenen Übersichten über das deutsche Bibervorkommen beteiligt. Bei den vorbereitenden Arbeiten dazu glaubte einst in fröhlichem Feierabend-Wettbewerb ein bekannter Tiermaler eine lustige Zukunftsaussicht für Weiterzüchtung des Bibers skizzieren zu können in Gestalt eines „Karnickelbibers" (Abb. 94).

VIII. BIBERSCHUTZ

Wie im einzelnen im Kapitel: „Verbreitung des Bibers einst und jetzt" ausgeführt worden ist, hat man in den verschiedensten Ländern seines Wohngebietes durch Verordnungen und Gesetze die immer mehr sich lichtenden Bestände zu retten und wieder aufzufüllen versucht. Vielfach aber wurden trotz rechtzeitiger alarmierender Nachrichten über die Bedrohung derselben entsprechende Maßnahmen, wenn überhaupt, erst eingeleitet, als es zu spät war. So erklärt es sich, daß in den meisten Ländern der alten Welt der Biber verschwunden ist. Nur in den Gebieten, die eine geringe Bevölkerungsdichte und günstige Gelände- und Nahrungsbedingungen haben, konnten Wiederaufzüchtungen mit Erfolg durchgeführt werden (Norwegen, Schweden, UdSSR). Auch in Amerika gelang es erst in letzter Stunde durch staatliches Eingreifen, dem ungeheuren Raubbau Einhalt zu gebieten und so auch dem Pelzhandel weitere Zugänge zu sichern.

Zweifellos würden wir die Biber schon auf der ganzen Welt als ausgestorbene Tiere bezeichnen müssen, wenn nicht behördliche Organisationen gegen die niedrigsten Habsuchtsinstinkte einzelner Menschen eingeschritten wären. Die Sorge um die Erhaltung der immer noch gefährdeten wenigen Biberoasen in Europa, insbesondere unserer deutschen, zwingt uns, stets von neuem ihren Schutz nicht nur zu fordern, sondern auch zu begründen und Mittel und Wege zu seiner Durchführung aufzuzeigen. Wir bauen diesen Schutz auf gesetzlicher und biologischer Grundlage auf; die eine kann ohne die andere nicht wirksam sein.

Die Ausgangsbasis für die Schutzmaßnahmen muß gegeben werden durch eine Bestandserhebung, durch Feststellung der Zahl der zu schützenden Tiere und der Ausdehnung ihres Verbreitungsgebietes. Letzteres bereitet beim Biber keine sonderlichen Schwierigkeiten, sind doch die Spuren seiner Tätigkeit nur zu auffallend. Auch die sachdienlichen Unterlagen zur Beibringung einer einwandfreien Statistik sind, namentlich dank den Bemühungen Behrs für das deutsche Bibervorkommen, in einwandfreier Weise gewonnen worden. Sie beruhen auf einer möglichst im Frühherbst vorzunehmenden Begehung des Gebietes, Feststellung der Baue, Beobachtung der Tiere bzw. Überprüfung der darüber vorliegenden Berichte der örtlichen Jagdschutzbeamten und Eintragung dieser Ergebnisse in die Meßtischblätter. So liegen von Behr die Resultate von vier solcher Biberzählungen vor; sie werden durch weitere Erhebungen anderer Forscher gestützt oder ergänzt (s. S. 29). Für das Jahr 1939 hatten wir eine erneute Zählung vorgesehen; die Kriegsverhältnisse verhinderten sie. Sicherlich sind nun durch die Kriegserscheinungen und ihre Nachwirkungen viele Tiere verlorengegangen; wir haben aber bisher bereits feststellen können, daß unsere schlimmsten Befürchtungen für den Gesamtbestand nicht eingetroffen sind.

Immerhin aber scheinen wir auf den gleichen Tiefstand zurückgeworfen zu sein wie in der ungünstigsten Zeit nach dem ersten Weltkriege. Nur allzu anschaulich tritt diese Vermutung in Erscheinung bei einem Vergleich der Karten 4 und 6. Während im Jahre 1929 noch eine nahezu gleichmäßige Besetzung, an besonders geeigneten Strecken sogar eine Häufung festzustellen war, sind im Jahre 1948 nur noch wenige Baue befahren und selbst an den früheren kolonienartigen Wohnplätzen nur noch vereinzelte Tiere anzutreffen (Karte 6).

Karte 6. Biberbaue an der mittleren Elbe 1948. Orig.

Um von neuem auch auf diesem Gebiete wieder aufbauen zu können, erscheint es aber erforderlich, daß möglichst bald wieder eine genaue Revision erfolgt, schon um etwaige, vielleicht besonders dringende Schutzmaßnahmen in die Wege leiten zu können.

Es sei nur auf ein bisher wenig beachtetes, aber doch sehr bedenklich stimmendes Gefahrenmoment hingewiesen, das aus der nachstehenden Tabelle ersichtlich ist, die geringe Zahl der Jungbiber.

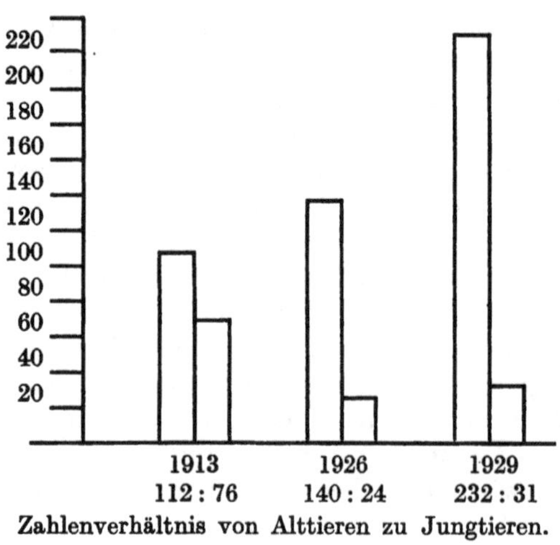

Zahlenverhältnis von Alttieren zu Jungtieren.

Bei der ersten Behrschen Zählung im Jahre 1913 war das Verhältnis der alten Tiere zu den jungen günstig (112 : 76), es senkte sich aber schon bei der Teilzählung 1919 (98 : 36), veränderte sich völlig bei der Wieselschen Zählung 1926 (140 : 24) und bestätigte bei der letzten Behrschen Gesamtzählung 1929 mit aller Deutlichkeit (232 : 31), daß einer an sich erfreulichen Zunahme der Alttiere ein sehr geringer Zuwachs an Jungtieren gegenüberstand. Wiesel gab bei seiner Zählung als Grund ein außergewöhnlich starkes und lange anhaltendes Sommerhochwasser im Jahre 1926 an, durch dessen elementare Gewalt die „damals kaum halbwüchsigen Tiere durch die Strömung von der Mutter abgetrieben wurden und nachher elend umgekommen sind". In der Folgezeit traten aber ähnliche Katastrophen nicht ein, und doch wurde der Nachwuchs immer geringer, ohne daß nach den Beobachtungen der nachfolgenden Jahre eine Besserung einzusetzen schien. Bei einer durchschnittlichen Wurfgröße von drei Tieren müßte man, wie auch Bailey für den amerikanischen Biber angibt, mit einer jährlichen Verdoppelung einer Familie rechnen können. Das ist nicht der Fall und kann wohl nur auf ungünstige Bedingungen in der Aufzucht der Jungtiere zurückgeführt werden. Ob diese in äußeren Gefahren oder einer Disposition zu geringer Widerstandskraft der Jungbiber gesucht werden müssen, ist schwer zu entscheiden, wäre aber für die Aussichten der Zukunft unseres Biberbestandes von wesentlicher Bedeutung.

Jedenfalls mahnt auch dieser Befund zur Anwendung aller nur durchführbaren gesetzlichen Schutzbestimmungen. Bei der wiederholt schon erfolgten Erörterung derselben genüge hier noch einmal deren Zusammenstellung:

1. Schonzeit des Bibers für das ganze Jahr.
2. Scharfe Aufsicht in den Biberschutzgebieten, gegebenenfalls durch besondere Streifen der Polizei.
3. Strenge Bestrafung von Biberwilderern und Bekanntgabe derselben.
4. Verbot des Befischens und Angelns 50 m beiderseits der Baue. Verbot des Garnsäckestellens im Bibergebiet.
5. Pachtverlängerung für die Fischer, die bewohnte Baue in ihrem Bezirke haben, und Verpflichtung, jede Übertretung der Schutzbestimmungen zur Anzeige der Behörden zu bringen.
6. Untersagung des Fischotterfanges im Bibergebiet.
7. Beschränkung des Bisamrattenfanges im Bibergebiet auf die staatlichen Bisamjäger.
8. Verbot des Abbrennens von Biberbauen durch die Weidenpächter.

Erfahrungsgemäß finden die unter 4 geforderten Anordnungen vielfach starken Widerstand und mangelndes Verständnis bei den Sportanglern. Bei Anerkennung allen guten Willens läßt sich indes gerade durch sie eine erhebliche Beunruhigung der Biber gar nicht vermeiden. Daher hat man im anhaltischen Bereich die Nutzung der betreffenden Gewässerstrecken lediglich den Berufsfischern vorbehalten, die auch nur ein- bis zweimal im Jahre hier abfischen dürfen.

Die biologischen Schutzmaßnahmen sind, im Gegensatz zu den gesetzlichen, mehr positiver Natur, indem sie dem Biber den Biotop erhalten wollen. Hier ist durch Zusammenwirken der Forst- und Wasserbaubehörden eine Schonung bzw. Wiederanpflanzung von Weidenhegern an unseren Flüssen anzustreben; auch die schnellwüchsigen Espen könnten noch zahlreicher als bisher vermehrt werden. Soweit es mit den Erfordernissen des Ausbaues der Wasserstraßen in Einklang gebracht werden kann, sollten die Flußufer und Buhnen im Bibergebiet nicht abgepflastert oder betoniert werden. An solchen Stellen, wo sich dies nicht umgehen läßt, müßten oberhalb eines befahrenen Biberbaues kleinere Rettungshügel mit etwa 2 m Krone über Höchstwasserstand angelegt werden; die Biber nehmen sie gern an und haben hier bei Hochwasser auch sichere Zufluchtsmöglichkeiten. Auch die in Anhalt geschaffenen Biberschutzgebiete erweisen sich weiterhin als notwendig, denn sie geben den Tieren Schutz vor Verfolgung und Beunruhigung. Ebenso haben sich kurzgefaßte Merkblätter bewährt, die den Besitzern bedrohter Gärten, die nach dem Wasser hin meist keine Einfriedigung haben, Vorbeugungsmittel gegen Biberfraß empfehlen (Umhüllen der Obstbäume mit ca. 1 m hohen „Hosen" aus Maschendraht oder Dornreisig, Anwendung von Obstbaumkarbolineum oder Raupenleim, Anbringen von blinkenden Scheuchen, Liegenlassen bereits geschnittener Hölzer, Zusetzen etwaiger Erdröhren). Bei offensichtlichen Schäden, die trotzdem eintreten, würde hier auch eine angemessene Entschädigung zu zahlen sein.

Wenn aber die Biber aus zwingenden wirtschaftlichen Gründen nicht geduldet werden können oder in der Nähe der Städte zu sehr gefährdet erscheinen, wird man dazu übergehen müssen, sie wegfangen zu lassen und anderwärts wieder auszusetzen. Diese wiederholt schon durchgeführten Rettungsaktionen würden im Sinne der weitestgreifenden biologischen Schutzmaßnahmen liegen, die einzelnen Bibern an anderen Stellen neue Wohngebiete zuweisen möchten, wo sie unter günstigen Wasser- und Nahrungsverhältnissen, ungestört durch den Menschen, eine Freistatt finden. Dadurch würde sich auch die Möglichkeit eröffnen, eines der seltensten und interessantesten Säugetiere unserer Heimat vor dem Untergang zu retten. Es ließe sich vielleicht auch so weit wieder aufzüchten, daß es nicht mehr wie ein Museumsstück betrachtet werden müßte, sondern sogar wieder als Pelztier in Frage kommen könnte.

Auch in schweren Zeiten und unter äußerster wirtschaftlicher Anspannung werden wir uns berechtigten Forderungen des Heimat- und Naturschutzes nicht verschließen dürfen und kein Verständnis für so abwegige und obendrein sachlich unrichtige Ausführungen aufbringen, die noch im Jahre 1883 ausgesprochen wurden: „Wenige Gewässer ausgenommen, in denen Liebhaber einigen Paaren eine Freistatt gewährt haben, ist der Biber glücklicherweise im kultivierten Europa gänzlich ausgerottet. Manche Schriftsteller haben über diese Ausrottung sentimentale Klagen ertönen lassen, doch muß man zugestehen, daß der Biber für die Wälder eins der schädlichsten Tiere ist. Wir haben das Holz nötiger als Felle und Bibergeil." (Vogt und Specht, Die Säugetiere in Wort und Bild, München 1883.) Derartige, glücklicherweise nur vereinzelt zu hörende Stimmen mag man verhallen lassen unter dem Goethewort: „Wenn Ihr's nicht fühlt, Ihr werdet's nicht erjagen!"

SCHRIFTENVERZEICHNIS

Altum, B.: Forstzoologie, I. Die Säugetiere. Berlin 1876.
Amman, J. und Bocksperger, H.: Thierbuch. Frankfurt a. M. 1579.
Aptel, E.: Notes sur le *Castor* du Bas-Rhone. La Feuille des Naturalistes 45 (1924).
Argyropulo, A.: Remains of a Beaver (*Amblycastor caucasicus n. sp.*) from the Pliocene of the Ciscaucasia. C. R. Ac. Sci. USSR, N. S. 25 Moscou 1938.

Bachofen-Hoffer: Jagdgeschichte Steiermarks. 3. Band.
Bächtold-Stäubli: Handwörterbuch des deutschen Aberglaubens. Bd. 1. Berlin u. Leipzig 1927.
Bailey, V.: Beaver habits and experiments in beaver culture. United States Departm. of Agriculture. Washington 1927.
—: Two new subspecies of North American beavers. Proc. Biol. Soc. Washington 26 (1913).
—: The combing claws of the beavers. Journ. of Mammal. 4 (1923).
Balbin, B.: Miscellanea historica Regni Bohemiae. Bd. 1. Prag 1679.
Bechstein: Gemeinnützige Naturgeschichte Deutschlands. 1. Bd. Leipzig 1789.
Behr, M.: 1. Aus deutschem Biberleben. St. Hubertus 29 (1911).
—: 2. Beobachtungen aus unserem Bibergebiete. Leipziger Illustr. Zeitg. 154 (1920).
—: 3. Neues vom Biber. St. Hubertus 42 (1924).
—: 4. Aus Bockerts Kinderstube. St. Hubertus 43 (1925).
—: 5. Zur Erhaltung und Hebung des Biberbestandes. St. Hubertus 44 (1926).
—: 6. Über Biberrettungshügel. Jb. Naturschutz (1928).
—: 7. 63 Jahre auf Biberspuren. Der Deutsche Jäger 53 (1931).
Benson, S. B.: Notes on the sex ratio and breeding of the beaver in Michigan. Occasional papers of the Museum of Zoology, Univers. of Michigan Nr. 335 (1936).
—: A new race of Beaver from British Columbia. J. Mammal. 14 (1933).
Berndt, R.: Über die Tauchdauer beim Biber. Zool. Garten 12 (1940).
Berry, S.: Observations on a Montana Beaver Canal. J. Mammal. 4 (1923).
Blasius, W.: Der Biber. Monographische Studie. In v. Dombrowskis Allgem. Encyclopädie d. ges. Forst- u. Jagdwissenschaften. Wien u. Leipzig 1886.
Blume, Fr.: Der Biber am Elbestrome. Z. Forst- Jagdwes. 22 (1890).
Bogen, A.: Ein Biberdamm bei Magdeburg. Abh. Ber. Mus. Naturk. Magdeburg (1937).
Böhmerle, G.: Kommt der Biber noch in Österreich-Ungarn vor? Hugos Jagdztg. 36 (1893).
Bradt, G. W.: A study of Beaver in Michigan. J. Mammal. 19 (1938).
Brandt, J. F.: Beiträge zur näheren Kenntnis der Säugetiere Rußlands. Mem. math., phys. et natur. Kaiserl. Akad. d. Wissensch. St. Petersburg, Tome VII, 1855. 3. Abhandl.: Beiträge zur näheren Kenntnis der Gattung *Castor*. 4. Abhandl.: Blicke auf die allmählichen Fortschritte in der Gruppierung der Nager mit spezieller Beziehung auf die Geschichte der Gattung *Castor*, besonders des altweltlichen Bibers. 5. Abhandl.: Untersuchungen über die craniologischen Entwicklungsstufen und die davon herzuleitenden Verwandtschaften und Klassifikationen der Nager der Jetztzeit, mit besonderer Beziehung auf die Gattung *Castor*.
Brandt, J. F. und Ratzeburg, J. T. C.: Medizinische Zoologie. 1. Bd. Berlin 1829.
Brandt, M.: Über den Biber im Ostbaltikum und den angrenzenden Gebieten. Korr.bl. Naturf. Vereins Riga 64 (1942).
Braß, E.: Aus dem Reiche der Pelze. 2. Aufl. Leipzig 1925.
Brehm, A.: Tierleben. 4. Aufl., 11. Bd. 1914. Bearbeitet von Ludwig Heck.

Brink, F. H. van den: Die Begattung des Bibers. Tijdschr. d. Nederland Dierkund. Vereenig. 1. Serie (abgedruckt in Zeitschr. f. Säugetierk. 4 (1929)).
Buffon, G.v.: Naturgeschichte der vierfüßigen Tiere. 5. Bd. Berlin 1777.

Cahn, A.: Auditory ossicles of living and giant beavers. J. Mammal. 11 (1930).
—: Records and distributions of the fossil beaver *Castoroides ohioensis*. J. Mammal. 13 (1932).
Calinescu, R.: Verzeichnis und Bibliographie der Säugetiere Rumäniens. Z. Säugetierk. 6 (1931).
Charlemagne, N.: Die gegenwärtige Verbreitung des Bibers in der Ukraine. Acad. Sci. Ukraine, Mem. Sci. Nat. Techn. 5 (1931).
Chobaut, A.: Moeurs et métamorphoses du *Platypsyllus castoris* Rits. Bull. Soc. Et. Sci. natur. Nimes (1899).
Collett, R.: Baeveren i Norge, dens Udbredelse og Levemaade. Bergens Museums Aarborg (1897).
Cope, Edward D.: Synopsis of the Extinct Mammalia of the Cave formations in the United States. Proc. Amer. phil. Soc. XI (1869).
Cordier, M.-P.: La protection du *Castor* du Rhône. Bull. Soc. Nation. d'acclimatation. Paris 1932.
Couch, L. K.: Trapping and Transplanting live beavers. Un. States Depart. of the Int., Conserv. Bull. 30 (1942).

Dahms, P.: Der Biber. Eine kulturhistorische Skizze. Naturw. Wochenschr. 16 (1901).
—: Der Biber in Westpreußen. Zool. Garten 41 (1900).
David, K.: Über die Paarung des Bibers. Naturforscher 6 (1929).
Döbel, H.W.: Eröffnete Jäger-Practica oder der wohlgeübte und erfahrene Jäger. Leipzig 1746.

Ellenberger, W. und Baum, H.: Vergleichende Anatomie der Haustiere. 14. Aufl. Berlin 1915.

Fediuschin, A. V.: Die gegenwärtige Verbreitung des Bibers in Weißrußland. Bull. Soc. Natural. Moscou (1926).
Fitzinger, L. J.: Beobachtungen über die Lebensweise des europäischen Bibers. Zool. Garten (1864).
Fleming, H. F. v.: Der Vollkommene Teutsche Jäger. Leipzig 1719.
Fönhus, M.: Die Biber bauen am Schwarzweiher. München 1938.
Fraas, O.: Die altheidnische Opferstätte auf dem Lochenstein. Korr.bl. Dtsch. Ges. Anthropol. 13 (1882).
Franz, V.: Die Geschichte der Tiere. In: Heberer, Evolution der Organismen. Jena 1943.
Friedrich, H.: 1. Die Biber an der mittleren Elbe. Nebst einem Anhange über *Platypsyllus castoris* Rits. Dessau 1894.
—: 2. Eine neue Schmarotzermilbe unseres Bibers (*Histiophorus castoris n. g. n. sp.*). Zeitschr. f. Naturw. 68 (1896).
—: 3. Die letzten deutschen Biber. Die Prov. Sachsen in Wort u. Bild. Berlin 1900.
—: 4. Über Kanalbauten der Biber. Progr. Beilage z. Jahresber. d. Gymnas. Dessau 1902.
—: 5. Biber in Wintersnot. St. Hubertus 25 (1907).
—: 6. Der Biber. Lebensbilder aus der Tierwelt, herausgegeben v. Meerwarth, 1. Folge, Säugetiere. 1908.
—: 7. Dreiste Biber. St. Hubertus 31 (1913).
—: 8. Tuberkulose bei den Elbebibern. St. Hubertus 43 (1925).
—: 9. Eigentümlichkeiten im Körperbau des Bibers. St. Hubertus 43 (1925).
—: 10. Der Biber und sein Reiter auf großen und kleinen Reisen. Heimatl. Jahrb. f. Anhalt. Dessau 1927.
Frieling, H.: Tiere als Baumeister. Stuttgart 1939.
Fries, C.: Bäverland, en bok om bävern och hans verk. Stockholm 1940. Deutsche Ausgabe: Biberland. Neudamm 1943.

Fries, C.: Familjebildning och flyttningar (Wohnungswechsel) hos bävern. Svensk Faunistik Revy 1 (1944).
—: Bävern. Svenska djur; Däggdjuren. Stockholm 1948/49.

Gal, J.: L'urine du *Castor*. Bull. Soc. Sci. natur. Nimes (1898).
—: Le Castoreum du Gardon. Bull. Soc. Sci. natur. Nimes (1897).
Genthe, F.: Wie es kam, daß der Biberbestand in Preußen im Laufe des 18. Jahrhunderts vernichtet wurde. Montagsbl. Magdeburg. Ztg. 20 (1898).
—: Das Bauchtier in Preußen und Anhalt. Montagsbl. Magdeburg. Ztg. 18 (1906).
Geßner, C.: Tierbuch. Ins Deutsche übertragen von Forer. Zürich 1583.
Gillivray, M.: Mickey the Beaver. Nat. Geogr. Magaz. Washington 54 (1928).
Girtanner, A.: Geschichtliches und Naturgeschichtliches über den Biber in der Schweiz, in Deutschland, Norwegen und Nordamerika. Jb. naturw. Ges. St. Gallen (1883/84).
Glorez, A.: Neuangeordnete vollständige Haus- und Landbibliothec. Nürnberg u. Frankfurt 1719.
Goldman, E. A.: A new beaver from Arizona. J. Mammal. 13 (1932).
Gottwaldt, Ch.: Physikalisch-anatomische Bemerkungen über den Biber. Nürnberg 1782.
Grimm, J. u. W.: Deutsches Wörterbuch. Bd. 1. 1854.
Gueinzius, A.: Einige Bemerkungen über *Castor fiber* L. Z. Säugetierk. 11.

Hager: Handbuch der pharmazeutischen Praxis. 1. Bd. Berlin 1930.
Hearne, S.: A Journey from Prince of Wales's Fort in Hudsons Bay to the northern Ocean. London 1795.
Heck, L.: Die erste deutsche Biberfarm. Naturschutz 15 (1933).
Heinick, P.: Über die Entwicklung des Zahnsystems von *Castor fiber* L. Zool. Jb. 26, Abt. f. Anat. 1908.
Hilzheimer, M.: Über diluviale Biberreste aus der Mark Brandenburg. Z. Säugetierk. 7 (1932).
—: Ein zweiter glazialer Biberrest aus der Mark. Z. Geschiebeforsch. 10 (1934).
Hinze, G.: 1. Die Möglichkeit der Biberzucht in Deutschland. Pelztierzucht 4 (1928).
—: 2. Die gegenwärtige Verbreitung des Bibers in Europa. Naturforscher 5 (1928).
—: 3. Schutz dem Biber! Naturschutz 13 (1932).
—: 4. Deutscher Biberschutz. Rauchwarenmarkt 20 (1932).
—: 5. Unsere letzten deutschen Biber. Dessau 1934.
—: 6. Biber in Deutschland. Berlin-Lichterfelde 1937.
—: 7. Die anhaltische Zentrale für Biberforschung. Ber. naturw. Ver. Zerbst 1933—38.
—: 8. Unser „Bibervater" Max Behr. Ber. naturw. Ver. Zerbst 1933—38.
Holden, F. H.: Osteological relationships of three species of beavers. Univ. California Publ. Zool. 17 (1917).
Horn, G. H.: Descriptions of some new North Amer. *Coleoptera*. Trans. Amer. ent. Soc. IV (1872).
—: Notes on some little known Genera and Species of *Coleoptera*. ibid. X (1882).

Jacobi, A.: Der Schädel des Dachses in seiner geschlechtlichen Verschiedenheit. Mitt. zool. Mus. Berlin 20 (1935).
Jonstonus, J.: Historiae naturalis de quadrupedibus libri. Francofurti ad. Moenum 1675.

Kausch, Fr.: Biberschutz im 18. Jahrhundert. Montagsbl. Magdeburg. Ztg. 12 (1931).
Kirner, P.: Über die Geschlechtsbestimmung beim Biber und beim Sumpfbiber. Dtsch. Pelztierzüchter (1931).
Kleinschmidt, O.: Naturschutzfragen. Falco 34 (1938).
Knox, R.: Observations on the anatomy of the Beaver considered as an aquatic animal. Mem. Werner. nat. Hist. Soc. (1823).
Koepert, O.: Jagdzoologisches aus Altsachsen. Beil. Jb. Vitzthumschen Gymnas. Dresden 1913/14.

Köppen, Th.: Die frühere und gegenwärtige Verbreitung des Bibers im russischen Reiche. J. Minist. Volksaufklärung, 1902. — Auszüge daraus in deutscher Sprache in: Grevé, C., Zool. Garten (1903) und Mertens, A., Montagsbl. Magdeburg. Ztg. (1903).

Korschelt, E.: Lebensdauer, Altern und Tod. 3. Aufl. 1924.

Kraft, H.: Etwas vom Biber. Dtsch. Forst- Jagdztg. Trier 4 (1889).

Kramer, P.: Über eine neue Pelzmilbe des Bibers (*Haptosoma truncatum*). Zool. Anz. 19 (1896).

Krause, E.: Vorgeschichtliche Fischereigeräte und neuere Vergleichsstücke. Z. Fischerei 11 (1904).

Krüger, A.: Der Biberschutz. Z. Säugetierk. 6 (1931).

Krumbiegel, J.: Mammalia in: Biologie der Tiere Deutschlands, herausgegeben von P. Schulze, Berlin 1931.

—: Literarischer Nachtrag zum Begattungsakt des Bibers. Z. Säugetierk. 4 (1929).

Kuhl, H.: Beiträge z. Zoologie. Frankfurt a. M. 1820.

Kuntze, R.: Mitteilungen über die Systematik und geogr. Verbreitung einiger Säugetierarten der polnischen Fauna. Z. Säugetierk. 10 (1935).

Leighton, A. H.: Notes on the beavers individuality and mental characteristics. J. Mammal. 13 (1932).

—: Notes on the relations of beavers to one another and to the muskrat. J. Mammal. 14 (1933).

Lenz, O.: Naturgeschichte des Menschen und der Säugetiere. Gotha 1860.

Leonhardi, F. G.: Der Biber. Forst- u. Jagdkalender für das Jahr 1795. Leipzig 1794.

Liebus, A.: Über *Steneofiber*-Reste im böhmischen Süßwassertertiär. Lotos 83 (1935).

Linné, C. v.: Vollständiges Natursystem. 12. Ausg. Nürnberg 1773.

Linstow, O. v.: Die Verbreitung des Bibers im Quartär. Abh. Ber. Mus. Naturk. Magdeburg 1 (1908).

Lonicerus, A.: Kreuterbuch. 6. Aufl. Frankfurt a. M. 1578.

Lönnberg, E.: A study of the veriation of european beavers. Ark. Zool. schwed. wiss. Akad. Stockholm 5 (1909).

Lorenzen, A.: Der Biber in Norwegen. Die Natur. Halle 47. (1898).

Luchs, F.: Die erste Freilandbiberfarm in Deutschland. Naturschutz 13 (1931).

Mager, Fr.: Wildbahn und Jagd Altpreußens im Wandel der geschichtlichen Jahrhunderte. Neudamm 1941.

Marius, J. und Frank, J.: Castorologia. Augsburg 1685.

Marrel, A.: Contribution à l'étude du Castoreum du Rhône. Bull. Soc. Sci. nat. Nimes 1899.

Martin, H.: Castorologia or the history and traditions of the Canadian beaver. London und Montreal 1892.

Matschie, P.: Zwei anscheinend noch nicht beschriebene Arten des Bibers. Sitzungsber. Gesellsch. natur. Freunde zu Berlin 1907.

Meisenheimer, J.: Geschlecht und Geschlechter im Tierreiche. Jena 1921.

Mertens, A.: 1. Zwei bemerkenswerte Biberbauten in der Nähe von Magdeburg. Abh. Ber. Mus.Naturk. Magdeburg 2 (1914).
2. Vom Biber an der Elbe. Naturdenkmäler, Vorträge u. Aufsätze, 3. Bd., Berlin 1922.
3. Über den Begattungsakt des Bibers. Z. Säugetierk. 3 (1928).
4. Die Biber in Rußland. Montagsbl. Magdeburg. Ztg. 20 (1898).

Meyerinck, R. v.: Einiges über Naturgeschichte und Vorkommen der Biber in Deutschland. Ill. Jagd-Ztg. von Nitzsche, Leipzig 1876.

Miller, J. S.: Catalogue of the Mammals of Western Europe. London 1912.

Mills, E. A.: In Beaver World. Boston u. New York 1913.

Mingaud, G.: Berichte über Fang und Einlieferung von Rhonebibern in Bull. Soc. Sci. nat. Nimes 1894—1910.

Mohr, E.: Die freilebenden Nagetiere Deutschlands. Jena 1938.

Morgan, L. H.: The american Beaver and his works. Philadelphia 1868.

Müller-Using, D.: Einige Ergänzungen zu v. Linstows „Verbreitung des Bibers im Quartär". Abh. Ber. Mus. Naturk. Magdeburg 6 (1938).
—: Die Bedeutung der Namenkunde für die historische Zoologie. Z. Jagdkunde 4 (1942).

Nellenburg, R.: Der Biber. Die Natur. Halle 34 (1885).
Nelson, E. W.: Description of a new subspecies of beaver. Proc. biol. Soc. Washington 46 (1927).
Nicolaesen, V.: *Castor fiber L.* in quaternarul diu jurul Bucurestilor. Bull. Soc. stud. nat. Bucuresti 2 (1931).
v. Niezabitowski, E. R. Lubicz: Über die Säugetiere Polens. Z. Säugetierk. 9 (1934).

Ognev, S. J.: Die Säugetiere der Sowjetunion und anliegenden Länder 5 (1947) Moskau und Leningrad.
Oken, L.: Allgemeine Naturgeschichte für alle Stände, 7. Bd., 2. Abtlg., Säugetiere I. 1838.
Olson, E. C.: Cranial foramina of North American beavers. J. Paleont. 14 (1940) Menasha, Wis.

Patch, C.: Die Arbeiten des Bibers. Natur u. Volk 64 (1934).
Peters, O.: Die Biber im Kreis Schweinitz. Wild u. Hund 45 (1940).
Pocock, R. J.: On the External Characters of the Beaver (*Castoridae*) and of some Squirrels (*Sciuridae*). Proc. zool. Soc. London 1922.

Ramsey, L.: Über den Biber und seine Zucht. Pelztierzucht 3 (1927).
Reichenau, W. v.: Einiges über Schädel und Gebiß der Biber. Jb. Nassau. Ver. Naturk. 65 (1912).
Rensch, B.: Biologische Beweismittel der Abstammungslehre. In: Heberer, Evolution der Organismen, Jena 1943.
Riabinin, A.: Note sur des *Castors fossils* des dépots posttertiaires de l'Oural, du Timan et de la région de la Volga moyenne. Zap. Russ. Mineralog. Obs. 59 (1930).
Riesenthal, E. v.: Über den Paarungsakt des Bibers. Naturforscher 6 (1929).
Rüger, L.: Die absolute Chronologie der geologischen Geschichte als zeitlicher Rahmen der Phylogenie. In: Heberer, Evolution der Organismen, Jena 1943.
Rütimeyer, L.: Spuren des Menschen aus interglaciären Ablagerungen in der Schweiz. Arch. Anthrop. 1875.

Salvesen, S.: Über den Biber in Norwegen. Naturschutz 9 (1928).
—: Biberrassen, Schutzmaßnahmen und gegenwärtige Verbreitung des Bibers. Naturschutz 9 (1928).
Schlosser, M.: Die Nager des europäischen Tertiärs. Palaeontogr. Cassel 31 (1885).
—: Über Tullbergs System der Nagetiere. Zbl. Min., Geolog. u. Paläont. 1902.
Schmidt, Fr.: Lebende Naturdenkmäler unserer Heimat. Mitt. Zool. Garten Halle 27 (1932).
Schmidt, Fritz: Naturgeschichte des Baum- und des Steinmarders. Leipzig 1943.
Schreber: Die Säugetiere 4. Bd., Erlangen 1792.
Schreuder, A.: *Conodontes*, *Trogontherium* and the other *Castoridae*. Pal. Zeitschr. 13 (1931).
—: *Trogontherium Cuvieri* Fischer von Püspükfürdö, nebst einer Bemerkung über die Castoriden von China. Ann. hist.-nat. Mus. Hungar. 29 (1935).
—: Bemerkungen zu *Trogontherium Soergeli* Rüger. Pal. Zeitschr. 10 (1928).
Schröter, C.: Die Wetzikonstäbe. Vjschr. naturf. Ges. Zürich 1896.
Serebrennikov, M.: Review of the beavers of the Palearctic Region. C. R. Ac. Sci. de l'USSR 1929.
Seton, E. T.: Life-Histories of Northern animals. New-York 1. Bd., 1909.
Sprehn, C.: Nematoden in Säugetieren. Z. Säugetierk. 2 (1928).
—: Lehrbuch der Helminthologie. Berlin 1932.
Staudinger, W.: Aus dem Leben und der Heimat des Elbbibers. Mitt. Zool. Garten Halle 9 (1913).
Steenstrup, J.: Hat man in den interglaciären Ablagerungen in der Schweiz wirkliche Spuren von Menschen gefunden? Arch. Anthrop. 1876.

Steinbecher, G.: Aus dem Leben des Bibers. Natur u. Volk 69 (1939).
Stirton, R. A.: A Review of the tertiary beavers. Univ. Calif. Publ. Geolog. Sci. 23 (1935) Nr. 13.
Strohmeyer, K.: Meister Bockert, der Herr der Wasserburgen. Berlin 1935.
Taylor, W. P.: The beaver of West Central California. Univ. Calif. Publ. Zool. 10 (1912).
—: The status of the beavers of Western North America, with a consideration of the factors in their speciation. Univ. Calif. Publ. Zool. 12 (1916).
Toldt, K.: Aufbau und natürliche Färbung des Haarkleides der Wildsäugetiere. Leipzig 1935.
Trouessart, E.: Description du *Schizocarpus Mingaudi*, nouveau sarcoptide pilicole vivant sur le *Castor*. Bull. Soc. ent. France 65 (1896).
Valentini: Museum museorum oder vollständige Schaubühne aller Materialien und Specereyen usw. Frankfurt a. M. 1714.
Virchow, H.: Über die Wirbelsäule des Bibers. SB. Ges. naturf. Freunde. Berlin 1918.
Vogel, R.: Die alluvialen Säugetiere Württembergs. Gedenkschr. z. 150 jähr. Bestehen d. Württ. Naturaliensammlung. Stuttgart 1941.
Voss, G.: Aussterbende Wildarten in Mitteleuropa: Der Biber. Wild u. Hund, 1. Sonderheft 1948.
Wäscha-kwonnesin: Sajo und ihre Biber. Stuttgart.
—: Kleiner Bruder. Stuttgart.
Warren, E.: The beaver, its work and its way. London und Baltimore 1927.
Weber, M.: Die Säugetiere. Jena 1904.
Wegele, L.: Vom Biber in Schwaben. Augsburg 1942.
Wiedemann: Arch. Zool. Zoot. 1 (1800).
Wiesel, L.: Beiträge zur Morphologie der Biberarten. Z. Morphol. u. Ökol. d. Tiere 14 (1929).
Wilson, R. W.: Pliocène Rodents of Western North America. Carnegie Inst. Washington Publ. 487 (1938).
Winckell, aus dem, G. Fr. D.: Handbuch für Jäger, Jagdberechtigte und Jagdliebhaber, 5. Aufl., 1. Bd., Leipzig 1878.
Winkler, H.: Jungbiber bei Hochwasser. Naturforscher 9 (1932).
Zibrt, C.: Der Biber in der Tschechoslowakei. Prag 1929.
Zinkeisen, J.: Die Biber in der Elbe als Beitrag zur Naturgeschichte derselben. Mitt. Osterlande, 12. Bd., Altenburg 1853.

STICHWORTVERZEICHNIS

Das Stichwortverzeichnis soll kein vollständiges Register sein, sondern nur die Auffindung solcher Textstellen erleichtern, auf die nicht ohne weiteres durch die Kapitelüberschriften hingewiesen wird.

ABBILDUNGSVERZEICHNIS

Phot. Behr

Biber an Land gehend

Phot. Maute-Jeßnitz

Biber im Unterholz. Blitzlichtaufnahme

TAFEL 2

Phot. Schneider

Phot. Schneider

Phot. Behr

Schwimmende Biber

Phot. Schneider

Biber zu Wasser gehend und landend

Phot. Leyse-Dessau

Biber am Muldeufer

Phot. Büning-Dessau

Frisch gefangener Biber, nach einem Apfel schnappend

Phot. Lärm-Jeßnitz

Biber einen Zweig entrindend

Phot. d'Angelo-Dessau

Bibermutter im Notbau

Phot. Herberg

8 Wochen alter Jungbiber
(in Gefangenschaft)

Phot. d'Angelo-Dessau

Phot. Wuttky-Dessau

Jungbiber im Notbau

TAFEL 6

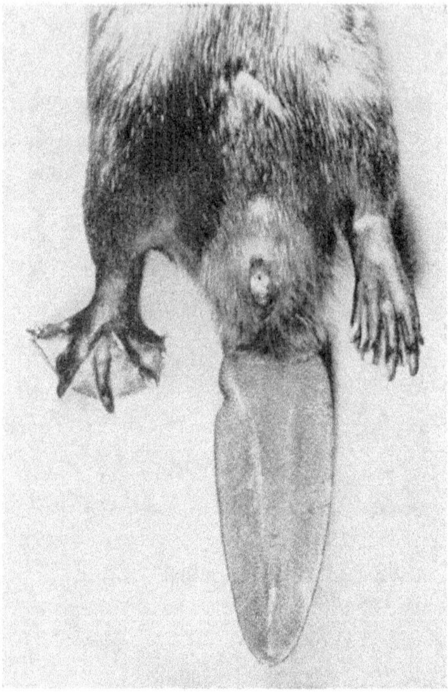

Phot. Behr

Hintere Extremitäten, Bauchseite

Phot. Behr

Teilansicht der Kelle, Oberseite

Phot. Museum König, Bonn; nach Gipsabgüssen

Biberkellen. Von links nach rechts:
Castor fiber ♀, Castor canadensis, Castor canad. frondator ♀

Skelett des Bibers

Phot. Förster-Raguhn

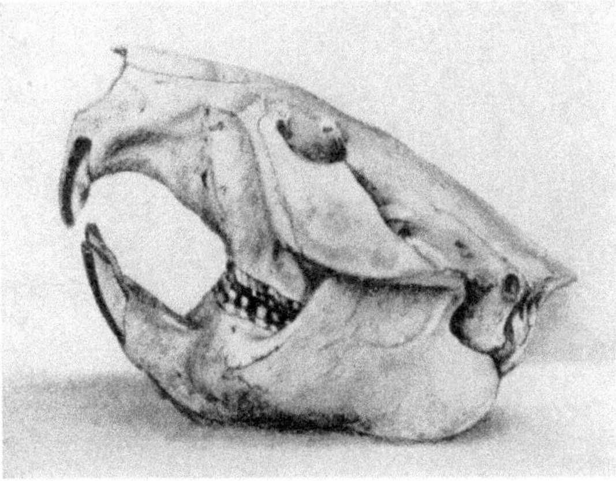

Schädel des Bibers

Phot. Fula-Dessau

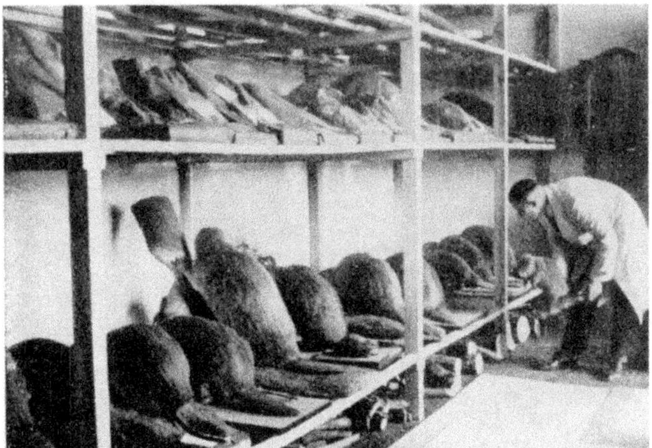

Blick in ein Magazin d. Biberzentrale Zerbst

unten: Schnitte,
Mitte: präparierte Tiere,
oben: eingehüllte Skelette

TAFEL 8

Nuthe-Landschaft

Phot. Behr

Mulde-Landschaft

Phot. Leyse

Elbe-Landschaft

Phot. Behr

Phot. Herberg

Kolk bei Steckby

Phot. Herberg

Untergehölz im Auenwald

Phot. Herberg

Kolk bei Steckby. Im Vordergrund Biberspuren und -schleife

TAFEL 10

Wechsel im Ufergras Phot. Behr

Holzschleife mit Kellenspur Phot. Behr

Phot. Schneider

Spur im Uferschlamm

Phot. Schneider

Spur im Schnee

Phot. Schneider

Trittsiegel der Vorderfüße

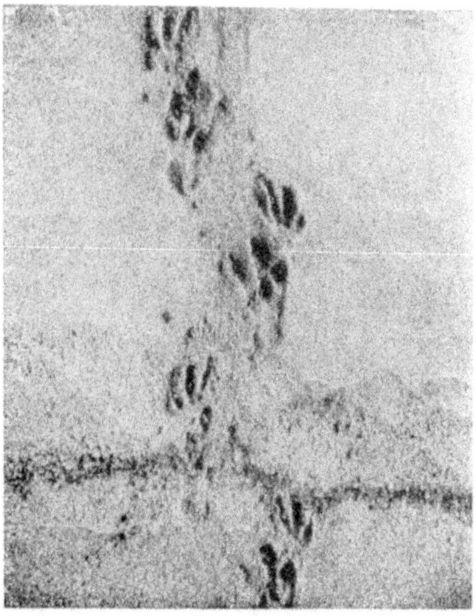

Phot. Behr

Spur im nassen Sande

TAFEL 12

Phot. Nabel

Am Bau angeschleppte Holzknüppel. Alte Fähre bei Magdeburg

Phot. Nabel

Uferbau mit Reisigvorrat. Haberlandsbrücke bei Plötzky

Phot. Schneider

Ausstieg an der Mulde

Phot. Schneider

Bibersitz im Schilfgürtel

Fraßplatz im Schilf

Phot. Schneider

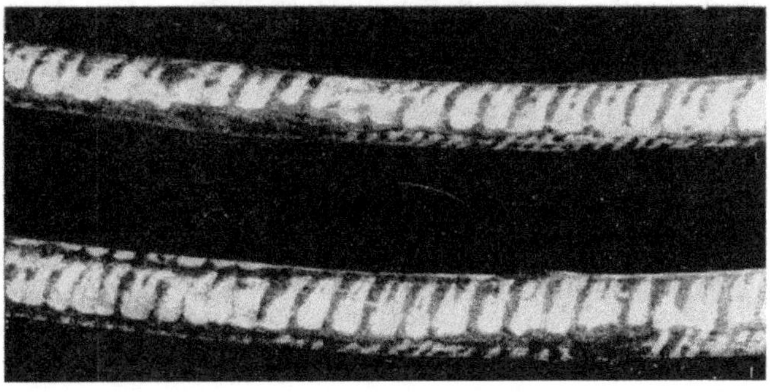

Hartriegelzweig, von halbjährigem Biber benagt

Nat. Gr. Phot. Handrick

Gefällte Birken bei Calenberge Phot. Nabel

Geschnittene Weide als „Aufhänger" Phot. Nabel

Gefällte Pappeln

Phot. Behr

Geschnittene Jungeichen

Phot. Krakau-Schönebeck

TAFEL 16

19. 10. 46

25. 10. 46

27. 10. 46

9. 11. 46

25. 11. 46

1. 12. 46

Phot. Herberg

Schwarzpappel bei Steckby in verschiedenen Stadien der Bearbeitung

9. 11. 46 — 11. 11. 46 — 12. 11. 46

Esche bei Steckby in verschiedenen Stadien der Bearbeitung

Phot. Herberg

Angenagte Fichte in Laubholzbestand

Phot. Dunker-Dessau

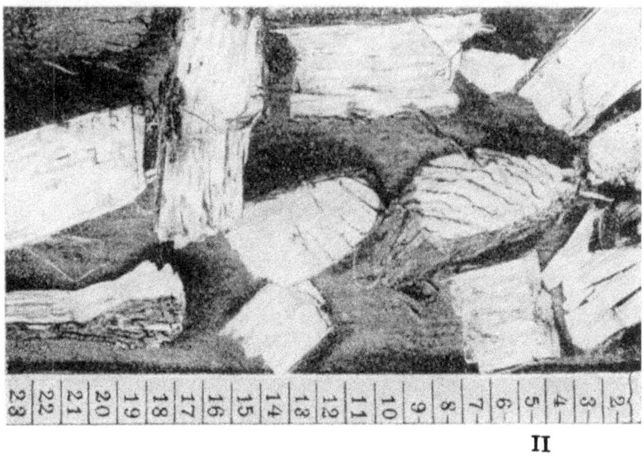

Nagespäne

Phot. Behr

TAFEL 18

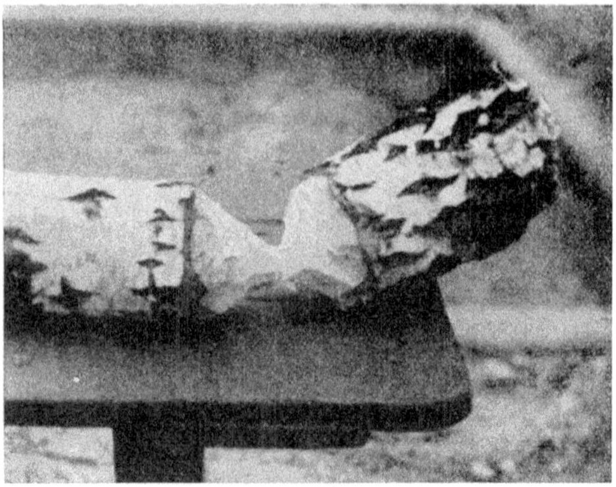

Birke mit Doppelkegelschnitt

Phot. Boden-Dessau

Geschnittener Weidenbusch

Phot. Schneider

Schnitt an Pappelgruppe

Phot. Annecke-Dessau

Parabolschnitt an Eiche

Phot. Behr

Phot. Behr

Doppelkegelschnitt an Pappel

Doppelkegelschnitt an Pappel

Phot. Behr

Stillinge bei Dessau — Phot. Schneider

Mulde bei Dessau — Phot. Schneider

Kolk bei Wörlitz — Phot. Handrick

Bei niedrigem Wasserstande freiliegende Röhreneinstiege

Kessel eines geöffneten Baues

Phot. Behr

Einstiegröhre eines geöffneten Mittelbaues

Phot. Herberg

Erdbau am steinigen Elbufer

Phot. Herberg

TAFEL 22

Phot. Behr

Uferbau mit großem Reisigvorbau

Mittelbau im Wörlitzer Park. Links: Aufsicht nach Abtragen d. Deckschicht. Unten: Teilansicht, Deckschicht zur Hälfte abgetragen

Phot. Handrick

TAFEL 24

Phot. Handrick

Biberburg im Schönitzer See bei Wörlitz

Phot. Held

Biberburg mit Schilfabdeckung. Krügersee

Phot. Held

Biberburg mit Knüppelabdeckung im Winter. Pechauer Busch

TAFEL 26

Erdsasse bei Steckby Phot. Herberg

Erdbau bei Magdeburg Phot. Nabel

Mittelbau mit Einstieg bei Wörlitz

Phot. Herberg

Hochbau (Burg) bei Lödderitz

Phot. Behr

Von der Sasse zur Burg

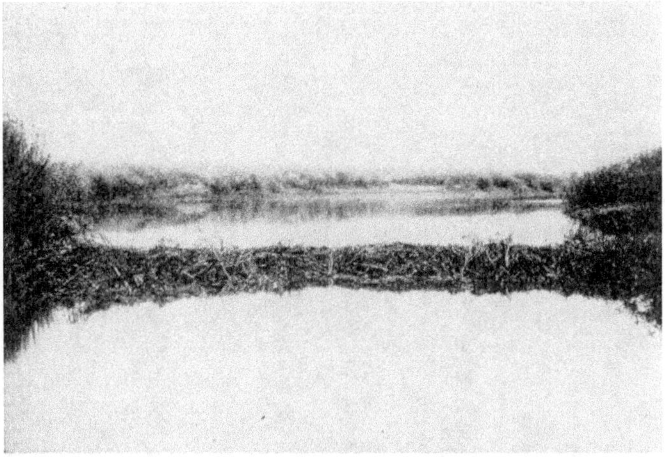

Bei Wartenburg

Phot. Behr

Bei Steckby

Phot. Herberg

Bei Magdeburg

Phot. Hilprecht

Biberdämme

TAFEL 28

Phot. Behr

Biberburg mit Kanal am Krügersee

Phot. Behr

Biberkanal

Phot. Nabel

Tümpel mit Biberkanal. Alte Fähre bei Magdeburg

Phot. Sparkuhle-Dessau

Vom gefällten Baum eingeklemmter Biber

Phot. Behr

Waidwunder Biber, vor dem Bau verendet

Phot. Herberg

Vor dem Treibeis flüchtender Biber

Phot. Behr

Eisdurchbruch mit Wechsel

Bei Hochwasser geschnittene Espen

Phot. Herberg

Anglerhütte auf Biberbau

Phot. Hinsche-Dessau

Biberrettungshügel

Phot. Behr

www.ingramcontent.com/pod-product-compliance
Lightning Source LLC
LaVergne TN
LVHW081333011026
849161LV00013BB/2913